KB089380

천 개의
뇌

천 개의 —— 뇌

뇌의 새로운 이해 그리고 인류와 기계 지능의 미래

A THOUSAND BRAINS

A NEW THEORY OF INTELLIGENCE

제프 호킨스 지음 · 이충호 옮김

이데아

뇌 속에서 민주주의가 작동한다고?

리처드 도킨스_진화생물학자

이 책은 절대로 잠자리에서 읽으면 안 된다. 무서운 이야기여서 그런 것이 아니다. 이 책을 읽는다고 해서 악몽을 꾸지는 않는다. 그보다는 너무나도 재미있고 자극적이어서 당신의 마음은 아주 흥미진진한 개념들이 맴도는 거대한 소용돌이로 변할 것이다. 그래서 잠을 자는 대신에 밖으로 달려나가 누군가에게 이야기하고 싶은 충동이 솟구칠 것이다. 지금 이 서문을 쓰는 사람도 그 소용돌이를 경험한 피해자인데, 나는 이 글이 그것을 여실히 보여주기를 기대한다.

찰스 다윈Charles Darwin은 과학자 중에서도 특별한 사람이었는데, 대학교 밖에서 그리고 정부의 연구비 지원 없이 연구할 수 있는 수단이 있었다는 점에서 그러했다. 제프 호킨스Jeff Hawkins는 실리콘밸리의 신사 과학자로 불리는 것이 마음에 들지 않을 수도 있겠지만, 그는 다윈과 닮은 점이 있다. 다윈의 강력한 개념은 너무나도 혁명적이어서 짧은 논문으로 표현했을 때 사람들이 이해하기 쉽지 않았고, 1858년에 앨프리드 러셀 윌리스Alfred Russel Wallace와 공동으로 발표한 논문은 거의 무시당했다. 다윈 자신이 말했듯이, 그 개념은 두꺼운 책으로 표현할 필요가 있었다. 실제로 1년 뒤에 나온 그의 책은 빅토리아 시대의 기반을 뒤흔들었다. 제프 호킨스의 '천 개의 뇌 이론Thousand Brains Theory' 역시 제대로 설명하려면 책 한 권 분량에 해당하는 글이 필요하다. 그리고 그의 기준틀frames of reference 개념—"생각 자체는 움직임의 한 형태이다."—은 정곡을 찌른다! 이 두 가지 개념은 각각 한 권의 책을 채울 만큼 충분히 심오하다. 하지만 그것이 다가 아니다.

토머스 헨리 헉슬리Thomas Henry Huxley는 《종의 기원The Origin of Species》을 다 읽고 나서 "이것을 생각하지 못했다니, 나는 얼마나 어리석은가!"라는 유명한 말을 남겼다. 그렇다고 뇌과학자들도 이 책을 다 읽고 나서 반드시 헉슬리와 같은 말을 할 것이라는 이야기는 아니다. 이 책은 다윈의 책처럼 하나의 거대한 개념을 다루는 대신에 흥미진진한 개념들을 많이 다룬다.

나는 토머스 헨리 헉슬리뿐만 아니라 그의 명석한 세 손자도 이 책을 읽었더라면 아주 좋아했을 것이라고 생각한다. 앤드루 필딩 헉슬리Andrew Fielding Huxley는 신경 자극의 작용 방식을 발견했기 때문이고(앨런 로이드 호지킨Alan Lloyd Hodgkin과 헉슬리는 신경계 연구 분야의 왓슨과 크릭이다), 올더스 레너드 헉슬리Aldous Leonard Huxley는 마음이 뻗어 가는 가장 먼 곳까지 몽상적이고 시적인 여행을 했기 때문이며, 줄리언 소렐 헉슬리Julian Sorell Huxley는 우주의 축소판인 실재의 모형을 만드는 뇌의 능력을 다음의 시로 찬미했기 때문이다.

사물의 세계는 당신의 어린 마음속으로 들어와
그 수정 캐비닛을 채웠다.
그 벽 내부에서 가장 기묘한 파트너들이 만나
생각으로 바뀐 사물들이 같은 것을 전파했다.

왜냐하면, 일단 안으로 들어온 물질적 사실은 정신을 발견하므로.
상호 채무 관계로 엮인 사실과 당신은
그곳에 당신의 작은 소우주를 지었다—하지만 소우주는
그 작은 자아에게 거대한 과제들을 부여했다.

그곳에서는 죽은 사람도 살 수 있고, 별과 대화도 나눌 수 있다.
적도와 극이, 밤과 낮이 함께 이야기를 나눈다.
정신은 세계의 물질 창살을 녹인다
—백만의 고립이 불타 사라진다.
우주는 살아가고 일을 하고 계획을 세울 수 있고,
마침내 사람의 마음속에 신을 만들었다.

뇌는 어둠 속에 자리잡고 있으며, 오로지 우박처럼 쏟아지는 앤드루 헉슬리의 신경 자극을 통해서만 바깥 세계를 파악한다. 눈에서 오는 신경 자극은 귀나 엄지발가락에서 오는 신경 자극과 똑같다. 신경 자극들의 종착역은 그것들을 분류하는 뇌이다. 제프 호킨스는 우리가 지각하는 실재가 구성된 실재constructed reality, 즉 감각에서 쏟아져 들어오는 뉴스 속보들에 의해 갱신되고 추가 정보를 얻는 모형이라고 처음으로 주장한 과학자나 철학자가 아니다. 하지만 나는 그런 모형이 하나만 있는 것이 아니라 수천 개나 있으며, 그 각각은 뇌의 피질cortex(겉질)을 이루는 수많은 기둥 중 하나에 자리잡고 있다는 개념을 처음으로 우아하게 주장한 사람이 호킨스라고 생각한다. 이런 기둥들은 약 15만 개나 있는데, 이는 호킨스가 '기준틀'이라 부르는 것과 함께 이 책의 제1부에서 가장 찬란하게 빛나는 별들이다.

이 두 가지 개념의 논지는 상당히 자극적인데, 다른 뇌과학자들이 이를 어떻게 받아들이는지 살펴보는 것도 흥미로울 것이다. 나는 그들이 호의적으로 받아들일 것이라고 생각한다. 피질 기둥cortical column들이 세계 모형을 만드는 활동을 하면서 준자율적으로 작동한다는 개념도 이에 못지않게 흥미롭다. '우리'가 지각하는 것은 이들 사이에서 도출된 일종의 민주적 합의이다.

뇌 속에서 민주주의가 작동한다고? 합의와 심지어 분쟁까지 일어난다고? 이 얼마나 놀라운 개념인가! 이것이 이 책의 핵심 주제이다. 포유류 중에서도 사람인 우리는 끊임없이 반복되는 이 분쟁의 피해자이다. 이 분쟁은 무의식적으로 생존 기계를 굴러가게 하는 오래된 파충류 뇌와 일종의 운전석처럼 그 위에 자리잡고 있는 포유류 신피질neocortex 사이에 벌어지는 몸싸움이다. 이 새로운 포유류 뇌(대뇌 피질)는 생각을 한다. 의식이 머무는 곳이 바로 이곳이다. 대뇌 피질은 과거와 현재와 미래를 인식하며, 오래된 뇌에 지시를 내려보내고, 그러면 오래된 뇌는 그 지시를 실행한다.

생존에 소중한 당류가 희귀했던 시절에 수백만 년 동안 자연 선택을 통해 교육받은 오래된 뇌는 이렇게 말한다. "케이크! 케이크 먹고 싶어. 음, 맛있는 케이크! 얼른 내게 케이크를 줘." 반면에 당류가 넘쳐나는 시대에 불과 수십 년 동안 책과 의사를 통해 교육받은 새로운 뇌는 이렇게 말한다. "안 돼! 케이크는 안 돼! 절대로 안 돼! 제발 그 케이크는 먹지 마!" 오래된 뇌는 또 이렇게 말한다. "아, 아파! 이 끔찍한 통증은 더 견딜 수가 없어. 당장 이 통증을 멈추게 해." 새로운 뇌는 이렇게 말한다. "안 돼. 고문을 견뎌내야 해. 고문에 굴복해 조국을 배신하면 안 돼. 나라와 동포를 위한 충성이 나 자신의 생명보다 중요해."

오래된 파충류 뇌와 새로운 포유류 뇌 사이의 갈등은 "왜 통증은 그토록 고통스러운가?"와 같은 수수께끼에 답을 제시한다. 결국 통증은 무엇을 위한 것인가? 통증은 죽음을 대신하는 것이다. 통증은 뇌에 보내는 경고이다. "그 짓은 다시는 하지 마. 뱀을 가지고 장난치지 마. 뜨거운 숯덩이를 손으로 집지 마. 높은 곳에서 뛰어내리지 마. 이번에는 아픈 것으로 끝났지만, 다음번에는 목숨을 앗아갈 거야." 하지만 설계를 담당하는 공학자는 여기서 우리에게 필요한 것은 통증 없는 깃발이라고 말할지 모른다. 뇌에서 이 깃발이 올라가면, 방금 한 짓은 무엇이건 다시는 해서는 안 된다. 하지만 우리는 공학자가 제안한 손쉽고 통증 없는 깃발 대신에 통증을 느낀다. 그것도 참을 수 없을 정도로 극심한 통증인 경우가 많다. 왜 그럴까? 합리적인 깃발에 무슨 문제라도 있을까?

그 답은 아마도 논쟁을 좋아하는 뇌의 의사 결정 과정에 있을 것이다. 즉, 오래된 뇌와 새로운 뇌 사이에 벌어지는 분쟁이 그 원인이다. 새로운 뇌는 오래된 뇌의 투표 결과를 너무나도 쉽게 무시할 수 있기 때문에, 통증 없는 깃발 시스템은 효과가 없다. 고문 역시 마찬가지이다.

새로운 뇌는 어떤 이유에서 '그러길 원한다면' 가상의 깃발을 무시하고 몇 번이고 벌에게 쏘이거나 발목을 삐거나 고통스러운 고문을 당하는 것도 감수하려고 한다. 어떻게 하더라도 살아남아서 유전자를 전달하는 것에 극도의 '신경'을 쓰는 오래된 뇌는 '항의'를 해보지만 아무 소용이 없다. 아마도 자연 선택은 생존을 위해 오래된 뇌가 '승리'를 거두도록 새로운 뇌가 무시할 수 없을 만큼 통증을 고통스럽게 만들었을 것이다. 또 다른 예로, 만약 오래된 뇌가 섹스가 다윈주의의 목적을 배신한다는 사실을 '인식'한다면, 콘돔을 사용하는 행위는 참을 수 없이 고통스러울 것이다.

호킨스는 이원론을 인정하지 않으려는 다수의 과학자와 철학자 편에 서 있다. 기계에는 혼이 없고, 하드웨어가 죽고 난 뒤에도 하드웨어와 분리되어 살아남는 유령 같은 영혼은 존재하지 않으며, 관람하는 자아에게 컬러 화면에 세계의 영화를 비춰주는 데카르트 극장Cartesian theatre(미국의 인지과학자 대니얼 데닛Daniel Dennett이 만든 용어) 같은 것도 없다. 그 대신에 호킨스는 감각에서 쏟아져 들어오는 신경 자극의 빗줄기에서 정보를 얻고 조정되는, 구성된 소우주들로 이루어진 다중 세계 모형을 제안한다. 그런데 호킨스는 먼 미래에 우리의 뇌를 컴퓨터로 업로드함으로써 죽음을 피할 가능성을 완전히 배제하지는 않지만, 그것이 그렇게 즐거운 경험이 될 거라고는 생각하지 않는다.

뇌가 만드는 모형 중에서 중요한 것으로는 신체 모형이 있는데, 신체 자체의 움직임에 따라 머리뼈로 이루어진 감옥 벽 밖에 존재하는 세계에 대한 우리의 관점도 변하기 때문에, 이 모형은 이런 변화에 잘 대처해야 한다. 이것은 이 책의 중간 부분에서 중요하게 다루는 주제인 기계 지능과 관련이 있다. 호킨스는 그와 나의 총명한 친구들 중에서 초지능 기계가 우리를 대체하거나 지배하거나 심지어 완전히 없애버리지 않을까 두려워하는 사람들을 존중한다. 하지만 그는 초지능 기계를 두려워하지 않는데, 한 가지 이유는 체스나 바둑을 잘 두는 기능은 실재 세계의 복잡성에 대처할 수 있는 기능이 아니기 때문이다.

체스를 둘 줄 모르는 아이도 "액체가 어떻게 쏟아지고, 공이 어떻게 구르고, 개가 어떻게 짖는지 안다. 또 연필과 마커, 종이, 풀을 사용하는 법을 안다. 책을 펼치는 방법도 알고, 종이가 찢어질 수 있다는 것도 안다." 그리고 아이는 물리적 실재 세계 속에서 자신의 위치를 잡게 하고 그 속에서 손쉽게 돌아다니게 해주는 신체 상body image인 자기상self-image이 있다.

그렇다고 호킨스가 미래의 인공 지능과 로봇의 힘을 과소평가하는 것은 아니다. 오히려 그 반대이다. 하지만 그는 오늘날 진행되는 연구는 대부분 방향이 잘못되었다고 생각한다. 올바른 방향은 뇌가 작용하는 방식을 제대로 이해하고, 그 방식을 빌려오되 그 속도를 엄청나게 높이는 것이라고 생각한다.

그런데 오래된 뇌의 방식, 그 욕망과 배고픔, 갈망과 분노, 감정과 두려움을 빌려올 이유는 없는데(정말로 제발 그러지는 말자), 그것은 새로운 뇌가 해롭다고 간주하는 길로 우리를 몰아갈 수 있다. 적어도 호킨스와 나, 그리고 필시 당신도 가치 있게 여기는 관점에서 볼 때에는 그것은 해로운 길이다. 호킨스는 우리의 계몽된 가치는 이기적 유전자의 원초적이고 원시적인 가치—어떤 대가를 치르더라도 번식을 해야 한다는 원초적 명령—에서 크게 벗어나야 하고, 실제로 그렇다는 사실을 분명히 한다. 호킨스는 오래된 뇌가 없다면, AI가 우리에게 악의를 품을 것이라고 기대할 이유가 없다고 생각한다(나는 이 주장은 논란이 될 수 있다고 생각하지만). 같은 이유로, 그리고 아마도 논란의 여지는 있지만, 호킨스는 의식을 가진 AI의 스위치를 끄는 것이 살인에 해당한다고 생각하지 않는다. 오래된 뇌가 없다면, 두려움이나 슬픔을 어떻게 느끼겠는가? 그리고 왜 살아남길 원하겠는가?

'유전자 대 지식'에 관한 장에서는 오래된 뇌의 목적(이기적 유전자에 봉사하는)과 새로운 뇌의 목적(지식)의 차이를 다룬다. 사람의 대뇌 피질이 이기적 유전자의 명령에 반기를 들 힘이 있다는 것은 매우 자랑스러운 일인데, 그것은 모든 동물 중에서 유일무이할 뿐만 아니라 모든 지질 시대를 통틀어 유례가 없는 일이다. 우리는 번식 없이 섹스를 즐길 수 있다. 우리는 이런 것들은 시간(경쟁자와 맞서 싸우고 많은 섹스 파트너를 찾는 데 '써야 하는' 시간) 낭비일 뿐이라는 오래된 뇌의 유전적 재촉에 반기를 들고서 철학과 수학, 시, 천체물리학, 음악, 지질학, 사랑의 따뜻함을 추구하는 데 삶을 바칠 수 있다. "내가 보기에는, 우리는 아주 중요한 선택의 기로 앞에 놓여 있다. 그것은 오래된 뇌와 새로운 뇌 중에서 어느 쪽을 선호할지 결정하는 선택이다. 더 구체적으로 표현하자면, 우리는 우리를 여기까지 데려온 과정들, 즉 자연 선택과 경쟁과 이기적 유전자의 추동이 미래를 좌우하길 원하는가? 아니면, 지능과 세계를 이해하고 싶은 갈망이 미래를 좌우하길 원하는가? 아니면, 지능과 세계를 이해하려는 욕구에 좌우되길 원하는가?"

나는 헉슬리가 《종의 기원》을 다 읽고 나서 내뱉은 겸허한 발언을 인용하면서 이 글을 시작했다. 이제 나는 제프 호킨스의 흥미진진한 개념들 중 하나(불과 두어 쪽에 걸쳐 간략하게 소개한)를 인용하면서 이 글을 마치려고 하는데, 나는 그것을 보고 헉슬리의 발언이 떠올랐다.

우리가 한때 이곳에 있었고 또한 그 사실을 알릴 능력이 있었음을 전 은하에 알리기 위해 우주적 묘비가 필요하다고 느낀 호킨스는, 모든 문명은 하루살이처럼 단명한다고 지적한다. 우주적 시간의 척도에서 보면, 어떤 문명이 전자기 통신을 발명하고 나서 멸망하기까지의 시간 간격은 반딧불이의 꽁무니에서 불빛이 한 번 깜박이는 것과 같다. 그 한 번의 깜박임이 다른 깜박임과 동시(예컨대 지구 문명과 외계 문명)에 일어날 가능성은 불행하게도 아주 낮다. 그렇다면 우리에게 필요한 것은 "우리가 이곳에 있다"가 아니라 "한때 우리가 이곳에 있었다"(내가 이것을 묘비라고 부르는 이유)라는 메시지이다. 그리고 그 묘비는 우주적 차원의 지속성을 지녀야 한다. 수십 광년 너머의 먼 곳에서도 볼 수 있어야 할 뿐만 아니라, 수십억 년은 아니더라도 수백만 년은 지속되어야 한다. 그래야 우리가 멸종하고 나서 오랜 시간이 지난 뒤에 다른 지능의 깜박임이 우리의 묘비를 포착할 때 그 메시지를 제대로 전달할 수 있다.

소수나 π를 나타내는 숫자를 내보내는 것은 그다지 좋은 방법이 아니다. 어쨌든 전파 신호나 레이저 빔 펄스로 보내는 것은 효과적이지 않다. 물론 이것들은 생물학적 지능의 존재를 알리긴 하는데, 그래서 SETI(외계 지능 생명체 탐사)와 SF의 상투적인 도구로 쓰이지만, 너무 간단하고 현재에 집중되어 있다. 그렇다면 충분히 오래 지속되고 어느 방향으로건 아주 먼 거리에서도 포착될 수 있는 신호로는 어떤 것이 있을까? 바로 여기서 호킨스는 내 속에 숨어 있던 헉슬리를 불러냈다. 현재의 기술로는 불가능하지만, 우리의 반딧불이 불빛이 꺼지기 전 미래의 어느 시점에 태양 주위의 궤도에 일련의 인공위성들을 띄워 "자연적으로는 일어나지 않는 패턴으로 햇빛을 약간 차단한다고 상상해 보라. 태양 주위를 돌면서 햇빛을 차단하는 물체들은 수백만 년 동안 궤도를 돌아 우리가 사라진 지 한참 지난 뒤에도 남아 있을 것이고, 아주 멀리서도 탐지될 것이다." 설령 햇빛을 가리는 이 인공위성들의 간격이 문자 그대로 일련의 소수가 아니더라도, "지적 생명체가 한때 이곳에 있었다"라는 메시지는 분명히 전달할 수 있다.

내가 다소 흥미롭게 여기는(그래서 제프 호킨스의 책이 내게 준 즐거움에 고마움을 전달하기 위해 이 짧은 글을 선물한다) 것은 극파spike와 극파(때로는 인공위성이 태양을 가려 흐릿하게 만드는 반극파anti-spike) 사이의 간격 패턴으로 코드화된 우주 메시지가 신경세포(뉴런)와 동일한 종류의 코드를 사용한다는 점이다.

이 책은 뇌가 어떻게 작용하는지 탐구하는 책이다. 그리고 이 책은 뇌를 아주 흥미진진한 방식으로 작용하게 만든다.

차 례

서문 뇌 속에서 민주주의가 작동한다고?_리처드 도킨스 · 5

1 뇌에 대해 새로 알게 된 것들 · 19

1장 오래된 뇌와 새로운 뇌 · 34
2장 버넌 마운트캐슬의 굉장한 개념 · 47
3장 우리 머릿속의 세계 모형 · 58
4장 자신의 비밀을 드러내는 뇌 · 72
5장 뇌 속의 지도 · 95
6장 개념, 언어, 고차원 사고 · 111
7장 지능에 관한 천 개의 뇌 이론 · 138

2 **기계 지능** · 167

8장 AI에는 왜 '나'가 없는가? · 175
9장 기계가 의식을 가질 때 · 197
10장 기계 지능의 미래 · 211
11장 기계 지능의 실존적 위험 · 232

3 **인간 지능** · 247

12장 틀린 신념 · 252
13장 인간 지능의 실존적 위험 · 269
14장 뇌와 기계의 결합 · 288
15장 인류를 위한 상속 계획 · 302
16장 유전자 대 지식 · 322

마지막 생각 지능과 지식의 운명은 어떻게 될까? · 348

더 읽어볼 만한 자료 · 355
감사의 말 · 365
일러스트레이션 저작권 · 369
찾아보기 · 370

A THOUSAND BRAINS 1

뇌에 대해 새로 알게 된 것들

당신 머릿속에 있는 세포들이 이 단어들을 읽고 있다. 이것이 얼마나 놀라운 일인지 한번 생각해 보라. 세포는 아주 단순하다. 세포 하나만으로는 읽거나 생각하거나 그 밖의 어떤 일도 제대로 할 수 없다. 하지만 충분히 많은 세포가 합쳐져 뇌를 만들면, 이 세포들은 책을 읽을 뿐만 아니라 쓸 수도 있다. 건물을 설계하고, 기술을 발명하고, 우주의 수수께끼를 해독할 수도 있다. "단순한 세포들로 만들어진 뇌가 어떻게 지능을 만들어내는가?"는 아주 흥미로운 질문이며, 아직 수수께끼로 남아 있다.

뇌가 어떻게 작용하는지 이해하는 것은 인류의 큰 도전 과제 중 하나이다. 그 탐구 노력의 일환으로 유럽의 인간 뇌 프로젝트Human Brain Project와 국제 뇌 이니셔티브International Brain Initiative를 포함해 수십 가지 국가적 계획과 국제적 계획이 탄생했다. 사실상 전 세계의 거의 모든 나라에서 수만 명의 신경과학자들이 뇌를 이해하기 위해 수십 가지 전문 분야에서 연구하고 있다. 신경과학자들은 여러 동물의 뇌를 연구하면서 다양한 질문을 던지지만, 신경과학의 궁극적 목표는 사람의 뇌가 어떻게 인간 지능을 낳았는지 알아내는 것이다.

여러분은 사람의 뇌가 수수께끼로 남아 있다는 내 주장에 놀랄지 모르겠다. 매년 뇌와 관련된 발견들이 발표되고 뇌에 관한 책들이 출간되며, 인공 지능 같은 연관 분야의 연구자들은 자신들이 만든 기계가 예컨대 생쥐나 고양이의 지능에 근접했다고 주장한다. 이런 사실들을 바탕으로 판단할 때, 과학자들이 뇌의 작용 방식을 상당히 잘 알고 있다는 결론을 내리기 쉽다. 하지만 신경과학자들에게 묻는다면, 거의 모두가 우리는 아직도 제대로 알지 못하며 갈 길이 멀다고 인정할 것이다. 우리는 뇌에 관해 엄청난 양의 지식과 사실을 알아냈지만, 뇌가 어떻게 작용하는지에 대해서는 아는 것이 거의 없다.

1979년, DNA 연구로 유명한 프랜시스 크릭Francis Crick은 '뇌에 관한 생각Thinking About the Brain'이라는 제목으로 뇌과학의 현황에 관한 글을 썼다. 크릭은 과학자들이 뇌에 관해 알아낸 사실들을 기술한 뒤에 "자세한 지식이 꾸준히 축적되는데도 불구하고, 사람의 뇌가 어떻게 작용하는지는 여전히 큰 수수께끼로 남아 있다"라고 결론지었다. 그리고 "무엇보다도 부족한 것은 이 결과들을 해석할 개념들의 광범위한 틀이다"라고 지적했다.

크릭은 과학자들이 뇌에 관한 데이터를 수십 년 동안 축적해 왔다고 말했다. 그 결과로 과학자들은 많은 사실을 알아냈지만, 이 사실들을 엮어 뭔가 의미 있는 것으로 만드는 방법은 아무도 찾아내지 못했다. 뇌는 수천 조각으로 이루어진 거대한 조각 그림 맞추기 퍼즐과도 같다. 퍼즐 조각들은 우리 앞에 널려 있지만, 우리는 그것들을 어떻게 꿰어 맞춰야 할지 모른다. 그 답이 어떤 모습일지 제대로 추측한 사람도 아무도 없다. 크릭에 따르면, 뇌가 여전히 수수께끼로 남아 있는 이유는 우리가 데이터를 충분히 얻지 못해서가 아니라, 이미 손에 넣은 조각들을 어떻게 배열해야 할지 모르기 때문이다. 크릭이 이 글을 쓴 지 40년이 지나는 동안 뇌에 관해 중요한 발견이 많이 있었고, 그중 몇 가지는 이 책에서 자세히 다룰 것이지만, 크릭의 전반적인 주장은 아직도 유효하다. 우리 머릿속의 세포들에서 지능이 어떻게 생겨나는지는 여전히 심오한 수수께끼로 남아 있다. 매년 퍼즐 조각이 더 많이 모일수록 우리는 뇌를 이해하는 데 더 가까이 다가가는 것이 아니라 오히려 멀어지는 듯한 느낌이 든다.

나는 젊은 시절에 크릭의 글을 읽고 큰 자극을 받았다. 내가 살아 있는 동안 뇌의 수수께끼가 풀릴 것이라고 생각했고, 그 후 나는 그 목표를 향해 정진했다. 지난 15년 동안 나는 실리콘밸리에서 연구팀을 이끌고 뇌의 신피질neocortex(새겉질)을 연구했다. 신피질은 뇌의 전체 부피 중 약 70%를 차지하며, 시각과 촉각, 청각에서부터 모든 형태의 언어, 수학과 철학 같은 추상적 사고에 이르기까지 지능과 연관된 일을 모두 담당한다. 우리 연구의 목표는 뇌의 생물학을 설명하고 같은 원리로 작용하는 지능 기계를 만들 수 있을 만큼 신피질의 작용 방식을 충분히 자세하게 이해하는 것이다.

2016년 초에 우리 연구는 극적인 진전을 이루었다. 그것은 뇌를 이해하는 돌파구를 열었다. 우리는 우리를 포함해 모든 과학자가 그동안 중요한 요소를 간과했다는 사실을 깨달았다. 이 새로운 통찰력은 퍼즐 조각들을 제대로 맞추는 방법을 알려주었다. 다시 말해, 나는 우리가 발견한 것이 크릭이 이야기했던 바로 그 틀이라고 믿는다. 이 틀은 신피질의 기본 작용 원리를 설명할 뿐만 아니라, 지능에 대해 새롭게 생각하는 방법을 낳을 수 있다. 우리는 아직 뇌를 완전하게 설명하는 이론을 만들지 못했다. 사실, 그 가까이에도 가지 못했다. 과학 분야들은 대개 이론적 뼈대로 시작한 뒤, 세부 내용은 나중에 가서야 채워 넣는다. 아마도 다윈의 진화론이 가장 유명한 예일 것이다. 다윈은 종의 기원을 획기적으로 새롭게 설명하는 방법을 제안했지만, 유전자와 DNA의 작용 방식 같은 세부 내용은 오랜 세월이 지나도록 알려지지 않았다.

뇌가 지능을 가지려면 세계에 대해 아주 많은 것을 배워야 한다. 단지 학교에서 배우는 것만이 아니라 일상 속 사물들의 모습과 소리와 촉감 같은 기본적인 것까지 모두 배워야 한다. 문이 열리고 닫히는 것에서부터 우리가 화면에 손을 댈 때 스마트폰의 앱들이 무슨 일을 하는지까지, 사물들이 어떻게 행동하는지도 배워야 한다. 집에서 물건들을 놓아둔 장소에서부터 마을에서 도서관과 우체국이 있는 위치까지, 세계 속의 모든 것이 어디에 있는지도 배워야 한다. 물론 '동정'과 '정부'의 의미 같은 고차원적 개념도 배워야 한다. 그 밖에도 우리는 각자 수만 단어의 의미를 배워야 한다. 우리는 모두 세계에 관해 엄청난 양의 지식을 갖고 있다. 음식을 먹거나 통증을 느끼고 몸을 움찔하는 것처럼 일부 기본적인 기술은 유전자에 의해 결정된다. 하지만 우리가 세계에 관해 아는 지식은 대부분 학습을 통해 습득한다.

과학자들은 뇌가 세계 모형을 배운다고 말한다. '모형'이란 단어는 우리가 아는 것이 단순히 사실들의 집단 형태로 저장되는 것이 아니라, 세계의 구조와 그 속에 포함된 모든 것을 반영하는 방식으로 조직된다는 것을 의미한다. 예를 들면, 우리는 자전거가 무엇인지 알려고 자전거에 관한 사실들을 모두 외우지는 않는다. 그 대신에 우리 뇌는 자전거 모형을 만드는데, 이 모형에는 자전거를 이루는 모든 부분들, 그리고 각 부분들의 상대적 배열 위치와 각 부분들이 움직이고 협응하는 방식이 포함된다. 어떤 것이 무엇인지 알아보려면 우리는 먼저 그것이 어떻게 생겼고 촉감이 어떤지 배울 필요가 있으며, 어떤 목표를 달성하려면 우리가 세계의 사물과 상호 작용할 때 사물이 일반적으로 어떻게 행동하는지 배워야 한다. 지능은 뇌의 세계 모형과 밀접하게 연관되어 있다. 따라서 뇌가 지능을 어떻게 만드는지 이해하려면, 단순한 세포들로 만들어진 뇌가 세계와 그 속에 있는 모든 것의 모형을 어떻게 배우는지 알아야 한다.

우리가 2016년에 이룬 발견은 뇌가 이 모형을 어떻게 배우는지를 설명한다. 우리는 신피질이 기준틀을 사용해 우리가 아는 모든 것, 즉 우리의 모든 지식을 저장한다고 추론했다. 이에 대해서는 나중에 더 자세히 설명할 테지만, 여기서는 종이 지도에 비유하여 설명해 보자. 지도는 일종의 모형이다. 도시 지도는 그 도시의 모형이고, 위선과 경선 같은 격자선은 일종의 기준틀이다. 지도의 기준틀인 격자선은 지도의 구조를 제공한다. 기준틀은 사물들이 서로에 대해 어떤 위치에 있는지 알려주며, 한 장소에서 다른 장소로 가는 것과 같은 목표를 달성하는 방법을 알려줄 수 있다. 우리는 뇌의 세계 모형이 지도와 같은 기준틀을 사용해 만들어졌다는 사실을 깨달았다. 그런데 기준틀은 하나가 아니라 수십만 개나 있다. 사실, 이제 우리는 신피질에 있는 세포 대부분이 기준틀을 만들고 조작하는 일을 하며, 뇌가 이를 이용해 계획을 세우고 생각을 한다는 사실을 알아냈다. 새로운 통찰력으로 바라보자, 신경과학 분야에서 가장 큰 몇 가지 질문의 답이 눈앞에 어른거리기 시작했다. 그런 질문에는 다음과 같은 것들이 있다. 어떻게 우리의 다양한 감각 입력이 합쳐져 단일 경험을 만들어낼까? 우리가 생각을 할 때 어떤 일이 일어나는가? 어떻게 두 사람이 똑같은 것을 보고도 서로 다른 믿음에 도달할 수 있을까? 왜 우리는 자기 감각을 갖고 있을까?

이 책은 이러한 발견의 이야기와 이 발견들이 우리의 미래에 어떤 의미를 지니는지 들려준다. 대부분의 내용은 과학 학술지에 발표되었다. 이 책의 말미에 이 논문들에 접근할 수 있는 링크를 소개해 놓았다. 하지만 과학 논문은 대규모 이론을 설명하는 데에는 그다지 적절치 않으며, 특히 비전문가가 이해할 수 있는 방식으로 설명하는 데 서툴다.

나는 이 책을 세 부분으로 나누었다. 1부에서는 기준틀 이론을 설명하는데, 우리는 그것을 천 개의 뇌 이론Thousand Brains Theory이라고 부른다. 이 이론은 논리적 추론에 일부 기반을 두고 있으므로, 결론에 이르기 위해 우리가 밟았던 단계들을 여러분에게 소개할 것이다. 또한 이 이론이 뇌과학의 역사와 어떤 관련이 있는지 이해하는 데 도움을 주기 위해 역사적 배경도 약간 소개할 것이다. 1부가 끝날 때쯤에는 여러분이 세계 속에서 생각하고 행동할 때 자신의 머릿속에서 무슨 일이 일어나는지 이해하길 기대한다.

2부에서는 기계 지능을 다룬다. 20세기에 컴퓨터가 세계에 큰 변화를 가져왔듯이, 21세기에는 지능 기계가 큰 변화를 가져올 것이다. 천 개의 뇌 이론은 왜 오늘날의 AI가 아직 지능을 갖지 못했으며, 진정한 지능 기계를 만들려면 무엇이 필요한지 설명한다. 또 미래의 지능 기계는 어떤 모습일지, 그리고 우리가 그런 기계를 어떻게 사용할지 기술한다. 왜 일부 기계가 의식을 가지게 될 것이며, 우리가 그런 상황에 어떻게 대처해야 하는지도 설명한다. 마지막으로, 지능 기계가 실존적 위험이 될 것이라고 우려하는 사람이 많다. 즉, 많은 이들이 우리가 지금 인류를 멸망시킬 기술을 만들려고 한다고 생각한다. 나는 이에 동의하지 않는다. 우리의 발견은 왜 기계 지능이 그 자체로는 온순한 것인지를 보여준다. 강력한 기술인 기계 지능의 위험은 사람들이 그것을 사용하는 방식에 있다.

3부에서는 뇌와 지능의 관점에서 인간의 조건을 바라본다. 뇌의 세계 모형에는 우리 자신의 모형도 포함된다. 이것은 매 순간 여러분과 내가 지각하는 것이 실재 세계가 아니라 세계의 시뮬레이션이라는 기묘한 진실을 드러낸다. 천 개의 뇌 이론에서 도출되는 한 가지 결과는 세계에 대한 우리의 신념이 틀릴 수 있다는 사실이다. 나는 이런 일이 어떻게 일어나며, 틀린 신념을 없애기가 왜 그토록 힘든지, 그리고 더 원시적인 감정과 결합된 틀린 신념이 우리의 장기적 생존을 어떻게 위협하는지 설명한다.

마지막 장들은 종으로서 우리가 맞닥뜨릴 선택 중 내가 가장 중요다고 생각하는 것을 다룬다. 우리 자신을 생각하는 방법은 두 가지가 있다. 하나는 진화와 자연 선택의 산물인 생물학적 유기체로 생각하는 것이다. 이 관점에서 보면 사람은 유전자로 정의되며, 삶의 목적은 유전자를 복제하는 것이다. 하지만 지금 우리는 순수한 생물학적 과거에서 벗어나고 있다. 우리는 지적인 종이 되었다. 우리는 지구에서 우주의 크기와 나이를 알아낸 최초의 종이다. 우리는 지구가 어떻게 진화했고, 우리가 어떻게 출현했는지 알아낸 최초의 종이다. 우리는 우주를 탐구하고 그 비밀을 알아내는 도구를 발명한 최초의 종이다. 이 관점에서 보면, 사람은 유전자가 아니라 지능과 지식으로 정의된다. 미래를 생각할 때 우리가 맞닥뜨리는 선택은 이것이다. 우리의 생물학적 과거에 계속 얽매여 살아갈 것인가, 아니면 새로 출현한 지능을 수용할 것인가?

둘 다 선택할 수는 없다. 우리가 발전시키고 있는 기술들은 지구를 근본적으로 변화시키고, 생물학을 조작하고, 곧 우리보다 똑똑한 기계를 만들 수 있다. 하지만 우리는 우리를 여기까지 데려온 원시적 행동들을 여전히 지니고 있다. 이 둘의 조합이야말로 우리가 해결해야 할 진짜 실존적 위험이다. 만약 우리가 유전자 대신에 지능과 지식을 우리를 정의하는 본질로 받아들인다면, 더 오래 지속되고 더 고상한 목적을 가진 미래를 만들 수 있을 것이다.

우리를 천 개의 뇌 이론으로 이끈 여행은 길고도 복잡했다. 나는 대학교에서 전기공학을 공부한 뒤 인텔에서 첫 직장을 막 다닐 때 프랜시스 크릭의 글을 읽었다. 그 글은 내게 아주 큰 영향을 미쳤고, 나는 거기서 경로를 바꾸어 뇌 연구에 평생을 바치기로 결정했다. 인텔에서 뇌를 연구하는 일자리를 얻으려 했다가 실패한 뒤, 나는 MIT의 AI연구소에 대학원생으로 들어가려고 했다(나는 지능 기계를 만드는 최선의 방법은 먼저 뇌를 연구하는 것이라고 생각했다). MIT 교수진과 면접을 보는 자리에서 뇌 이론을 바탕으로 지능 기계를 만들겠다는 나의 제안은 퇴짜를 맞았다. 뇌는 그저 뒤죽박죽인 컴퓨터에 불과하며, 그것을 연구하는 것은 쓸데없는 짓이라는 이야기를 들었다. 나는 기가 죽었지만 그래도 굴하지 않고 다음에는 버클리의 캘리포니아대학교 신경과학 박사 과정에 등록했다. 그리고 1986년 1월부터 연구를 시작했다.

버클리에 들어간 뒤, 나는 신경생물학대학원 학장이던 프랭크 워블린Frank Werblin 박사에게 조언을 구했다. 그는 내게 박사 학위 논문을 쓰기 위해 하고 싶은 연구를 보고서로 써서 제출하라고 했다. 그 보고서에서 나는 신피질에 관한 이론을 연구하고 싶다고 설명했다. 나는 신피질이 예측을 어떻게 하는지 연구함으로써 그 문제에 접근하기를 원했다. 워블린 교수를 비롯한 여러 교수들이 내 보고서를 호의적으로 받아들였다. 워블린은 내 야심이 존중할 만하고, 내 접근법이 건전하며, 내가 연구하고자 하는 문제는 과학에서 아주 중요한 것이라고 말했지만, 그 당시에 내가 그 꿈을 어떻게 추구할 수 있을지 그 방법을 모르겠다고 했다(나는 이것을 전혀 예상하지 못했다). 신경과학을 공부하는 대학원생인 나는 어떤 교수 밑에서 그 교수가 이미 하고 있던 것과 비슷한 연구를 해야 했다. 그런데 버클리는 물론이고 워블린이 아는 한 어느 곳에서도 내가 하려고 하는 것과 비슷한 연구를 하는 사람은 아무도 없었다.

뇌의 기능에 관한 전체적인 이론을 개발하려고 시도하는 것은 너무 야심만만하고, 따라서 너무 위험한 것으로 간주되었다. 만약 5년 동안 그 연구에 매달리고서도 아무 진전이 없다면, 그 학생은 졸업을 하지 못할 수도 있었다. 그것은 교수에게도 위험했는데, 연구 성과가 없다면 종신 재직권을 얻지 못할 수도 있기 때문이다. 연구비를 분배하는 기관들 역시 그 연구 계획은 너무 위험하다고 생각했다. 이론에 중점을 둔 연구 계획은 퇴짜를 맞기 십상이었다.

나는 실험 연구소에서 일할 수도 있었지만, 몇 군데 면접을 보고 나서 내게 맞지 않는다고 판단했다. 동물을 훈련시키고, 실험 장비를 만들고, 데이터를 수집하는 일에 대부분의 시간을 쏟아부어야 할 것 같았다. 내가 개발하려는 이론은 무엇이 되었건, 그 연구소에서 연구하는 뇌 부분에 국한될 수밖에 없었다.

나는 그다음 2년을 대학교 도서관에서 신경과학 논문을 숱하게 읽으면서 보냈다. 지난 50년 동안 발표된 중요한 논문을 거의 다 포함해 수백 편의 논문을 읽었다. 심리학자, 언어학자, 수학자, 철학자가 뇌와 지능을 어떻게 생각하는지를 다룬 논문들도 읽었다. 나는 비록 비정통적인 것이긴 하지만 1급 교육을 받았다. 2년 동안 독학을 한 나는 이제 변화가 필요했다. 그래서 한 가지 계획을 세웠다. 다시 산업 현장으로 돌아가 4년 동안 일을 하면서 학계에서 연구할 기회를 다시 검토하기로 했다. 그래서 실리콘밸리로 돌아가 PC에 관한 일을 하기 시작했다.

나는 사업가로서 성공을 거두기 시작했다. 1988년부터 1992년까지 나는 최초의 태블릿 컴퓨터 중 하나인 그리드패드GridPad를 만들었다. 그리고 1992년에는 팜컴퓨팅 회사를 세워 팜파일럿PalmPilot과 트레오Treo 같은 최초의 핸드헬드 컴퓨터와 스마트폰을 설계하면서 10년을 보냈다. 팜컴퓨팅에서 나와 함께 일한 사람들은 모두 내 마음이 신경과학에 있다는 사실과 내가 모바일 컴퓨팅 분야의 일을 일시적인 것으로 간주한다는 사실을 알고 있었다. 최초의 핸드헬드 컴퓨터와 스마트폰을 설계하는 것은 흥미진진한 일이었다. 나는 수십억 명의 사람들이 결국에는 이 장비들에 의존할 거라는 사실을 알았지만, 뇌를 이해하는 것이 훨씬 중요하다고 생각했다. 컴퓨터보다는 뇌 이론이 인류의 미래에 훨씬 더 긍정적인 영향을 미칠 거라고 믿었다. 그렇기 때문에 나는 뇌 연구로 돌아갈 필요가 있었다.

떠나기에 적절한 시간을 찾을 수 없었으므로, 나는 그냥 어느 하루를 택해 내가 창립을 도운 업계를 떠났다. 몇몇 신경과학자 친구들(특히 UC 버클리의 밥 나이트Bob Knight와 UC 데이비스의 브루노 올샤우젠Bruno Olshausen, NASA 에임스 연구소의 스티브 조네처Steve Zornetzer)의 도움과 격려에 힘입어 나는 2002년에 레드우드신경과학연구소Redwood Neuroscience Institute, RNI를 설립했다. RNI는 오로지 신피질 이론에만 초점을 맞추어 연구하며, 상근 과학자가 10명이다. 우리는 모두 뇌의 대규모 이론에 관심이 있었고, RNI는 세상에서 이러한 연구가 용인될 뿐만 아니라 기대되는 장소 중 하나였다. 내가 RNI를 운영한 3년 동안 우리 연구소를 방문해 함께 연구한 학자는 100명이 넘는데, 그중 일부는 며칠 혹은 몇 주일씩 머물렀다. 우리는 매주 일반 대중에게 공개 강연을 열었는데, 강연이 끝난 뒤에는 대개 몇 시간씩 토론과 논쟁이 이어졌다.

나를 포함해 RNI에서 일한 사람들은 모두 그 연구가 대단한 것이라고 생각했다. 나는 세계 최고의 신경과학자들을 알게 되었고, 그들과 함께 시간을 보냈다. 그 결과로 신경과학의 다양한 분야들을 잘 알게 되었는데, 학계에 소속된 전형적인 학자의 위치에서는 그러기가 어렵다. 하지만 나는 일련의 특정 질문들에 대한 답을 알고 싶었는데, 그 팀은 그 질문들에 대한 의견이 일치할 기미가 보이지 않는다는 점이 문제였다. 과학자들은 각자 자기 연구를 하는 데 만족했다. 그래서 3년 동안 연구소를 운영한 뒤, 나는 내 목표를 달성하는 최선의 방법은 나 자신의 연구팀을 이끄는 것이라고 결론을 내렸다.

RNI는 그 밖의 점에서는 아주 훌륭했으므로, 우리는 RNI를 UC 버클리로 옮기기로 결정했다. 그랬다. 내게 뇌 이론을 연구할 수 없다고 말했던 바로 그곳이 19년 뒤에 자신들에게 뇌 이론 센터가 절실히 필요하다고 말한 것이다. RNI는 지금도 레드우드이론신경과학연구소Redwood Center for Theoretical Neuroscience로 이름이 살짝 바뀐 채 계속 운영되고 있다.

RNI가 UC 버클리로 옮겨간 뒤에 나는 여러 동료와 함께 누멘타Numenta를 운영하기 시작했다. 누멘타는 독립적인 연구 회사이다. 우리의 첫 번째 목표는 신피질이 어떻게 작용하는지 설명하는 이론을 개발하는 것이다. 두 번째 목표는 뇌에 관해 알아낸 것을 기계 학습과 기계 지능에 적용하는 것이다. 누멘타는 대학교의 전형적인 연구소와 비슷하지만, 훨씬 유연하다. 누멘타는 내가 팀을 이끌면서 우리 모두가 동일한 과제에 초점을 맞추고, 필요할 때마다 새로운 개념을 시도할 수 있게 해준다.

이 글을 쓰고 있는 지금 누멘타가 설립된 지 15년이 지났지만, 어떤 면에서 우리는 여전히 신생 벤처 회사와 같다. 신피질이 어떻게 작용하는지 알아내려고 시도하는 것은 매우 힘든 도전이다. 진전을 이루려면 신생 벤처 회사 환경의 유연성과 집중이 필요하다. 또 인내

심도 많이 필요한데, 인내심은 신생 벤처 회사의 일반적인 특징이 아니다. 첫 번째 중요한 발견—신경세포가 예측을 하는 방식—은 우리가 누멘타를 시작한 지 5년 뒤인 2010년에 일어났다. 그리고 신피질에 지도 같은 기준틀이 있다는 발견은 6년 뒤인 2016년에 일어났다.

2019년에 우리는 뇌의 원리를 기계 학습에 적용하는 두 번째 임무를 시작했다. 그리고 그해에 나는 우리가 알아낸 것을 공유하기 위해 이 책을 쓰기 시작했다.

이 우주에서 우주가 존재한다는 사실을 유일하게 아는 존재가 우리 머릿속에 떠 있는 무게 1.5kg의 세포 덩어리라는 것은 실로 경이로운 사실이다. 이 사실은 오래된 수수께끼를 떠오르게 한다. 숲에서 나무가 쓰러졌는데 그 소리를 들은 사람이 아무도 없다면, 그 소리는 과연 난 것일까? 이와 비슷하게 다음 질문을 할 수 있다. 만약 우주가 존재했다가 사라졌는데, 그것을 아는 뇌가 하나도 없었다면, 우주는 실제로 존재한 것일까? 누가 그것을 알까? 우리 머릿속에 떠 있는 수십억 개의 세포는 우주가 존재한다는 사실뿐만 아니라 우주가 광대하고 아주 오래되었다는 사실까지 안다. 이 세포들은 우리가 아는 한 그 밖의 어떤 곳에도 존재하지 않는 세계 모형을 배웠다. 나는 뇌가 이런 일을 어떻게 하는지 이해하려고 노력하면서 한평생을 보냈고, 우리가 알아낸 것에 짜릿한 흥분을 느꼈다. 여러분도 마찬가지로 짜릿한 흥분을 느끼길 바란다. 자, 그럼 흥미진진한 여행을 시작해 보자.

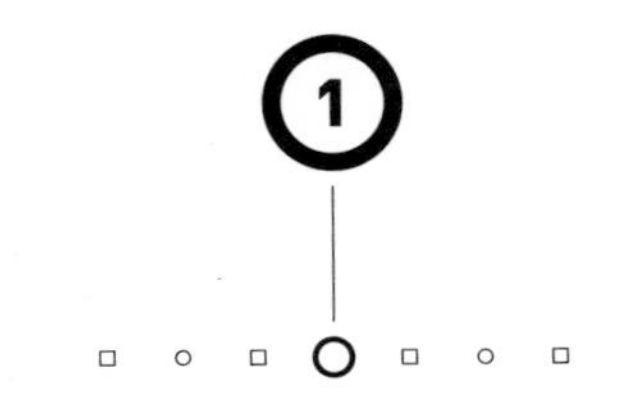

오래된 뇌와 새로운 뇌

뇌가 지능을 어떻게 만들어내는지 이해하려면, 먼저 알아야 할 기본 사실이 몇 가지 있다.

찰스 다윈이 진화론을 발표한 직후에 생물학자들은 사람의 뇌 자체도 오랜 시간에 걸쳐 진화해 왔고, 그 진화사는 그저 뇌를 쳐다보기만 해도 분명하게 드러난다는 사실을 깨달았다. 새로 나타나는 것만큼이나 자주 사라지는 종과 달리 뇌는 오래된 부분들 위에 새로운 부분들을 추가하면서 계속 진화했다. 예를 들면, 가장 오래되고 단순한 신경계 중 일부는 아주 작은 벌레의 등을 따라 뻗어 있는 신경세포 집단이다. 이 신경세포들은 벌레가 단순한 움직임을 나타내도록 해주며, 이와 비슷하게 우리의 기본 움직임 중 많은 것을 책임지는 척수의 전신이다. 그다음에 나타난 것은 몸 한쪽 끝에서 소화와 호흡 같은 기능을 제어하는 신경세포 집단이었다. 이 신경세포 집단은 그와 비슷하게 우리의 소화와 호흡을 제어하는 뇌줄기(뇌간)

의 전신이다. 뇌줄기는 이미 그곳에 있던 것을 확장했지만 대체하지는 않았다. 시간이 지나면서 뇌는 오래된 부분들 위에 새로운 부분들을 진화시킴으로써 점점 더 복잡한 행동을 할 수 있게 되었다. 이렇게 추가를 통한 성장 방법은 대다수 복잡한 동물의 뇌에서 일어났다. 따라서 왜 오래된 뇌 부분이 아직도 그곳에 남아 있는지 쉽게 이해할 수 있다.

우리가 아무리 똑똑하고 복잡하다고 하더라도, 호흡과 식사, 섹스, 반사 반응은 여전히 생존에 중요하다.

뇌에서 가장 새로운 부분은 신피질인데, 이것은 문자 그대로 '가장 바깥쪽 층'을 뜻한다. 모든 포유류는 신피질이 있고, 또 오직 포유류에게만 신피질이 있다. 사람의 신피질은 특히 커서 뇌 전체 부피의 약 70%를 차지한다. 머릿속에서 신피질을 꺼내 다리미로 다려서 납작하게 만들면, 그 크기는 커다란 냅킨만 할 것이고 두께는 냅킨의 두 배 정도(약 2.5mm)가 될 것이다. 신피질은 뇌에서 오래된 부분을 둘러싸고 있어, 사람 뇌를 바라볼 때 우리 눈에 보이는 것은

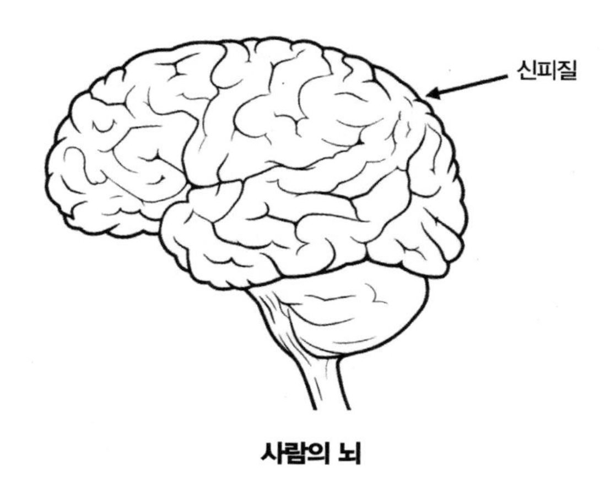

사람의 뇌

대부분 신피질(특징적인 주름과 접힌 부분과 함께)이고, 오래된 뇌와 척수 일부가 아래쪽으로 삐죽 나와 있다.

신피질은 지능이 머무는 기관이다. 우리가 지능으로 간주하는 모든 능력—시각, 언어, 음악, 수학, 과학, 공학 같은—은 신피질에서 생겨난다. 우리가 뭔가를 생각할 때, 그 생각을 하는 주체는 대부분 신피질이다. 이 책을 읽거나 듣는 것은 바로 여러분의 신피질이고, 이 책을 쓰는 것은 나의 신피질이다. 지능을 이해하려면, 신피질이 무슨 일을 하고, 그것을 어떻게 하는지 이해해야 한다.

동물은 신피질이 없어도 복잡한 삶을 살아갈 수 있다. 악어의 뇌는 우리 뇌와 거의 비슷하지만, 적절한 신피질이 없다. 악어는 복잡한 행동을 하고, 새끼를 돌보며, 자신이 살아가는 환경에서 잘 돌아다니는 방법을 안다. 대다수 사람들은 악어에게 어느 수준의 지능이 있다고 말하겠지만, 그것은 사람의 지능에 훨씬 못 미친다.

신피질은 신경 섬유를 통해 뇌에서 오래된 부분들과 연결되어 있다. 따라서 이것들은 서로 완전히 분리된 별개의 기관으로 생각할 수 없다. 이것들은 서로 다른 의제와 개성을 지녔지만 어떤 일을 하려면 협력이 필요한 룸메이트와 비슷하다. 신피질은 아주 불공평한 처지에 있는데, 행동을 직접 제어하지 못하기 때문이다. 뇌의 다른 부분들과 달리 신피질의 세포 중에서 근육과 직접 연결된 것은 하나도 없으며, 그래서 혼자서는 어떤 근육도 움직일 수 없다. 신피질이 어떤 일을 하길 원한다면, 오래된 뇌로 신호를 보내 자신의 지시를 따르라고 요구해야 한다. 예를 들면, 호흡은 뇌줄기가 담당하는 기능인데, 생각이나 신피질로부터 받는 입력과 상관없이 자동적으로 일어난다. 우리가 의식적으로 숨을 참는 경우처럼 신피질은 일시적으로 호흡을 제어할 수 있다. 하지만 뇌줄기는 우리 몸에 산소가 더 필요하다는 사실을 알아채면, 신피질의 지시를 무시하고 통제권을 도로 회수해 간다. 이와 비슷하게 신피질이 "그 케이크 조각은 먹지 마. 건강에 나빠"라고 생각하는 상황이 생길 수 있다. 하지만 더 오래되고 원시적인 뇌 부분이 "음, 보기에도 좋고 냄새도 좋고 맛있겠네. 얼른 먹어"라고 말한다면, 우리는 그 케이크를 거부하기 어렵다. 오래된 뇌와 새로운 뇌 사이에서 벌어지는 이 싸움은 이 책이 다루는 기본 주제 중 하나이다. 이것은 인류가 직면한 실존적 위험을 다룰 때 중요한 역할을 한다.

오래된 뇌에는 각각 특정 기능을 수행하는 별개의 기관이 수십 개 포함되어 있다. 이 기관들은 모두 시각적으로 독특하며, 그 모양과 크기와 연결에 그 기능이 반영되어 있다. 예를 들면, 편도체에는 완두콩만 한 크기의 기관이 여러 개 있는데, 각자 계획된 공격성과 충동적 공격성처럼 서로 다른 종류의 공격성을 책임지고 있다.

신피질은 아주 다르다. 신피질은 뇌의 전체 부피 중 약 4분의 3을 차지하고, 수많은 인지 기능을 담당하지만, 시각적으로는 명확하게 구분되지 않는다. 주름과 접힌 곳이 많은 이유는 냅킨을 큰 와인 잔에 쑤셔넣으려고 할 때처럼 신피질을 좁은 머리뼈 속에 꾸역꾸역 집어넣기 위해서이다. 주름과 접힌 곳을 무시한다면, 신피질은 분명히 서로 구별되는 부분이 없이 하나의 큰 천처럼 보인다.

그럼에도 불구하고, 신피질은 각각 다른 기능을 담당하는 수십 개 영역으로 나뉘어 있다. 그중에는 시각을 담당하는 영역, 청각을 담당하는 영역, 촉각을 담당하는 영역도 있다. 각각 언어와 계획을 담당하는 영역도 있다. 신피질이 손상을 입었을 때 나타나는 기능 장애는 손상된 부위에 따라 다르게 나타난다. 머리 뒤쪽에 손상을 입으면 실명이 일어나고, 왼쪽에 손상을 입으면 언어 장애가 생길 수 있다.

신피질 영역들은 신피질 아래로 지나가는, 백질白質, white matter이라는 신경 섬유 다발을 통해 서로 연결되어 있다. 과학자들은 이 신경 섬유들을 세밀하게 추적함으로써 신피질 영역들이 얼마나 많은지, 그리고 서로 어떻게 연결되어 있는지 알 수 있다. 사람의 뇌를 이런 식으로 직접 연구하기는 어렵기 때문에, 이런 식으로 분석된 최초의 복잡한 포유류는 마카크원숭이였다. 1991년에 대니얼 펠먼Daniel

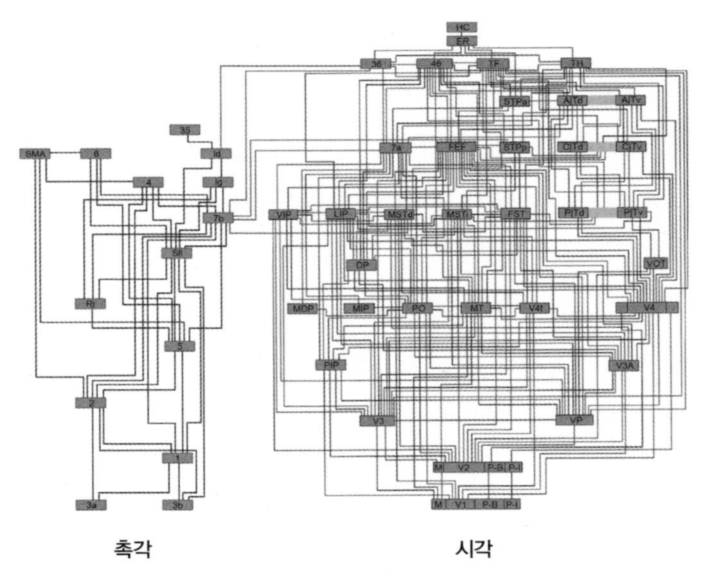

신피질의 연결들

Felleman과 데이비드 밴 에센David Van Essen은 수십 가지 연구의 데이터를 합쳐 마카크원숭이의 신피질 구조를 보여주는 그림을 작성했다. 38쪽 아래의 그림은 그들이 만든 이미지 중 하나이다(사람의 신피질 지도는 세밀한 부분에서는 차이가 나겠지만, 전체적인 구조는 비슷하다).

그림에서 수십 개의 작은 직사각형은 신피질의 서로 다른 영역들을 나타내며, 선들은 정보가 백질을 통해 한 영역에서 다른 영역으로 어떻게 흘러가는지를 나타낸다.

이 이미지는 보편적으로 신피질이 플로차트처럼 위계적 구조로 이루어져 있다는 것으로 해석된다. 감각에서 오는 입력은 바닥 부분으로 들어온다(이 다이어그램에서는 피부에서 온 입력은 왼쪽에, 눈에서 온 입력은 오른쪽에 나타나 있다). 이 입력은 일련의 단계들을 통해 처리되는데, 각 단계는 입력에서 점점 더 복잡한 특질을 추출한다. 예를 들면, 눈에서 온 입력을 처음 받은 영역은 선이나 가장자리 같은 단순한 패턴을 감지할 수 있다. 이 정보는 다음 영역으로 전달되고, 그곳에서는 모퉁이와 형태 같은 더 복잡한 특질을 감지할 수 있다. 이러한 단계별 처리 과정이 계속되다가 어느 영역에 이르면 완전한 물체의 형태를 파악하게 된다.

플로차트 위계 해석을 뒷받침하는 증거가 많이 있다. 예를 들면, 이 위계 구조에서 바닥 영역에 있는 세포들은 단순한 특질에 가장 잘 반응하고, 그다음 영역에 있는 세포들은 그보다 더 복잡한 특질에 잘 반응한다. 그리고 더 높은 영역에서 복잡한 물체에 반응하는 세포들이 가끔 발견되었다. 하지만 신피질이 플로차트와 같지 않다는 증거도 많다. 다이어그램에서 볼 수 있듯이, 이 영역들은 플로차트처럼 하나가 다른 것의 위에 있는 식으로 배열되어 있지 않다. 각 층에는 많은 영역이 있으며, 대부분의 영역은 다수의 층에 연결되어 있다. 사실, 영역들 사이의 연결 중 대다수는 위계 구도에 전혀 들어맞지 않는다. 게다가 각 영역의 세포들 중 일부만이 어떤 특질을 감지하는 기관처럼 행동한다. 각 영역에서 나머지 대다수 세포들이 무슨 일을 하는지는 아직 과학자들이 확실하게 밝혀내지 못했다.

여기서 우리는 한 가지 수수께끼에 봉착한다. 지능 기관인 신피질은 각자 다른 일을 하는 수십 개 영역으로 나뉘어 있지만, 겉으로는 모두 똑같아 보인다. 이 영역들은 복잡하게 뒤죽박죽 연결되어 있는데, 어떤 면에서는 플로차트처럼 보이지만 대부분은 그렇지 않다. 지능 기관이 왜 이런 모습을 하고 있는지 그 이유는 즉각 분명하게 드러나지 않는다.

그다음에 당연히 해야 할 일은 2.5mm 두께 속을 지나가는 정밀한 회로를 살피기 위해 신피질 내부를 들여다보는 것이다. 아마도 여러분은 신피질에서 서로 다른 영역들이 겉모습은 똑같아 보이더라도, 시각과 촉각, 언어 능력을 만들어내는 내부의 정밀한 신경 회로는 서로 다를 것이라고 상상할 것이다. 하지만 그렇지 않다.

신피질 내부의 정밀한 회로를 처음으로 들여다본 사람은 에스파냐의 산티아고 라몬 이 카할Santiago Ramón y Cajal이다. 19세기 후반에 현미경으로 뇌 속의 개개 신경세포를 볼 수 있게 해주는 염색 기술이 발견되었다. 카할은 이 염색법을 사용해 뇌의 모든 부분을 볼 수 있었다. 카할은 처음으로 뇌가 세포 차원에서 어떤 모습을 하고 있는지를 보여주는 이미지를 수천 장이나 얻었다. 아름답고 정교한 이 이미지들은 모두 카할이 일일이 손으로 그린 것이다. 이 업적으로 결국 카할은 노벨상까지 받았다. 카할이 신피질의 모습을 나타낸 이미지 2개를 아래에 소개한다. 왼쪽 그림은 신경세포들의 세포체만 보여준다. 오른쪽 그림은 세포들 사이의 연결을 포함하고 있다. 이 그림들은 두께 2.5mm의 신피질 절편切片(현미경으로 관찰하기 위하여 생체 조직의 일부를 얇게 자른 것—옮긴이)을 나타낸 것이다.

이 이미지를 얻기 위해 사용한 염료는 세포들 중 극히 일부만 염색시킨다. 이것은 다행한 일인데, 만약 모든 세포가 염색된다면, 우리 눈에는 온통 검은색만 보일 것이기 때문이다. 신경세포들의 수는

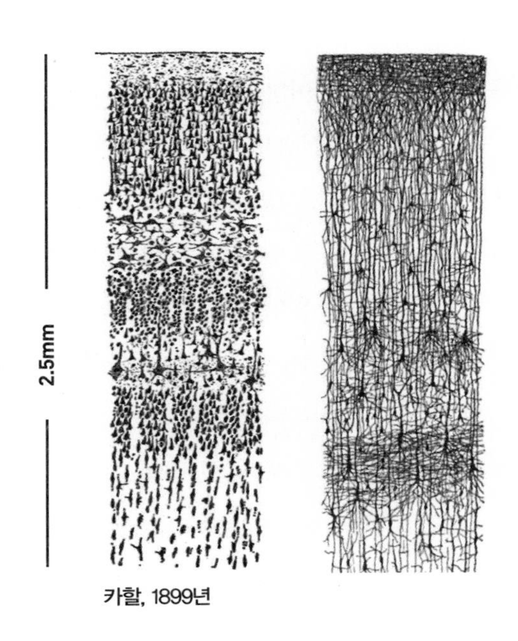

카할, 1899년

신피질 절편의 신경세포들

실제로는 이 이미지에서 보는 것보다 훨씬 많다는 사실을 유념할 필요가 있다.

카할과 다른 과학자들이 관찰한 첫 번째 사실은 신피질의 신경세포들이 층을 이루어 배열된 것처럼 보인다는 점이었다. 신피질 표면에 평행하게 늘어선 층들(앞의 그림들에서는 수평 방향)은 신경세포의 크기와 조밀도 차이 때문에 생겨난다. 유리관 속에 완두콩과 렌즈콩, 대두를 각각 2.5cm씩 차례로 집어넣었다고 상상해 보라. 유리관 옆쪽에서 바라보면 분리된 세 층이 보일 것이다. 위 그림에서도 층들을 볼 수 있다. 층의 수가 정확하게 몇 개인지는 층을 세는 사람에 따라, 그리고 층을 구분하는 기준에 따라 달라진다. 카할은 모두 여섯 층을 보았다. 이 구조의 단순한 해석은 각각의 신경세포 층이 서로 다른 일을 한다고 보는 것이다.

오늘날 우리는 신피질의 신경세포는 단 여섯 종류가 아니라 수십 종류나 있다는 사실을 안다. 그런데 과학자들은 아직도 여섯 층으로 분류하는 용어를 사용하고 있다. 예를 들면, 어떤 종류의 세포는 3층에 존재하고, 또 어떤 종류의 세포는 5층에 존재한다고 이야기할 수 있다. 카할의 그림에서 1층은 신피질의 가장 바깥층으로, 머리뼈에 가장 가까운 곳에 위치한다. 6층은 뇌 중심에 가장 가까이 위치하여 머리뼈에서 가장 먼 곳에 있다. 층들은 특정 종류의 신경세포가 있는 위치를 대략적으로 알려주는 지표에 불과하다는 사실을 명심하는 것이 중요하다. 신경세포가 어디에 연결되어 있으며 어떻게 행동하느냐가 훨씬 중요하다. 연결성을 기준으로 분류할 때, 신경세포의 종류는 수십 가지나 존재한다.

이 이미지들에서 두 번째로 관찰된 사실은 신경세포들 사이의 연결이 대부분 수직 방향으로, 즉 층들 사이에서 일어난다는 것이다. 신경세포는 나무와 비슷하게 축삭axon(신경세포에서 뻗어나온 긴 돌기—옮긴이)과 가지돌기dendrite(신경세포에서 세포질이 나뭇가지처럼 뻗은 것—옮긴이)라는 구조가 있는데, 이 구조들 때문에 신경세포들은 서로 정보를 주고받을 수 있다. 카할은 대부분의 축삭이 층들 사이로, 즉 신피질 표면에 대해 수직 방향(41쪽 그림에서는 위아래 방향)으로 뻗어 있다는 사실을 발견했다. 일부 층들에 있는 신경세포들은 수평 방향으로 먼 거리까지 연결되어 있지만, 대부분의 연결은 수직 방향으로 뻗어 있다. 이것은 신피질의 어떤 영역에 도착하는 정보는 대부분 층들 사이에서 위아래로 왔다 갔다 하다가 다른 곳으로 전달된다는 것을 의미한다.

카할이 뇌의 자세한 모습을 처음 그린 지 120년이 지나는 동안 수백 명의 과학자들이 신피질을 연구하여 이곳의 신경세포들과 회로에 대해 자세한 사실을 아주 많이 발견했다. 이 주제를 다룬 과학 논문은 수천 편이나 발표되어 내가 그 모든 것을 요약하기란 불가능하다. 그 대신 일반적인 견해 세 가지를 강조하려고 한다.

1. 신피질의 국지적 회로는 복잡하다

신피질 $1mm^2$ 아래 약 $2.5mm^3$ 공간에 신경세포가 약 10만 개 있고, 시냅스synapse라 부르는 신경세포들 사이의 연결은 약 5억 개나 있다. 축삭과 가지돌기를 모두 죽 이은 길이는 수 킬로미터나 된다. 수 킬로미터 길이의 전선을 길 위에 죽 펼쳐놓은 뒤, 그것을 대략 쌀알만 한 크기인 2.5mm^3의 공간 속에 쑤셔넣는다고 상상해 보라. 각각의 1mm^2 아래에는 수십 종류의 신경세포가 있다. 각 종류의 신경세포는 다른 종류의 신경세포와 원형적으로 연결되어 있다. 과학자들은 흔히 신피질 영역들이 특질을 파악하는 것과 같은 단순한 기능을 수행한다고 말한다. 하지만 특질을 파악하는 것은 신경세포 몇 개만으로도 충분하다. 신피질 도처에서 발견되는 정밀하고 매우 복잡한 신경 회로는 각 영역이 특질 파악보다 훨씬 복잡한 일을 하고 있음을 말해준다.

2. 신피질은 어디서나 겉모습이 서로 비슷하다

신피질의 복잡한 회로는 시각 영역이나 언어 영역이나 촉각 영역이나 어디서나 놀랍도록 비슷해 보인다. 심지어 쥐나 고양이, 사람처럼 종이 달라도 신피질의 겉모습은 비슷해 보인다. 물론 차이도 있다. 예를 들면 신피질 중 어떤 영역은 다른 영역보다 세포가 더 많고, 다른 곳에서 발견되지 않는 종류의 세포가 있는 영역도 있다. 아마도 이러한 신피질 영역은 이 차이 때문에 더 나은 일을 할 것이다. 하지만 전체적으로는 영역들 사이의 차이는 비슷한 점에 비해 상대적으로 적다.

3. 모든 신피질 영역은 움직임을 만들어낸다

오랫동안 과학자들은 '감각 영역'을 통해 신피질로 들어온 정보가 영역들 사이의 위계를 따라 올라가거나 내려가며, 결국에는 '운동 영역'으로 내려간다고 믿었다. 그리고 운동 영역의 세포들은 근육과 팔다리를 움직이는 척수의 신경세포들로 그 정보를 보낸다고 믿었다. 하지만 지금은 이 설명이 틀린 것으로 드러났다. 과학자들이 조사한 모든 영역에서 움직임과 관련된 오래된 뇌 부분으로 정보를 보내는 세포들이 발견되었다. 예를 들면, 눈에서 입력 신호를 받는 시각 영역은 오래된 뇌 중에서 눈을 움직이는 기능을 담당하는 부분으로 신호를 보낸다. 마찬가지로 귀에서 입력 신호를 받는 청각 영역은 오래된 뇌 중에서 머리를 움직이는 기능을 담당하는 부분으로 신호를 보낸다. 눈을 움직이면 보는 것이 달라지듯이, 머리를 움직이면 듣는 것이 변한다. 우리가 얻은 정보에 따르면, 신피질 도처에서 발견되는 복잡한 회로가 감각-운동sensory-motor 과제를 수행하는 것으로 보인다. 순수한 운동 영역이나 순수한 감각 영역 같은 것은 없다.

요약하면, 신피질은 지능 기관이다. 냅킨만 한 크기의 종이처럼 생긴 신피질은 신경세포로 이루어져 있고, 수십 개 영역으로 나뉘어 있다. 각각 시각과 청각, 촉각, 언어를 담당하는 영역이 따로 있다. 고차원 사고와 계획을 담당하지만 딱 부러지게 무슨 영역이라고 부를 수 없는 영역들도 있다. 영역들은 신경 섬유 다발을 통해 서로 연결되어 있다. 영역들 사이의 일부 연결들에는 위계 구조가 나타나는데, 이것은 정보가 플로차트처럼 질서정연한 방식으로 흘러간다는 것을 시사한다. 하지만 영역들 사이에는 질서가 전혀 없는 것처럼 보이는 연결들도 있는데, 이것은 정보가 모든 곳으로 한꺼번에 전달되지 않는다는 것을 시사한다. 모든 영역은 담당하는 기능에 상관없이 나머지 모든 영역과 놀랍도록 비슷해 보인다.

이 사실들을 처음 발견한 사람을 다음 장에서 만날 것이다.

●○●

여기서 이 책의 서술 방식에 대해 몇 마디 하고 넘어가는 게 좋을 것 같다. 나는 지적으로 호기심이 많은 비전문가 독자를 염두에 두고 이 책을 썼다. 내 목표는 새로운 이론을 이해하는 데 필요한 모든 것을 전달하는 것이지만, 지나치게 많은 것을 소개하려고 하지는 않는다. 대다수 독자는 신경과학에 대한 사전 지식이 풍부하지 않다고 가정했다. 하지만 신경과학을 깊이 공부한 사람이라면, 내가 어디서 세부 내용을 생략하고 복잡한 주제를 단순하게 다루고 넘어가는지 알아챌 것이다. 만약 당신이 그런 사람이라면, 넓은 아량으로 이해해 주길 바란다. 더 깊은 내용에 관심이 있는 사람을 위해 책 말미에 도움이 될 만한 자료 목록을 주석과 함께 소개했으니 참고하기 바란다.

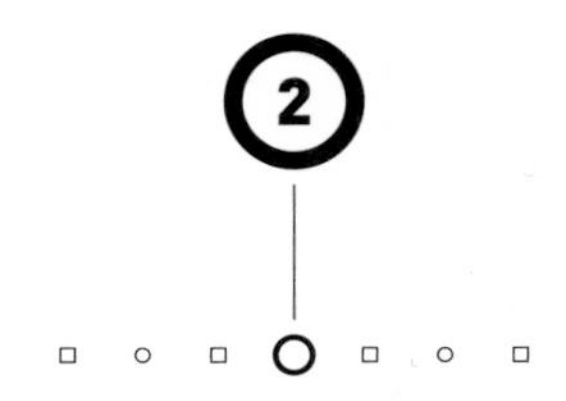

버넌 마운트캐슬의 굉장한 개념

《마인드풀 브레인The Mindful Brain》은 100여 쪽밖에 안 되는 짧은 책이다. 1978년에 출판된 이 책에는 두 과학자가 뇌에 관해 쓴 논문이 두 편 실려 있다. 그중에서 존스홉킨스대학교의 신경과학자 버넌 마운트캐슬Vernon Mountcastle이 쓴 논문은 책의 형태로 발표한 뇌에 관한 논문 중에서 매우 상징적이고 중요한 것으로 간주된다. 마운트캐슬은 뇌를 생각하는 방법으로 우아하면서도(위대한 이론의 특징인) 아주 놀라운 개념을 제안했는데, 이 개념은 지금까지도 신경과학계를 양분하고 있다.

나는《마인드풀 브레인》을 1982년에 처음 읽었다. 마운트캐슬의 논문은 내게 즉각 큰 영향을 미쳤고, 곧 알게 되겠지만 그의 제안은 내가 이 책에서 설명하는 이론에 엄청난 영향을 미쳤다.

마운트캐슬의 글은 정확하고 해박하지만 읽기가 쉽지는 않다. '대뇌의 기능을 위한 조직 원리: 단위 모듈과 분산 시스템An Organ-

izing Principle for Cerebral Function: The Unit Module and the Distributed System'
이라는 논문 제목 역시 기억하기가 쉽지 않다. 서두 부분도 이해하기 쉽지 않은데, 여러분도 그의 논문을 읽는 경험이 어떤 것인지 대략 감을 잡을 수 있도록 아래에 소개한다.

> 19세기 중엽에 다윈 혁명이 신경계의 구조와 기능 개념에 지배적인 영향을 미쳤다는 것은 의심의 여지가 없다. 스펜서와 잭슨과 셰링턴, 그리고 그들의 뒤를 이은 많은 사람의 개념들은 머리를 이루는 부분들이 연속적으로 추가되면서 뇌가 계통 발생을 통해 발달했다는 진화론에 뿌리를 두고 있다. 이 이론에 따르면, 새로운 추가나 크기 증가가 일어날 때마다 더 복잡한 행동이 정교하게 발달하는 과정이 수반되었고, 그와 동시에 더 꼬리 쪽에 위치한 더 원시적인 부분들, 그리고 아마도 그것들이 담당하는 더 원시적인 행동을 제어하게 되었다.

이 첫 세 문장에서 마운트캐슬이 말하고자 하는 요지는 뇌가 긴 진화 시간에 걸쳐 오래된 뇌 부분 위에 새로운 뇌 부분을 추가하면서 점점 커졌다는 것이다. 더 오래된 부분은 더 원시적인 행동을 제어하는 반면, 더 새로운 부분은 더 정교한 행동을 만들어낸다. 아마도 이 이야기는 친숙하게 들릴 텐데, 이미 앞 장에서 내가 이 개념을 이야기했기 때문이다.

그런데 마운트캐슬은 더 나아가 전체 뇌 중 상당 부분이 오래된 부분 위에 새로운 부분이 추가됨으로써 더 커지긴 했지만, 신피질이 뇌 전체의 70%를 차지할 정도로 커진 것은 이 때문이 아니라고 말한다. 신피질은 기본 회로라는 동일한 부분을 수많이 복제함으로써 커졌다. 뇌가 진화하는 영상을 본다고 상상해 보라. 뇌는 처음에 작은 것에서 시작한다. 한쪽 끝에 새로운 부분이 나타나고, 그 위에 다시 새로운 부분이 나타나며, 먼저 존재하던 것들 위에 또 다른 부분이 추가된다. 그러다가 수백만 년 전의 어느 시점에 우리가 신피질이라고 부르는 새 부분이 나타난다. 신피질은 작은 것으로 시작하지만, 새로운 것을 만드는 것이 아니라 기본 회로를 반복적으로 계속 복제함으로써 점점 커진다. 신피질은 커지면서 단지 면적만 늘어나는 것이 아니라 두께도 늘어난다. 마운트캐슬은 사람의 신피질은 쥐나 개의 신피질보다 훨씬 크지만, 이것들은 모두 동일한 기본 요소로 이루어져 있다고 주장했다. 우리는 단지 그 기본 요소를 복제한 것을 훨씬 많이 가지고 있을 뿐이다.

나는 마운트캐슬의 논문을 읽으면서 찰스 다윈의 《종의 기원》이 자꾸 떠올랐다. 다윈은 자신의 진화론이 큰 소란을 일으키지 않을까 염려했다. 그래서 책에서 상대적으로 덜 흥미로운 내용인, 동물계에서 일어나는 변이 이야기를 상당히 많이 하고 나서 끝에 가서야 자신의 이론을 이야기했다. 그리고 그때조차 진화가 사람에게 적용된다고 분명하게 말하지 않았다. 나는 마운트캐슬의 논문을 읽을 때에도 비슷한 인상을 받았다. 마운트캐슬은 자신의 주장이 반발을 초래하리라는 사실을 알았던 것으로 보이며, 그래서 글을 쓸 때 조심스럽고 신중했다. 그의 논문 뒷부분에 나오는 또 다른 부분을 살펴보자.

> 간단히 말하면, 운동 피질에서 본질적으로 운동에 관련된 것이나 감각 피질에서 본질적으로 감각에 관련된 것은 전혀 없다. 따라서 신피질 중 어느 곳에서건 국지적 모듈 회로의 작동 방식을 설명한다면, 그것은 아주 큰 보편적 의미를 지니게 될 것이다.

이 두 문장에 마운트캐슬이 논문에서 주장하는 주요 개념이 요약되어 있다. 요컨대, 신피질의 모든 부분은 동일한 원리로 작동한다는 것이다. 시각에서부터 촉각, 언어, 고차원 사고에 이르기까지 우리가 지능으로 간주하는 모든 것은 기본적으로 동일하다.

신피질이 제각각 다른 기능을 수행하는 수십 개의 영역으로 나뉘어 있다고 한 이야기를 떠올려보라. 밖에서 신피질을 바라보면, 그 영역들을 구분할 수 없다. 위성사진에서 나라들 사이의 정치적 국경이 드러나지 않듯이 거기에는 어떤 경계선도 없다. 신피질 속으로 들어가 보면, 복잡하고 자세한 구조가 드러난다. 하지만 신피질 중에서 어느 영역을 파고들어 가더라도 세부 모습은 서로 비슷해 보인다. 시각을 담당하는 피질 조각은 촉각을 담당하는 피질 조각과 똑같아 보이고, 이것들은 또 언어를 담당하는 피질 조각과 똑같아 보인다.

마운트캐슬은 모든 영역이 똑같아 보이는 이유가 모두 똑같은 일을 하기 때문이라고 주장했다. 각각의 영역은 각자의 고유한 기능이 아니라 무엇에 연결되어 있느냐에 따라 달라진다. 어떤 피질 영역을 눈에 연결시키면 우리는 사물을 보게 된다. 같은 영역을 귀에 연결시키면, 우리는 소리를 듣는다. 피질 영역들을 다른 영역들과 연결시키면, 언어 같은 더 높은 차원의 사고 능력을 얻게 된다. 그러고 나서 마운트캐슬은 만약 우리가 신피질 중 어느 부분의 기본 기능을 발견한다면, 신피질 전체의 작용 방식을 이해할 것이라고 지적했다.

마운트캐슬의 개념은 다윈이 발견한 진화 개념만큼이나 놀랍고 심오하다. 다윈은 놀라운 생명의 다양성을 설명하는 메커니즘(원한다면 알고리듬이라고 불러도 좋다)을 제안했다. 많은 종류의 생물은 겉보기에 수많은 동식물처럼 보이지만, 실상은 그 바탕을 이루는 동일한 진화 알고리듬이 발현된 것이다. 한편, 마운트캐슬은 우리가 지능과 연관시키는 모든 것은 겉으로는 서로 달라 보이더라도 실제로는 그 바탕을 이루는 동일한 피질 알고리듬이 발현된 것이라고 주장한다. 나는 여러분이 마운트캐슬의 주장이 얼마나 예상을 뛰어넘는 혁명적인 것인지 제대로 알았으면 한다. 다윈은 생명의 다양성이 한 가지 기본 알고리듬 때문에 나타났다고 주장했다. 반면에 마운트캐슬은 지능의 다양성 역시 한 가지 기본 알고리듬 때문에 나타났다고 주장했다.

역사적 중요성을 지닌 많은 일이 그렇듯이, 마운트캐슬이 이 개념을 최초로 내놓았다는 주장은 약간 논란이 있다. 내 경험에 따르면, 모든 개념은 항상 그보다 앞서 존재한 개념이 있었다. 하지만 내가 아는 한, 공통의 피질 알고리듬이 존재한다는 주장을 명확하고 면밀하게 펼친 사람은 마운트캐슬이 처음이다.

마운트캐슬과 다윈의 주장은 한 가지 흥미로운 측면에서 차이가 있다. 다윈은 그 알고리듬이 무엇인지 알았다. 진화는 무작위적 변이와 자연 선택을 기반으로 일어난다. 하지만 다윈은 그 알고리듬이 몸속의 어디에 있는지는 몰랐다. 그것은 많은 세월이 지난 뒤에 DNA가 발견될 때까지 알려지지 않았다. 이와는 대조적으로 마운트캐슬은 그 피질 알고리듬이 무엇인지 몰랐다. 즉, 지능의 원리가 무엇인지 몰랐다. 하지만 그 알고리듬이 뇌 속에 있다는 사실은 알았다.

그렇다면 마운트캐슬은 피질 알고리듬이 어디에 있다고 생각했을까? 그는 신피질의 기본 단위, 즉 지능의 기본 단위가 '피질 기둥 cortical column'이라고 말했다. 신피질 표면에서 피질 기둥 하나는 약 $1mm^2$를 차지한다. 그리고 신피질의 두께 2.5mm 전체에 걸쳐 뻗어 있어 그 부피는 약 $2.5mm^3$다. 이 정의에 따르면, 사람의 신피질에는 약 15만 개의 피질 기둥이 촘촘하게 늘어서 있는 셈이다. 피질 기둥을 가느다란 스파게티 가닥으로 상상해 보라. 사람의 신피질에는 짧은 스파게티 가닥 15만 개가 수직 방향으로 촘촘하게 늘어서 있다.

피질 기둥의 폭은 종에 따라, 그리고 영역에 따라 다르다. 예를 들면, 생쥐와 쥐는 수염 하나당 그에 대응하는 피질 기둥이 하나씩 있는데, 이 피질 기둥의 지름은 약 0.5mm이다. 고양이의 시각 피질 기둥은 지름이 약 1mm이다. 사람의 뇌를 이루는 피질 기둥의 크기를 조사한 데이터는 많지 않다. 논의의 단순성을 위해 이 책에서 나는 피질 기둥의 면적이 $1mm^2$이고, 우리 각자에게는 피질 기둥이 약 15만 개 있다고 계속 이야기할 것이다. 정확한 수는 이와 다를 가능성이 높지만, 그렇다고 해도 우리의 이야기에 큰 차이를 빚어내지는 않을 것이다.

피질 기둥은 현미경으로 보아도 뚜렷이 구분되지 않는다. 일부 예외를 제외하면 피질 기둥들 사이에는 눈에 보이는 경계가 없다. 그래도 과학자들은 피질 기둥이 존재한다는 사실을 알 수 있는데, 한 피질 기둥에 있는 모든 세포가 동일한 망막 부분이나 동일한 피부 부분에 반응하는 반면, 그 옆의 기둥에 있는 세포들은 모두 다른 망막 부분이나 다른 피부 부분에 반응하기 때문이다. 이러한 반응의 차이가 피질 기둥을 정의하는 특성이다. 이러한 특성은 신피질의 모든 곳에서 발견된다. 마운트캐슬은 각각의 기둥은 다시 수백 개의 '소기둥minicolumn'으로 나뉘어 있다고 지적했다. 피질 기둥이 가느다란 스파게티 가닥이라면, 소기둥은 머리카락처럼 훨씬 가느다란 가닥들이 스파게티 가닥 내부에 나란히 줄지어 늘어서 있는 것이라고 말할 수 있다. 각각의 소기둥 안에는 100개를 조금 넘는 신경세포가 모든 층에 걸쳐 뻗어 있다. 피질 기둥과 달리 소기둥은 물리적으로 분명히 구분되고 대개 현미경으로 볼 수 있다.

마운트캐슬은 피질 기둥이나 소기둥이 무슨 일을 하는지 몰랐고, 무슨 일을 한다고 주장하지도 않았다. 단지 각각의 기둥은 똑같은 일을 하며, 소기둥은 중요한 하위 요소라고 주장했을 뿐이다.

자, 지금까지 배운 것을 복습해 보자. 신피질은 큰 냅킨만 한 크기의 종이처럼 생긴 조직이다. 신피질은 제각각 다른 일을 하는 수십 개 영역으로 나뉘어 있다. 각 영역은 수천 개의 피질 기둥으로 이루어져 있다. 각각의 피질 기둥은 더 가느다란 수백 개의 소기둥으로 이루어져 있다. 마운트캐슬은 신피질 전체에서 피질 기둥과 소기둥은 동일한 기능을 수행한다고 주장했다. 즉, 지각과 지능의 모든 측면을 나타내는 기본 알고리듬을 실행한다.

마운트캐슬은 공통 알고리듬의 존재를 뒷받침하기 위해 여러 갈래의 증거를 제시했다. 첫 번째 증거는 앞에서 언급했듯이 신피질 모든 곳의 세부 회로가 놀랍도록 비슷하다는 사실이다. 만약 두 실리콘 칩이 거의 동일한 회로 설계를 갖고 있다면, 두 칩이 거의 동일한 기능을 수행한다고 가정하더라도 무리가 없을 것이다. 신피질의 세부 회로에도 같은 논리를 적용할 수 있다. 두 번째 증거는 호미니드 조상에 비해 현생 인류의 신피질이 크게 팽창한 사건이 진화사에서 아주 짧은 시간에 해당하는, 불과 수백만 년 동안에 일어났다는 사실이다. 이것은 진화가 새롭고 복잡한 능력을 많이 발견하기에 충분한 시간이 아니지만, 동일한 것을 더 많이 복제하기에는 충분한 시간이다. 세 번째 증거는 각 신피질 영역의 기능이 확고하게 정해져 있지 않다는 사실이다. 예를 들면, 선천적으로 시각 장애를 안고 태어난 사람들의 경우, 신피질에서 시각 영역은 눈에서 유용한 정보를 받지 않는다. 그러면 이 영역은 청각이나 촉각과 관련된 역할을 새로 맡을 수 있다. 마지막으로, 극도의 유연성이 있다. 사람은 진화압 evolutionary pressure이 전혀 없는 일을 수없이 많이 할 수 있다. 예를 들면, 우리 뇌는 컴퓨터를 프로그래밍하거나 아이스크림을 만들도록 진화하지 않았다. 이 둘은 최근에 발명된 것이다. 우리가 이런 일을 할 수 있다는 사실은 뇌가 범용 학습 방법에 의존한다는 것을 말해준다. 나는 이 마지막 증거가 가장 설득력이 높다고 생각한다. 사실상 어떤 것이라도 학습할 수 있는 능력은 뇌가 보편 원리에 따라 작용해야 가능하다.

마운트캐슬의 제안을 뒷받침하는 증거는 이것 말고도 더 있다. 하지만 그래도 그의 개념은 처음 소개했을 때 큰 논란을 일으켰고, 지금도 다소 논란의 대상이 되고 있다. 나는 여기에는 두 가지 이유가 있다고 생각한다. 하나는 피질 기둥이 무슨 일을 하는지 마운트캐슬이 몰랐다는 데 있다. 그는 많은 정황 증거를 바탕으로 놀라운 주장을 펼쳤지만, 지능과 연관된 그 모든 일을 피질 기둥이 실제로 어떻게 하는지 설명하지 못했다. 또 다른 이유는 그의 제안에 내포된 의미를 일부 사람들이 받아들이기 힘들었다는 데 있다. 예를 들면, 어떤 사람들은 시각과 언어가 기본적으로 동일하다는 주장을 받아들이기 힘들 수 있다. 이 두 가지는 같은 것으로 보이지 않는다. 이러한 불확실성을 감안하여 일부 과학자들은 신피질 영역들 사이에 차이가 있다는 사실을 지적하면서 마운트캐슬의 제안을 받아들이지 않는다. 차이는 비슷한 점에 비하면 상대적으로 작지만, 차이에 초점을 맞춤으로써 여러 신피질 영역들이 서로 똑같지 않다고 주장할 수 있다.

마운트캐슬의 제안은 신경과학 분야의 성배聖杯처럼 어렴풋하게 어른거린다. 공개적으로건 은밀하게건, 어디서 어떤 동물이나 어떤 뇌 부분을 연구하건, 거의 모든 신경과학자는 우리 뇌의 작용 방식을 이해하길 원한다. 이것은 신피질의 작용 방식을 이해하길 원한다는 뜻이다. 그러려면 피질 기둥이 무슨 일을 하는지 알아야 한다. 결국 뇌를 이해하기 위한 우리의 탐구는 피질 기둥이 무슨 일을 하며, 어떻게 그렇게 하는지 알아내는 것으로 귀결된다. 피질 기둥은 우리 뇌의 유일한 수수께끼나 신피질과 관련된 유일한 수수께끼가 아니다. 하지만 피질 기둥을 이해하는 것은 가장 크고 중요한 퍼즐 조각이다.

●○●

2005년에 나는 존스홉킨스대학교에서 우리의 연구를 소개하는 강연을 해달라고 초청을 받았다. 나는 신피질을 이해하기 위한 우리의 탐구와 그 문제에 접근하는 방법, 우리가 이룬 진전에 대해 이야기했다. 이런 강연이 끝난 뒤에는 강연자는 대개 그 분야의 담당 교수들을 만난다. 이 여행에서 내가 맨 마지막에 만난 사람은 버넌 마운트캐슬과 그 과의 학과장이었다. 나는 내 인생에 그토록 큰 통찰력과 영감을 준 사람을 만나게 되어 큰 영광으로 여겼다. 내 강연을 들었던 마운트캐슬은 대화 도중에 내게 존스홉킨스대학교로 와서 연구하라고 권하면서 나를 위해 자리를 마련하겠다고 제안했다. 그것은 전혀 예상치도 못한 특별한 제안이었다. 캘리포니아주에 있는 가족과 사업 때문에 그 제안을 진지하게 검토하지는 못했지만, 신피질을 연구하자는 내 제안이 UC 버클리에서 퇴짜를 맞았던 1986년이 떠올랐다. 그때였더라면 나는 뛸 듯이 기뻐하며 그의 제안을 덥석 받아들였을 것이다.

떠나기 전에 나는 마운트캐슬에게 내가 열심히 읽은 《마인드풀 브레인》에 서명해 달라고 부탁했다. 그곳에서 걸어나오면서 나는 행복과 슬픔을 동시에 느꼈다. 그를 만나서 행복했고, 그가 나를 높이 평가해 주어 안도했다. 그리고 이제 다시는 그를 보지 못할지도 모른다는 사실 때문에 슬펐다. 설령 내가 나의 탐구에서 성공을 거둔다 하더라도, 내가 배운 것을 그와 함께 나누고 그의 도움과 피드백을 받지 못할 가능성이 있었다. 택시를 향해 걸어가면서 나는 그의 임무를 꼭 완성하겠다고 굳게 마음먹었다.

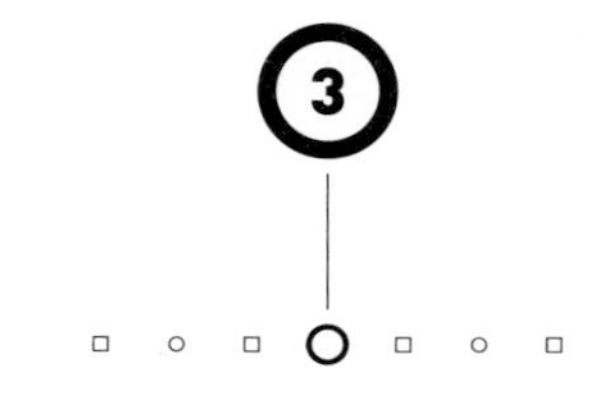

우리 머릿속의 세계 모형

여러분은 뇌가 하는 일이 아주 명백하다고 생각할지 모르겠다. 뇌는 감각 기관으로부터 입력을 받아 그것을 처리한 뒤 행동한다. 결국 동물의 성공과 실패는 자신이 감지한 것에 어떻게 반응하느냐에 달려 있다. 감각 입력이 행동으로 직접 전환하는 과정은 분명히 뇌 일부에서 일어난다. 예를 들면, 어쩌다가 뜨거운 물체를 만졌을 때 순간적으로 팔을 확 빼는 반사 운동이 일어난다. 이 반사 운동을 담당하는 입력-출력 회로는 척수에 있다. 하지만 신피질은 어떨까? 신피질이 하는 일이 감각 기관에서 입력을 받아 즉각 행동하는 것이라고 말할 수 있을까? 짧게 말하면, 아니다.

여러분은 이 책을 읽거나 들으면서 아마도 페이지를 넘기거나 화면에 손을 갖다대는 것 말고는 즉각적인 행동을 전혀 하지 않을 것이다. 수천 단어가 신피질로 쏟아져 들어오지만, 여러분은 대개 아무 행동도 취하지 않는다. 어쩌면 이 책을 읽고 나서 나중에 행동이 변할지도 모른다. 어쩌면 이 책을 읽지 않았더라면 절대로 하지 않았을, 뇌 이론과 인류의 미래에 관한 대화를 나중에 할지도 모른다. 어쩌면 이 책에서 읽은 내용이 나중에 자신의 생각과 단어 선택에 미묘한 영향을 미칠지도 모른다. 어쩌면 여러분은 뇌의 원리를 바탕으로 한 지능 기계를 만드는 일을 할지도 모르고, 내 글은 그런 방향으로 영감을 줄지도 모른다. 하지만 지금 당장은 여러분은 그저 책을 읽고 있을 뿐이다. 만약 신피질을 입력-출력 시스템으로 묘사하는 태도를 고수한다면, 우리가 말할 수 있는 것은 신피질이 많은 입력을 받고, 그 입력으로부터 배우며, 나중에(어쩌면 몇 시간 뒤, 어쩌면 몇 년 뒤) 이 입력들을 바탕으로 다르게 행동하리라는 것뿐이다.

뇌의 작용 방식에 관심을 가진 그 순간부터 나는 신피질을 입력-출력 시스템으로 간주하는 견해는 생산적이지 않다는 사실을 깨달았다. 다행히도 버클리에서 대학원생으로 지내던 시절에 그것과는 다르면서 더 성공적인 길로 안내하는 통찰이 떠올랐다. 나는 집에서 책상 앞에 앉아 일하고 있었다. 책상 위와 방 안에는 수십 개의 물체가 있었다. 그때 나는 그중 하나만 아주 조금만 변해도 그것을 금방 알아챌 수 있다는 사실을 깨달았다. 연필꽂이는 항상 책상 오른쪽에 놓여 있었다. 만약 어느 날 연필꽂이가 왼쪽에 놓여 있다면, 나는 그 변화를 즉각 알아채고 도대체 어떻게 그곳으로 옮겨갔을까 하고 의아하게 생각할 것이다. 만약 스테이플러의 길이가 변했다면, 나는 그 변화를 알아챌 것이다. 스테이플러를 만지거나 쳐다보는 것만으로도 그 변화를 알아챌 것이다. 사용할 때 스테이플러에서 평소와 다른 소리가 나더라도 나는 그것을 알아챌 것이다. 벽에 걸린 시계의 위치나 스타일이 변하더라도 나는 그것을 알아챌 것이다. 마우스를 오른쪽으로 움직였는데 컴퓨터 화면의 커서가 왼쪽으로 움직인다면, 나는 즉각 뭔가 잘못되었음을 알아챌 것이다. 무엇보다 놀라운 사실은 내가 이 물체들에 집중하지 않을 때조차도 이러한 변화들을 쉽게 알아챈다는 것이다. 나는 방 안을 둘러보면서 "스테이플러의 길이에는 이상이 없는가?"라고 의문을 품지 않았다. 또 "시계의 시침이 여전히 분침보다 더 짧은지 확인해 봐야겠어"라고 생각하지 않았다. 정상에서 벗어나는 변화는 즉각 내 머릿속에 떠오르며, 그러면 나는 그것에 주의를 기울인다. 내 환경에서 일어날 수 있는 변화는 수천 가지나 되지만, 내 뇌는 그 변화를 거의 즉각적으로 알아챈다.

떠오르는 설명은 딱 하나밖에 없었다. 내 뇌, 더 구체적으로는 내 신피질은 내가 무엇을 보고 듣고 느낄지 수많은 예측을 동시에 한다고 볼 수밖에 없었다. 내가 눈을 움직일 때마다 내 신피질은 무엇을 보게 될지 예측한다. 내가 뭔가를 손으로 집어 올릴 때마다 내 신피질은 각각의 손가락이 어떤 촉감을 느낄지 예측한다. 그리고 내가 취하는 모든 행동은 내가 듣게 될 소리에 대한 예측을 낳는다. 내 뇌는 커피 잔 손잡이의 질감처럼 아주 작은 자극도 예측하고, 달력에 나타나야 할 정확한 달처럼 큰 개념도 예측한다. 이 예측들은 낮은 차원의 감각 특질과 높은 차원의 개념을 막론하고 모든 감각 양상에서 나타났으며, 신피질의 모든 부분이, 따라서 모든 피질 기둥이 예측을 한다는 사실을 내게 알려주었다. 예측은 신피질 모든 곳에서 일어나는 기능이다.

당시에 뇌를 예측 기계로 묘사한 신경과학자는 거의 없었다. 신피질이 어떻게 평행 예측을 많이 하는가에 초점을 맞춘 연구는 그 작용 방식을 연구하는 방법으로는 새로운 것이었다. 나는 신피질이 하는 일이 예측뿐만이 아니라는 사실을 알았지만, 예측은 피질 기둥의 수수께끼를 공략하는 체계적 방법이었다. 나는 신경세포들이 각각 다른 조건에서 예측하는 방식에 관해 구체적인 질문들을 할 수 있었다. 이 질문들에 대한 답은 피질 기둥이 무슨 일을 하며, 그 일을 어떻게 하는지를 알려줄지도 몰랐다.

뇌가 예측을 하려면 정상적인 것이 어떤 것인지(즉, 과거의 경험을 바탕으로 예상되는 결과가 무엇인지) 알아야 한다. 나는 전작인《생각하는 뇌, 생각하는 기계On Intelligence》에서 이러한 학습과 예측 개념을 탐구했다. 이 책에서 나는 전체적인 개념을 묘사하기 위해 '기억 예측 틀memory prediction framework'이라는 용어를 사용했고, 뇌를 이런 식으로 생각하는 방법의 의미에 대한 글을 썼다. 나는 신피질이 예측을 하는 방법을 연구함으로써 신피질의 작용 방식을 알아낼 수 있을 것이라고 주장했다.

이제 나는 '기억 예측 틀'이라는 표현을 쓰지 않는다. 그 대신에 신피질이 세계 모형을 배우고 그 모형을 바탕으로 예측을 한다고 말함으로써 같은 개념을 표현한다. 나는 '모형'이라는 단어를 좋아하는데, 신피질이 배우는 종류의 정보를 더 정확하게 묘사하기 때문이다. 예를 들면, 내 뇌에는 스테이플러 모형이 있다. 스테이플러 모형에는 스테이플러의 생김새와 감촉, 사용할 때 나는 소리 등이 포함된다. 뇌의 세계 모형에는 물체들이 있는 장소뿐만 아니라, 우리가 그 물체들과 상호 작용할 때 그것들이 어떻게 변하는지도 포함되어 있다. 예를 들면, 나의 스테이플러 모형에는 스테이플러 윗부분이 바닥 부분에 대해 어떻게 움직이며, 윗부분을 누를 때 스테이플이 어떻게 나오는지 등이 포함되어 있다. 이러한 움직임은 단순해 보일 수 있지만, 우리는 이러한 지식을 갖고 태어나지 않는다. 우리는 살아가다가 어느 시점에 그것을 배웠으며, 이제 그것은 우리의 신피질에 저장되어 있다.

뇌는 예측 모형을 만든다. 이것은 뇌가 끊임없이 입력의 결과를 예측한다는 뜻이다. 예측은 뇌가 이따금씩 하는 일이 아니다. 예측은 멈추지 않고 계속 일어나는 뇌의 고유한 속성이고, 학습에서 필수적 역할을 한다. 뇌의 예측이 입증되면, 그것은 뇌의 세계 모형이 옳다는 것을 의미한다. 예측이 빗나가면, 우리는 오류에 주목해 모형을 수정한다.

우리는 뇌에 입력된 정보가 예측과 불일치하는 일이 일어나지 않는 한, 이 예측들을 인식하지 못한다. 아무 생각 없이 커피 잔을 잡으려고 손을 뻗을 때, 나는 내 뇌가 각각의 손가락이 어떤 촉감을 느낄지, 잔이 얼마나 무거울지, 잔의 온도가 얼마나 될지, 잔을 책상 위에 내려놓을 때 어떤 소리가 날지 예측한다는 사실을 알아채지 못한다. 하지만 만약 잔이 갑자기 더 무겁거나 차갑거나 끼이익 소리를 낸다면, 나는 그 변화를 즉각 알아챈다. 우리는 이러한 예측들이 일어난다고 확신할 수 있는데, 이러한 입력 중 어느 하나에 아주 작은 변화가 일어나더라도 그것을 알아채기 때문이다. 하지만 흔히 그렇듯이 예측이 옳을 때에는 우리는 그런 일이 일어났다는 사실을 알아채지 못한다.

막 태어났을 때, 우리의 신피질은 아는 것이 거의 없다. 단어도 아는 것이 하나도 없고, 건물이 어떻게 생겼는지도 모르고, 컴퓨터를 사용하는 방법도 모르며, 문이 무엇이고 문이 어떻게 경첩 위에서 움직이는지도 모른다. 신피질은 아주 많은 것을 배워야 한다. 신피질의 전체 구조는 무작위적인 것이 아니다. 그 크기와 영역의 수, 서로 연결된 방식은 대체로 유전자에 의해 결정된다. 예를 들면, 유전자는 신피질 중 어느 부분이 눈이나 귀에 연결되어야 하는지, 그리고 이 부분들이 서로 어떻게 연결되어야 하는지를 결정한다. 따라서 신피질은 태어날 때부터 보고 듣고 심지어 언어를 배우도록 조직되어 있다고 말할 수 있다. 하지만 신피질은 무엇을 볼지, 무엇을 들을지, 어떤 언어를 배울지 모른다는 것 역시 사실이다. 신피질은 세계에 대해 내장된 일부 가정을 갖고 삶을 시작하지만 구체적으로 아는 것은 아무것도 없다고 말할 수 있다. 신피질은 경험을 통해 풍부하고 복잡한 세계 모형을 배운다.

신피질이 배우는 것은 그 수가 어마어마하다. 나는 수백 개의 물체가 있는 방 안에 앉아 있다. 그중에서 임의로 한 물체를, 예컨대 프린터를 선택해 보자. 나는 프린터 모형을 배웠는데, 이 모형에는 프린터에 용지함이 딸려 있고, 용지함을 프린터에 끼우고 빼는 방법도 포함되어 있다. 나는 용지 사이즈를 바꾸는 방법과 용지 꾸러미를 뜯어 용지를 용지함에 넣는 방법을 안다. 프린터에 종이가 걸렸을 때 그것을 빼내는 데 필요한 단계들도 안다. 전선 끝부분에 D자 모양의 플러그가 붙어 있고, 플러그는 한쪽 방향으로만 꽂을 수 있다는 것도 안다. 나는 프린터 소리를 알며, 단면 인쇄를 할 때와 양면 인쇄를 할 때 그 소리에 차이가 있다는 것도 안다. 내 방에 있는 물체 중에는 서랍이 2개 달린 작은 서류 캐비닛도 있다. 나는 각각의 서랍에 들어 있는 물건들과 그 물건들이 배치되어 있는 방식을 비롯해 캐비닛에 대해 아는 것을 수십 가지 떠올릴 수 있다. 거기에 자물쇠가 있다는 사실과 열쇠가 있는 장소, 열쇠를 열쇠 구멍에 집어넣어 돌림으로써 캐비닛을 여는 방법도 안다. 나는 열쇠와 자물쇠의 촉감과 그것을 사용할 때 나는 소리도 안다. 열쇠는 고리에 달려 있는데, 나는 손톱으로 고리를 열어 열쇠를 추가하거나 빼내는 방법을 안다.

집에서 이 방 저 방으로 돌아다닌다고 상상해 보라. 각 방에는 수백 가지 물건이 있고, 여러분은 각각의 물건에 대해 배운 일련의 지식을 추적할 수 있다. 여러분이 사는 도시에 대해서도 똑같이 해볼 수 있다. 어떤 건물과 공원, 자전거 거치대, 각각의 나무가 어느 장소에 있는지 떠올릴 수 있다. 각각의 물체에 대해 그것과 연관된 경험과 그것과 어떤 상호 작용을 했는지 떠올릴 수 있다. 여러분이 아는 사물의 수는 엄청나게 많고, 그와 연관된 지식의 연결은 끝이 없다.

우리는 수준 높은 개념도 많이 배운다. 우리 각자가 아는 단어는 약 4만 개로 추정된다. 우리는 구어와 문어, 수화, 수학 언어, 음악 언어를 배울 능력이 있다. 우리는 전자 서식의 작용 방식, 온도 조절 장치가 하는 일, 심지어 각자 이해하는 것은 다를지 몰라도 공감이나 민주주의가 무엇을 의미하는지 배운다. 신피질이 할 수 있는 그 밖의 많은 일과 상관없이 우리는 신피질이 엄청나게 복잡한 세계 모형을 배운다고 확실히 말할 수 있다. 이 모형은 우리가 하는 예측과 지각과 행동의 기반이 된다.

움직임을 통한 학습

뇌에 입력되는 정보는 늘 변한다. 그 이유는 두 가지가 있다. 첫째, 세계가 변할 수 있다. 예를 들면, 음악을 들을 때, 음악의 움직임을 반영해 귀에서 오는 입력이 빠르게 변한다. 마찬가지로 산들바람에 흔들리는 나무는 시각적 변화나 청각적 변화를 낳는다. 이 두 가지 예에서 뇌에 도착하는 입력이 매 순간 변하는데, 내가 움직여서 그런 것이 아니라 세계의 사물들 자체가 움직이고 변하기 때문이다.

둘째, 우리가 움직일 수 있다. 발걸음을 내디디거나 팔다리를 움직이거나 눈을 움직이거나 머리를 기울이거나 소리를 낼 때마다 우리의 감각 기관에서 오는 입력이 변한다. 예를 들면, 우리 눈은 1초에 약 세 번씩 급격한 움직임을 보이는데, 이를 신속 눈 운동saccade이라고 부른다. 신속 눈 운동이 한 번 일어날 때마다 우리 눈은 세계 속에서 새로운 점에 시선을 고정하고, 눈에서 뇌로 오는 정보가 완전히 변한다. 만약 우리가 눈을 움직이지 않는다면, 이 변화는 일어나지 않을 것이다.

뇌는 시간이 지나면서 입력이 어떻게 변하는지 관찰함으로써 세계 모형을 배운다. 이것 말고는 뇌가 세계 모형을 배울 수 있는 방법이 없다. 우리는 컴퓨터와 달라서 파일을 뇌에 업로드할 수 없다. 뇌가 무엇인가를 배울 수 있는 유일한 방법은 입력에 일어나는 변화를 통해서 배우는 것뿐이다. 만약 뇌에 들어오는 입력이 정적인 상태에 머물러 있다면, 아무것도 배울 수 없다.

멜로디처럼 어떤 것은 몸을 움직이지 않고도 배울 수 있다. 우리는 눈을 감은 채 가만히 앉아 그저 시간이 지남에 따라 소리가 어떻게 변하는지 들음으로써 새로운 멜로디를 배울 수 있다. 하지만 대부분의 학습은 능동적으로 움직이고 탐구하는 활동이 필요하다. 예전에 본 적이 없는 집에 들어갔다고 상상해 보라. 만약 우리가 전혀 움직이지 않는다면, 우리의 감각 입력에는 아무 변화가 없을 것이고, 그 집에 대해 아무것도 배우지 못할 것이다. 그 집의 모형을 배우려면, 서로 다른 방향들을 바라보고, 이 방 저 방을 둘러보아야 한다. 문을 열어보고, 서랍 속을 들여다보고, 물건들을 들어올려 보아야 한다. 집과 그 안에 있는 것들은 대부분 정지 상태에 있다. 이것들은 스스로 움직이지 않는다. 집의 모형을 배우려면, 우리가 움직여야 한다.

컴퓨터 마우스 같은 단순한 물체를 생각해 보자. 마우스의 감촉을 배우려면, 손가락으로 그것을 만져보아야 한다. 마우스가 어떻게 생겼는지 배우려면, 여러 각도에서 그것을 바라보면서 서로 다른 여러 위치에 눈을 고정해야 한다. 마우스가 어떤 일을 하는지 배우려면, 그 버튼을 눌러보고, 배터리 뚜껑을 열어보고, 마우스 패드 위에서 마우스를 이리저리 움직이면서 어떤 일이 일어나는지 보고 느끼고 들어보아야 한다.

이것을 나타내는 용어가 바로 감각-운동 학습sensory-motor learning이다. 다시 말해, 뇌는 우리가 움직일 때 우리의 감각 입력이 어떻게 변하는지 관찰함으로써 세계 모형을 배운다. 우리가 움직이지 않고 노래를 배울 수 있는 이유는 집 안에서 우리가 이 방 저 방으로 돌아다니는 순서와 달리 노래의 음정 순서가 고정되어 있기 때문이다. 하지만 세계에 존재하는 것 중 대부분은 그렇지 않다. 사물과 장소와 행동의 구조를 발견하려면, 대개는 우리가 움직여야 한다. 멜로디와 달리 감각을 느끼는 순서는 고정되어 있지 않다. 내가 방에 들어갔을 때 눈에 보이는 것은 내가 머리를 돌리는 방향에 따라 달라진다. 커피 잔을 만질 때 내 손가락에 느껴지는 감촉은 손가락을 위나 아래 또는 옆 방향 중 어느 쪽으로 움직이느냐에 따라 달라진다.

각각의 움직임이 있을 때마다 신피질은 다음번 감각이 무엇이 될지 예측한다. 커피 잔에 댄 손가락을 위쪽으로 움직일 때 나는 가장자리의 촉감이 느껴질 것이라고 기대하고, 옆쪽으로 움직일 때에는 손잡이의 촉감이 느껴질 것이라고 기대한다. 주방에 들어서면서 머리를 왼쪽으로 돌리면 냉장고를 볼 것이라고 기대하고, 오른쪽으로 돌리면 전자레인지를 볼 것이라고 기대한다. 만약 눈을 왼쪽 앞의 가스레인지로 돌리면, 고장이 나서 고쳐야 할 점화 장치가 보일 것이라고 기대한다. 만약 어떤 입력이 뇌의 예측과 일치하지 않으면(어쩌면 아내가 점화 장치를 고쳤을지도 모른다), 예측이 어긋난 곳으로 주의가 집중된다. 이것은 신피질에 그 부분의 세계 모형을 수정해야 할 필요가 있다고 주의를 환기시킨다.

신피질이 어떻게 작용하느냐는 질문을 이제 더 정확하게 표현할 수 있다. 거의 동일한 피질 기둥 약 15만 개로 이루어진 신피질은 움직임을 통해 세계 예측 모형을 어떻게 배울까?

이것은 나와 내 팀이 답을 알아내려고 했던 바로 그 질문이다. 우리는 그 답을 알아낼 수 있다면, 신피질을 역설계할 수 있을 것이라고 믿었다. 우리는 신피질이 어떤 일을 하고, 어떻게 그렇게 하는지 모두 이해할 수 있게 될 것이다. 그리고 궁극적으로는 동일한 방식으로 작용하는 기계를 만들 수 있을 것이다.

신경과학의 두 가지 추세

이 질문의 답을 살펴보기 전에 알아두어야 할 몇 가지 기본 개념이 있다. 첫째, 신체의 나머지 모든 부분과 마찬가지로 뇌는 세포로 이루어져 있다. 신경세포라고 부르는 뇌세포는 많은 점에서 다른 세포들과 비슷하다. 예를 들면, 신경세포는 세포의 경계에 해당하는 세포막과 DNA가 들어 있는 세포핵이 있다. 하지만 신경세포는 우리 몸의 다른 세포들에서는 볼 수 없는 독특한 속성이 여러 가지 있다.

첫 번째 특징은 신경세포가 나무처럼 생겼다는 점이다. 축삭과 가지돌기라는 구조가 세포막에서 나뭇가지처럼 뻗어 나와 있다. 가지돌기는 세포 가까이에 모여 있으며 입력을 수신한다. 축삭은 출력 부분이다. 축삭은 부근의 신경세포들과 많이 연결되지만, 뇌 한쪽 끝에서 반대쪽 끝까지, 또는 신피질에서 저 아래 척수까지 멀리 뻗어가는 경우도 많다.

두 번째 특징은 신경세포에서 활동 전위action potential라고도 부르는 극파spike(뇌파에 나타나는 첨예한 파형)가 발생한다는 점이다. 활동 전위는 세포체 부근에서 발생하여 축삭을 따라 모든 가지 끝까지 나아가는 전기 신호이다.

세 번째 특징은 한 신경세포의 축삭이 다른 신경세포의 가지돌기에 연결된다는 점이다. 그 연결점을 시냅스synapse라고 부른다. 극파가 축삭을 따라 나아가다가 시냅스에 이르면, 거기서 화학 물질이 분비되어 연결된 신경세포의 가지돌기로 들어간다. 분비되는 화학 물질의 종류에 따라 그 신경세포가 자신의 극파를 발화할 가능성이 높아지거나 낮아진다.

신경세포의 작용 방식을 고려하면, 두 가지 기본 원리를 이야기할 수 있다. 이 기본 원리들은 뇌와 지능을 이해하는 데 아주 중요하다.

기본 원리 1: 생각과 개념과 지각은 신경세포의 활동이다

매 순간 신피질의 신경세포 중 일부는 극파를 활발하게 발화하는 반면, 다른 신경세포들은 발화하지 않는다. 보통은 동시에 극파를 활발하게 발화하는 신경세포의 수가 비교적 적어 전체의 2% 정도에 불과하다. 우리의 생각과 지각은 어떤 신경세포가 극파를 발화하느냐에 좌우된다. 예를 들면, 뇌 수술을 할 때 의사들은 가끔 깨어 있는 환자의 뇌에서 신경세포를 활성화해야 할 필요가 있다. 그래서 작은 탐침probe을 신피질에 찔러 넣고 전기를 사용해 일부 신경세포를 활성화한다. 그러면 환자는 뭔가를 듣거나 보거나 생각한다. 의사가 자극을 멈추면, 환자가 경험하던 것은 그것이 무엇이건 멈춘다. 의사가 다른 신경세포들을 활성화하면, 환자는 다른 생각이나 지각을 경험한다.

생각과 경험은 항상 동시에 활발하게 활동하는 신경세포 집단에서 비롯되는 결과물이다. 개개 신경세포는 많은 생각과 경험에 관여할 수 있다. 우리가 하는 모든 생각은 신경세포들의 활동이다. 우리가 보거나 듣거나 느끼는 모든 것 역시 신경세포들의 활동이다. 우리의 정신 상태와 신경세포들의 활동은 동일한 것이다.

기본 원리 2: 우리가 아는 모든 것은 신경세포들 사이의 연결에 저장된다

뇌는 많은 것을 기억한다. 자신이 자란 곳처럼 영구적인 기억이 있는가 하면, 어제 저녁에 먹은 음식처럼 일시적인 기억도 있다. 그리고 우리는 문을 여는 방법이나 'dictionary'라는 단어의 철자를 아는 것처럼 기본 지식도 갖고 있다. 이 모든 것은 신경세포들 사이의 연결인 시냅스를 사용해 저장된다.

뇌가 학습을 하는 방법의 기본 개념은 다음과 같다. 각 신경세포에는 그 신경세포를 수천 개의 다른 신경세포와 연결하는 시냅스가 수천 개 있다. 만약 두 신경세포가 동시에 극파를 발화하면, 두 신경세포 사이의 연결이 강화된다. 우리가 뭔가를 배울 때에는 이 연결이 강화되며, 뭔가를 잊을 때에는 이 연결이 약해진다. 도널드 헤브Donald Hebb가 1940년대에 주장한 이 기본 개념은 지금은 헤브의 학습 규칙이라 부른다.

오랫동안 어른의 뇌에서는 신경세포들 사이의 연결이 고정되어 있다고 믿었다. 또 학습은 시냅스가 강화되거나 약화되는 과정을 포함한다고 믿었다. 아직도 대부분의 인공 신경망에서는 학습이 이런 방식으로 일어나고 있다.

하지만 지난 수십 년 사이에 과학자들은 신피질을 포함해 뇌의 많은 부분에서 새로운 시냅스가 생겨나고 오래된 시냅스가 사라진다는 사실을 발견했다. 매일 각각의 신경세포에서 많은 시냅스가 사라지고 새로운 시냅스가 생겨나 그것을 대체한다. 따라서 많은 학습은 이전에 연결되지 않았던 신경세포들 사이에 연결이 새로 생김으로써 일어난다. 기억이 사라지는 일은 오래되거나 사용하지 않은 연결이 완전히 사라질 때 일어난다.

뇌의 연결들은 우리가 경험을 통해 배운 세계 모형을 저장한다. 매일 우리는 새로운 것을 경험하면서 새로운 시냅스를 만듦으로써 새로운 지식 단편들을 모형에 추가한다. 어느 순간에 활발하게 활동하는 신경세포들은 바로 그 순간 우리가 느끼는 생각과 지각을 대표한다.

지금까지 우리는 신피질의 기본 구성 요소—우리의 퍼즐 조각들 중 일부—를 여러 가지 살펴보았다. 다음 장에서는 이 퍼즐 조각들을 꿰어 맞춰 전체 신피질이 어떻게 작용하는지 살펴볼 것이다.

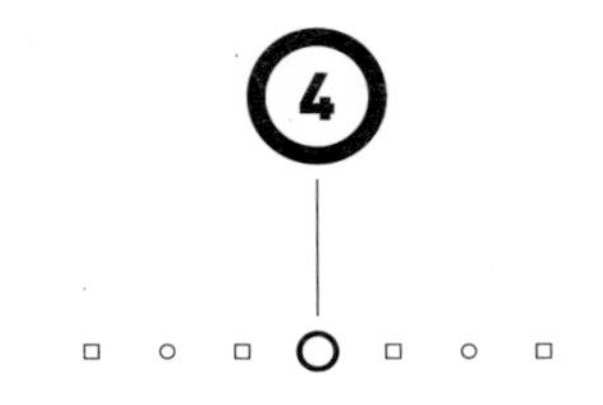

자신의 비밀을 드러내는 뇌

우리는 흔히 뇌가 우주에서 가장 복잡한 물체라고 말한다. 그리고 이 사실로부터 뇌의 작용 방식을 단순하게 설명하는 방법은 없다거나 아마도 우리는 그것을 절대로 이해하지 못할 것이라고 결론 내린다. 하지만 과학 발견의 역사를 돌아보면, 이 생각은 틀린 것으로 드러날지 모른다. 위대한 발견이 일어나기 전에는 항상 당혹스럽고 복잡한 관찰 사실들이 있었다. 정확한 이론적 틀을 사용하면, 복잡성은 사라지지 않는다 하더라도 그런 사실들은 더 이상 혼란스럽거나 도저히 이해할 수 없는 대상이 아니다.

잘 알려진 예로 행성의 운동이 있다. 수천 년 동안 천문학자들은 행성들이 별들 사이에서 움직이는 경로를 자세히 추적해 왔다. 일 년 동안 행성이 하늘에서 나아가는 경로는 이리 갔다 저리 갔다 종잡을 수 없이 변하고, 심지어 왔던 길을 되돌아가면서 고리 모양의 궤적을 그리며 아주 복잡한 패턴을 나타낸다. 이렇게 복잡한 움직임을 명쾌하게 설명하는 방법은 상상하기 어려웠다. 지금은 어린이들도 행성들이 태양 주위의 궤도를 돈다는 기본 개념을 배운다. 행성의 운동은 여전히 복잡하고, 그 경로를 예측하려면 어려운 수학이 필요하지만, 적절한 틀을 사용하자 그 복잡성을 둘러싸고 있던 불가사의의 탈이 사라졌다. 기본적 수준에서 이해하기 어려운 과학 발견은 거의 없다. 어린이도 지구가 태양 주위를 돈다는 개념을 배운다. 고등학생은 진화와 유전학, 양자역학, 상대성 이론의 기본 개념을 배운다. 각각의 과학 발견 이전에는 혼란스러운 관찰 사실이 있었다. 하지만 지금은 그 모든 것이 단순하고 논리적으로 보인다.

이와 비슷하게 나는 신피질이 복잡해 보이는 것은 우리가 제대로 이해하지 못해서 그럴 뿐이며, 훗날 되돌아보면 비교적 단순해 보일 것이라고 믿었다. 일단 그 답을 알고 나면, 우리는 과거를 돌아보면서 "오, 왜 그것을 생각하지 못했을까?"라고 말할 것이다. 우리 연구가 벽에 부닥치거나 뇌는 너무 복잡해서 이해할 수 없다는 말을 들을 때마다 나는 뇌 이론을 고등학교에서 교육 과정의 일부로 가르치는 미래를 상상했다. 그리고 그 생각에서 용기를 얻고 계속 앞으로 나아갔다.

신피질을 해독하려는 우리의 노력에서는 진전도 있었고 좌절도 있었다. 18년 동안(3년은 레드우드신경과학연구소에서, 15년은 누멘타에서) 나는 동료들과 함께 이 문제를 해결하려고 노력했다. 작은 진전을 이룬 때도 있었고, 큰 진전을 이룬 때도 있었으며, 흥미로워 보이는 개념을 추구하며 나아가다가 결국에는 막다른 골목에 이른 경우도 있었다. 그 역사를 전부 다 여러분에게 소개하지는 않겠다. 그 대신에 우리의 이해에 큰 도약이 일어난 결정적 순간을 몇 개 소개하려고 한다. 그것은 자연이 우리 귀에 대고 우리가 간과했던 것을 속삭인 순간이었다. 내 기억에 생생하게 남아 있는 그 '아하' 순간은 세 차례 있었다.

첫 번째 발견: 신피질은 세계 예측 모형을 배운다

나는 이미 1986년에 신피질이 세계 예측 모형을 배운다는 사실을 내가 어떻게 알게 됐는지 설명했다. 이 개념의 중요성은 아무리 강조해도 지나치지 않다. 나는 이것을 발견이라고 부르는데, 당시에 그렇게 느꼈기 때문이다. 이와 관련된 개념을 다룬 철학자들과 과학자들의 역사는 아주 길며, 지금은 뇌가 세계 예측 모형을 배운다는 이야기를 신경과학자들이 자주 한다. 하지만 1986년에는 신경과학자들은, 그리고 교과서에서는 여전히 뇌를 컴퓨터에 가까운 것으로 기술했다. 밖에서 정보가 들어오고, 그것을 처리하면서 뇌가 행동을 취한다고 설명했다. 물론 신피질이 세계 모형을 배우고 예측하는 일만 하는 것은 아니다. 하지만 나는 신피질이 예측하는 방식을 연구함으로써 전체 시스템이 어떻게 작용하는지 알아낼 수 있다고 믿었다.

이 발견은 중요한 질문을 한 가지 낳았다. 뇌는 어떻게 예측을 할까? 한 가지 설명은 뇌에 두 종류의 신경세포가 있다는 것이다. 즉, 뇌가 실제로 뭔가를 보았을 때 신호를 발화하는 신경세포와 뇌가 무엇을 볼 것이라고 예측할 때 신호를 발화하는 신경세포가 있다. 환각을 방지하기 위해 뇌는 예측을 실재와 구분할 필요가 있다. 두 종류의 신경세포를 사용하면, 이 문제를 근사하게 해결할 수 있다. 하지만 이 개념에는 두 가지 문제가 있다.

첫째, 신피질이 매 순간 엄청나게 많은 예측을 한다는 사실을 감안하면, 예측 신경세포의 수가 아주 많이 발견되어야 할 것이다. 하지만 지금까지는 그런 것이 발견된 적이 없다. 과학자들은 일부 신경세포가 입력보다 앞서 활성화되는 현상을 발견했지만, 그러한 신경세포는 우리가 기대한 만큼 많지 않았다. 두 번째 문제는 오랫동안 나를 괴롭힌 관찰과 관련이 있다. 만약 신피질이 매 순간 수십만 개의 예측을 한다면, 왜 우리는 그러한 예측을 대부분 인식하지 못할까? 만약 내가 손으로 컵을 잡는다면, 뭔가 특이한 것(예컨대 컵에 금이 가 있다거나 하는 일)을 느끼지 않는 한, 나는 내 뇌가 각 손가락이 무엇을 느낄지 예측한다는 사실을 알아채지 못한다. 어떤 오류가 일어나지 않는 한, 우리는 뇌가 하는 예측을 대부분 의식하지 못한다. 나는 신피질의 신경세포들이 어떻게 예측하는지 이해하려고 노력하다가 두 번째 발견을 하게 되었다.

두 번째 발견: 예측은 신경세포 내부에서 일어난다

신피질이 하는 예측은 두 가지 형태로 일어난다고 했던 말을 기억하는가? 하나는 주변 세계가 변하기 때문에 일어난다. 예를 들어 멜로디를 듣는 상황을 생각해 보자. 눈을 감고 가만히 앉아 있으면, 멜로디가 진행됨에 따라 귀로 들어오는 소리가 변한다. 만약 그것이 아는 멜로디라면, 우리 뇌는 다음번 음정을 계속 예측하고, 어떤 음정이 틀리면 우리는 그것을 즉각 알아챈다. 두 번째 종류의 예측은 우리가 세계에 대해 움직이기 때문에 일어난다. 예를 들어 내가 자전거를 사무실 로비에 자물쇠를 채워 놓아두면, 내 신피질은 나의 움직임을 바탕으로 내가 무엇을 느끼고 보고 들을지 많은 예측을 한다. 자전거와 자물쇠는 스스로는 움직이지 않는다. 내가 하는 모든 행동은 일련의 예측을 낳는다. 만약 행동의 순서를 바꾸면, 예측의 순서 역시 변한다.

마운트캐슬이 제안한 공통의 피질 알고리듬 개념은 신피질의 모든 피질 기둥이 두 종류의 예측을 다 한다고 시사한다. 그렇지 않다면, 피질 기둥들에서 기능의 차이가 나타날 것이다. 우리 팀은 두 종류의 예측이 서로 밀접한 관련이 있다는 사실도 깨달았다. 따라서 우리는 한 하위 문제에서 이룬 진전이 다른 하위 문제에도 진전을 가져올 것이라고 생각했다.

멜로디의 다음 음정을 예측하는 것(이를 순서 기억sequence memory이라 부른다)은 두 가지 문제 중에서 더 단순하기 때문에, 우리는 이것부터 연구했다. 순서 기억은 단지 멜로디를 배우는 것뿐만 아니라 그 밖의 많은 곳에 쓰인다. 순서 기억은 행동을 만들어내는 데에도 쓰인다. 예를 들면, 나는 샤워를 하고 나서 수건으로 몸을 닦을 때 거의 동일한 동작 패턴을 따르는데, 이것은 일종의 순서 기억이다. 순서 기억은 언어에서도 쓰인다. 구어 단어를 인식하는 것은 짧은 멜로디를 인식하는 것과 같다. 단어는 일련의 음소로 정의되는 반면, 멜로디는 일련의 음정으로 정의된다. 그 밖에도 많은 예가 있지만, 단순성을 위해 멜로디의 예를 계속 들기로 하자. 피질 기둥의 신경세포들이 순서를 어떻게 배우는지 추론함으로써 우리는 신경세포들이 모든 것에 대한 예측을 어떻게 하는지 알려주는 기본 원리들을 발견하길 기대했다.

우리는 멜로디 예측 문제를 몇 년 동안 연구한 뒤에야 그 해결책을 추론할 수 있었는데, 그 해결책은 많은 능력을 지닌 것이어야 했다. 예를 들면, 멜로디는 대개 후렴이나 베토벤 제5번 교향곡의 빠빠빠빰처럼 반복 부분이 많다. 직전 음정이나 그 앞의 다섯 음정을 보는 것만으로는 다음 음정을 예측할 수 없다. 정확한 예측은 오래전에 나타난 음정들에 의존해야 할 수도 있다. 신경세포들은 정확한 예측을 하는 데 얼마나 많은 맥락이 필요한지 알아야 한다. 또 하나의 필요조건은 신경세포들이 곡을 알아맞혀야 한다는 것이다. 우리가 듣는 처음 몇 음정은 여러 가지 멜로디에 공통적으로 포함될 수 있다. 신경세포들은 지금까지 들은 것과 일치하는 멜로디를 모두 추적하다가 충분히 많은 음정을 들은 뒤에야 마침내 나머지를 모두 배제하고 하나를 찾아낸다.

순서 기억 문제의 해결책을 설계하는 것은 쉬울 수 있지만, 실제 신경세포들(우리가 신피질에서 본 것처럼 배열된)이 이 문제들과 다른 필요조건들을 어떻게 해결하는지 알아내는 것은 어려웠다. 몇 년 동안 우리는 여러 가지 접근법을 시도했다. 대부분은 어느 정도 효과가 있었지만, 우리가 원하는 능력을 모두 드러낸 것은 하나도 없었고, 우리가 뇌에 대해 아는 생물학적 세부 사실과 정확하게 일치하는 것 역시 하나도 없었다. 우리는 부분적인 해결책이나 '생물학적으로 영감을 받은' 해결책에는 관심이 없었다. 우리는 신피질에서 본 대로 배열된 실제 신경세포들이 순서를 배우고 예측하는 방법을 정확하게 알고 싶었다.

나는 멜로디 예측 문제의 해결책이 떠오른 순간을 기억한다. 2010년 부활절 전날이었다. 해결책은 순식간에 떠올랐다. 하지만 그것을 곰곰이 생각하다가 이 해결책이 옳으려면 신경세포들이 과연 그런 능력이 있는지 분명히 알려지지 않을 일들을 해내야 한다는 사실을 깨달았다. 다시 말해, 내 가설에서는 자세하고 놀라운 예측이 여러 가지 나왔는데, 그것들은 모두 검증이 가능한 것이었다.

과학자들은 이론을 검증할 때 대개 실험을 통해 그 이론의 예측이 옳은지 그른지 살펴본다. 하지만 신경과학은 좀 유별난 면이 있다. 모든 하위 분야에는 발표된 논문이 수백 편, 수천 편 있고, 이들 논문은 대부분 어떤 전체적 이론에도 통합되지 않는 실험 데이터를 제시한다. 이런 상황은 나 같은 이론과학자에게 새로운 가설을 금방 검증할 수 있는 기회를 제공하는데, 과거의 연구를 샅샅이 뒤져 가설을 뒷받침하거나 부정하는 실험 증거를 찾으면 된다. 나는 새로운 순서 기억 이론에 빛을 비춰줄 실험 데이터가 있는 논문을 수십 편 발견했다. 우리 집안의 대가족이 부활절 휴일 동안 우리 집에 와 머물고 있었지만, 나는 이 발견에 너무 흥분하여 모두가 자기 집으로 돌아갈 때까지 기다릴 수 없었다. 요리를 하면서도 논문을 읽고, 신경세포와 멜로디에 관한 논의에 친척들을 끌어들였던 기억이 생생하다. 더 많은 논문을 읽을수록 내가 뭔가 중요한 것을 발견했다는 확신이 더 강해졌다.

가장 중요한 통찰은 새로운 관점으로 신경세포를 바라보는 방법

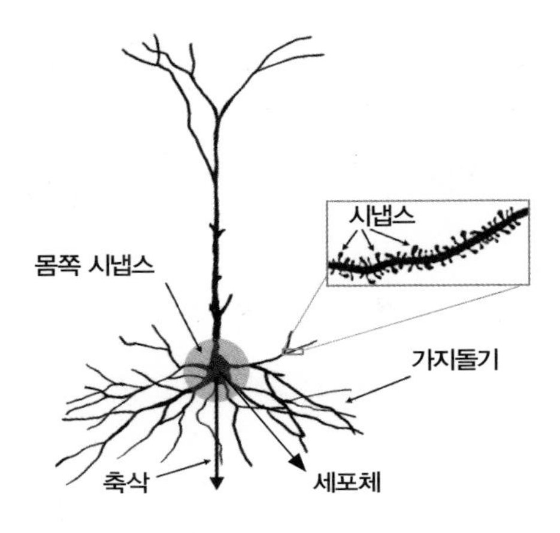

전형적인 신경세포

이었다.

위 그림은 신피질에서 가장 보편적인 종류의 신경세포를 나타낸 것이다. 이와 같은 신경세포에는 가지돌기를 따라 늘어선 시냅스가 수천 개, 때로는 수만 개 있다. 가지돌기 중 일부는 세포체cell body 가까이(그림에서 바닥 쪽)에 있고, 일부는 더 먼 곳(그림에서 꼭대기 쪽)에 있다. 사각형 부분은 시냅스들이 얼마나 작고 촘촘하게 늘어서 있는지 보여주기 위해 한 가지돌기를 확대한 모습이다. 가지돌기에서 혹처럼 불룩 솟은 부분들이 모두 시냅스이다. 나는 세포체 주위의 한 지역도 집중적으로 조명했는데, 이곳에 있는 시냅스들은 몸쪽 시냅스proximal synapse라고 부른다. 몸쪽 시냅스가 충분히 많은 입력을 받으면, 신경세포는 극파를 발화한다. 극파는 세포체에서 출발하여 축삭을 통해 다른 신경세포로 나아간다. 이 그림에서는 축삭이 보이지 않는데, 그래서 축삭이 있는 곳을 화살표로 표시했다. 몸쪽 시냅스와 세포체에만 초점을 맞춘다면, 이것은 신경세포의 전형적인 모습이다. 신경세포에 관한 글을 읽어보았거나 인공 신경망을 연구한 사람이라면, 이 그림을 즉각 알아볼 것이다.

기묘하게도 신경세포의 시냅스 중에서 몸쪽 지역에 있는 시냅스는 10% 미만이다. 나머지 90%는 훨씬 먼 곳에 있어서 극파를 일으키지 않는다. 사각형으로 표시한 것과 같은 먼쪽 시냅스 중 하나에 입력이 도착하더라도, 이 사건은 세포체에 거의 아무 영향도 미치지 않는다. 연구자들은 그저 먼쪽 시냅스들이 어떤 종류의 조절 역할을 수행할 것이라고 짐작만 했을 뿐이다. 오랫동안 신피질에서 90%의 시냅스가 무슨 일을 하는지는 아무도 몰랐다.

1990년 무렵부터 이 그림이 변하기 시작했다. 과학자들은 가지돌기를 따라 나아가는 새로운 종류의 극파를 발견했다. 그때까지 극파는 오직 한 종류만 알려져 있었다. 그것은 세포체에서 출발해 축삭을 따라 다른 신경세포들로 이동했다. 이제는 가지돌기를 따라 이동하는 극파가 있다는 사실이 드러났다. 가지돌기 극파dendritic spike 중 한 종류는 한 가지돌기에서 서로 이웃에 위치한 20여 개의 시냅스로 이루어진 집단이 동시에 입력을 받을 때 시작된다. 일단 가지돌기 극파가 활성화되면, 그것은 가지돌기를 따라 이동해 세포체로 간다. 세포체에 도착한 극파는 신경세포의 전압을 올리는데, 신경세포 자체가 극파를 발화할 만큼 충분히 올리지는 못한다. 가지돌기 극파는 신경세포를 지분거리는 정도에 그치는 것으로 보인다. 이것은 신경세포를 활성화할 만큼 강하지만 충분히 강하지는 못하다.

신경세포는 잠깐 동안 이렇게 자극받은 상태에 머물다가 곧 정상 상태로 되돌아간다. 과학자들은 또 한 번 의아함을 느꼈다. 세포체에 극파를 일으키게 할 만큼 충분히 강하지 못하다면, 도대체 가지돌기 극파가 무슨 소용이 있단 말인가? 가지돌기 극파의 용도를 모르는 AI 연구자들은 가지돌기 극파가 없는 신경세포를 모방해 사용한다. 거기에는 가지돌기와 가지돌기에서 발견되는 수천 개의 시냅스도 없다. 나는 먼쪽 시냅스가 뇌의 기능에서 필수적 역할을 한다는 사실을 알았다. 뇌에 존재하는 90%의 시냅스를 설명하지 못하는 이론이나 신경망은 잘못된 것이 분명했다.

그때 내게 놀라운 통찰이 떠올랐는데, 가지돌기 극파가 바로 예측이라는 사실이었다. 가지돌기 극파는 먼쪽 가지돌기에서 서로 인접한 시냅스 집단이 동시에 입력을 받을 때 일어나며, 이것은 그 신경세포가 다른 신경세포의 활동 패턴을 알아챘다는 것을 의미한다. 활동 패턴을 감지하면 가지돌기 극파가 발생하는데, 이 극파는 세포체의 전압을 높이면서 신경세포를 예측 상태로 돌입하게 한다. 이제 신경세포는 극파를 발화할 준비가 되었다. 이것은 주자가 "제자리에, 준비……" 소리를 들으면서 출발 준비를 하는 것과 비슷하다. 만약 예측 상태의 신경세포가 곧이어 활동 전위 극파를 만들어낼 만큼 충분히 많은 몸쪽 입력을 받는다면, 그 신경세포는 예측 상태에 있지 않은 신경세포보다 약간 더 빨리 극파를 발화할 가능성이 더 높다.

자신의 몸쪽 시냅스들에서 동일한 패턴을 인식한 신경세포가 10개 있다고 상상해 보라. 이것은 동일한 출발 신호를 기다리면서 출발선상에 10명의 주자가 서 있는 상황과 비슷하다. 한 주자는 "제자리에, 준비……" 소리를 듣고서 경주가 곧 시작되리라고 예상한다.

그래서 스타팅 블록에 발을 갖다대면서 출발 준비를 한다. 그리고 "출발!" 신호가 들리자마자 준비 신호를 듣지 못해 미처 준비가 되어 있지 않은 다른 주자들보다 더 빨리 스타팅 블록을 박차고 뛰쳐나간다. 첫 번째 주자가 먼저 뛰쳐나가는 모습을 본 다른 주자들은 경주를 포기하고 출발할 생각조차 하지 않는다. 이들은 다음번 경주를 기다린다. 이런 종류의 경쟁이 신피질 전체에서 일어난다.

각각의 소기둥에서는 많은 신경세포들이 동일한 입력 패턴에 반응한다. 이들은 출발선상에서 동일한 출발 신호를 기다리고 있는 주자들과 같다. 선호하는 입력이 도착하면, 이들은 모두 극파를 발화하길 원한다. 하지만 우리의 이론은 하나 또는 그 이상의 신경세포가 예측 상태에 있다면, 오직 그 신경세포들만이 극파를 발화하고 다른 신경세포들은 그런 행동을 억제한다고 말한다. 따라서 예기치 못한 입력이 도착하면, 여러 신경세포가 동시에 극파를 발화한다. 만약 예측된 입력이 도착하면, 오직 예측 상태에 있는 신경세포들만 활성화된다. 이것은 신피질에서 보편적으로 관찰되는 사실이다. 예기치 못한 입력은 예상된 입력보다 훨씬 많은 활동을 촉발한다.

신경세포 수천 개를 가지고 소기둥들의 형태로 배열하고 서로 연결이 일어나게 한 뒤, 거기에 억제 신경세포inhibitory neuron를 몇 개 추가하면, 신경세포들은 순서를 배운다. 곡명 알아맞히기 문제를 푸는 신경세포들은 반복되는 결과에 혼란을 느끼지 않으며, 서로 힘을 합쳐 순서 중 다음번 요소를 예측한다.

이런 일이 일어나는 비결은 신경세포의 새로운 이해를 통해 알 수 있었다. 전에 우리는 예측이 뇌 전체에서 일어나는 기능이라는 사실을 알아냈다. 하지만 예측이 어디에서 어떻게 일어나는지 알지 못했다. 이제 이 발견으로 우리는 대부분의 예측이 신경세포 내부에서 일어난다는 사실을 알게 되었다. 예측은 한 신경세포가 어떤 패턴을 인식해 가지돌기 극파를 만들고 다른 신경세포들보다 더 일찍 극파를 발화할 준비가 될 때 일어난다. 각각의 신경세포는 수천 개의 먼쪽 시냅스를 가지고 있어 그 신경세포가 언제 활성화될지 예측하게 해주는 수백 가지 패턴을 인식할 수 있다. 예측은 신피질의 구조에, 즉 신경세포에 내장되어 있다.

우리는 새로운 신경세포 모형과 순서 기억 회로를 검증하느라 1년 이상을 보냈다. 우리는 그 능력을 검증하는 소프트웨어 시뮬레이션을 만들었는데, 2만 개밖에 안 되는 신경세포가 완전한 순서를 수천 가지나 배울 수 있다는 사실을 발견하고서 깜짝 놀랐다. 우리는 신경세포 중 30%가 죽거나 입력에 잡음이 섞이더라도 순서 기억이 계속 작용한다는 사실을 발견했다. 이론 검증에 더 많은 시간을 보낼수록 우리는 이 이론이 신피질에서 일어나는 일을 제대로 설명한다는 자신감이 더 커졌다. 또, 다른 연구소들의 실험 결과에서 우리의 개념을 뒷받침하는 경험적 증거를 더 많이 발견했다. 예를 들면, 이 이론은 가지돌기 극파가 특정 방식으로 행동한다고 예측하지만, 처음에 우리는 결정적인 실험 증거를 발견하지 못했다. 하지만 실험과학자들과 대화를 나누면서 우리는 그들의 실험 결과를 더 명확하게 이해하고, 실험 데이터가 우리가 예측한 것과 일치한다는 사실을 알게 되었다. 우리는 2011년에 그 이론을 정식 보고서로 처음 발표했다. 그러고 나서 2016년에 동료 심사를 거친 논문으로 학술지에 발표했는데, 그 제목은 '왜 신경세포는 수천 개의 시냅스가 있는가, 신피질의 순서 기억 이론Why Neurons Have Thousands of Synapses, a Theory of Sequence Memory in the Neocortex'이었다. 학계의 반응은 고무적이었고, 이 논문은 그 학술지에서 가장 많이 읽힌 논문이 되었다.

세 번째 발견: 피질 기둥의 비밀은 기준틀에 있다

그러고 나서 우리는 예측 문제의 두 번째 절반으로 관심을 돌렸는데, 그것은 "우리가 움직일 때, 신피질은 다음번 입력을 어떻게 예측하는가?"라는 질문이었다. 멜로디와 달리 이 상황에서는 입력 순서가 고정되어 있지 않은데, 우리가 움직임에 따라 그 순서가 달라지기 때문이다. 예를 들어 내가 왼쪽을 바라보면 뭔가가 보이지만, 오른쪽을 바라보면 다른 것이 보인다. 피질 기둥이 다음번 입력을 예측하려면, 어떤 움직임이 일어나려고 하는지 알아야 한다.

순서 중에서 다음번 입력을 예측하는 것과 우리가 움직일 때 다음번 입력을 예측하는 것은 비슷한 문제이다. 우리는 신경세포에 감각 기관이 어떻게 움직이는지 나타내는 입력을 추가로 제공하기만 한다면, 순서 기억 회로가 두 종류의 예측을 모두 할 수 있다는 사실을 깨달았다. 하지만 우리는 움직임과 관련된 신호가 어떤 모습인지 몰랐다.

그래서 우리가 생각할 수 있는 가장 간단한 것을 가지고 시작했다. 만약 움직임과 관련된 신호가 단순히 "왼쪽으로 이동하라" 또는 "오른쪽으로 이동하라"이면 어떻게 될까? 우리는 이 개념을 검증해 보았는데, 정말로 우리의 예상이 들어맞았다. 우리는 심지어 왼쪽과 오른쪽으로 움직이면서 자신의 입력을 예측하는 작은 로봇 팔도 만들었고, 신경과학 학술회의에서 그것을 시범으로 보여주었다. 하지만 우리의 로봇 팔은 한계가 있었다. 그것은 두 가지 방향으로 움직이는 것처럼 단순한 문제는 제대로 처리했지만, 수준을 높여 동시에 여러 방향으로 움직이는 것처럼 실제 세계의 복잡성을 처리하게 하려고 시도하자 너무 많은 훈련이 필요했다. 우리는 정확한 해결책에 다가갔다고 느꼈지만, 뭔가 잘못된 것이 있었다. 여러 가지 변형 버전을 가지고 시도했지만 성공하지 못했다. 우리는 크게 좌절했다. 몇 달이 지난 뒤에도 우리는 여전히 수렁에서 헤어나지 못했다. 문제를 해결할 방법이 보이지 않아 우리는 한동안 이 문제를 제쳐놓고 다른 문제들로 시선을 돌렸다.

2016년 2월 말에 점심을 함께 먹으려고 사무실에서 아내 재닛을 기다리고 있었다. 나는 손에 누멘타 커피 잔을 들고서 그것을 만지는 내 손가락들을 관찰했다. 그리고 내 자신에게 단순한 질문을 던졌다. "내 뇌가 손가락이 움직이면서 무엇을 느끼는지 예측하려면 무엇을 알 필요가 있을까?" 만약 커피 잔 옆면에 있는 한 손가락을 위쪽으로 움직인다면, 내 뇌는 내가 가장자리의 둥근 곡선을 느낄 것이라고 예측한다. 내 뇌는 손가락이 가장자리에 이르기 전에 이 예측을 한다. 이 예측을 하려면, 뇌는 무엇을 알 필요가 있을까? 그 답은 쉽게 말할 수 있었다. 뇌는 두 가지를 알 필요가 있다. 손가락에 닿는 물체가 무엇이냐(이 경우에는 커피 잔)와 손가락이 움직인 뒤에 커피 잔 위의 어느 위치에 있느냐 하는 것이다.

내 뇌가 커피 잔에 대한 손가락의 상대적 위치를 알 필요가 있다는 사실에 주목할 필요가 있다. 내 몸에 대한 손가락의 상대적 위치는 중요하지 않으며, 잔이 어디 있거나 어떻게 놓여 있는지도 중요하지 않다. 잔은 왼쪽이나 오른쪽으로 기울어져 있어도 상관없다. 내 앞쪽에 놓여 있거나 옆쪽에 놓여 있어도 상관없다. 중요한 것은 '잔에 대한 손가락의 상대적 위치'뿐이다.

이 관찰 사실은 잔에 첨부된 기준틀에서 내 손가락의 위치를 나타내는 신경세포들이 신피질에 있다는 것을 의미한다. 우리가 찾고 있던 움직임과 관련된 신호, 다음번 입력을 예측하기 위해 필요했던 신호는 바로 '그 대상에서의 위치'였다.

아마 여러분은 고등학교에서 기준틀을 배웠을 것이다. 공간상에서 어떤 물체의 위치를 정의하는 x, y, z 축은 기준틀의 한 예이다. 또 다른 예로는 지구 표면 위의 위치를 정의하는 위도와 경도가 있다. 처음에 우리는 신경세포가 x, y, z 같은 좌표를 어떻게 나타낼 수 있는지 상상하기 어려웠다. 그런데 더욱 이해하기 어려운 것은 신경세포가 커피 잔 같은 대상에 기준틀을 첨부할 수 있다는 사실이었다. 커피 잔의 기준틀은 잔에 대해 상대적이다. 따라서 그 기준틀은 잔과 함께 움직여야 한다.

사무실 의자를 상상해 보라. 내 뇌는 내가 커피 잔을 만질 때 어떤 촉감을 느낄지 예측하듯이, 내가 의자를 만질 때 어떤 촉감을 느낄지 예측한다. 따라서 내 신피질에는 의자에 대한 내 손가락의 상대적 위치를 아는 신경세포들이 있는 것이 분명한데, 그것은 내 신피질이 의자에 고정된 기준틀을 만든다는 뜻이다. 만약 내가 의자를 빙 돌리면, 기준틀도 의자와 함께 빙 돈다. 만약 내가 의자를 뒤집으면, 기준틀도 뒤집힌다. 여기서 기준틀은 보이지 않게 의자에 들러붙은 채 그 주위를 빙 두르고 있는 3차원 격자로 생각할 수 있다. 신경세포는 단순한 존재이다. 신경세포가 기준틀을 만들고 그것을 물체(심지어 물체가 세계에서 움직이고 회전하더라도)에 첨부할 수 있다는 것은 상상하기가 매우 어려웠다. 하지만 놀라운 것은 그뿐만이 아니었다.

내 몸에서 서로 다른 부분들(손가락 끝, 손바닥, 입술 등)이 동시에 커피 잔에 닿을 수도 있다. 잔에 닿는 모든 부분은 잔 위에서 자신의 독특한 위치를 바탕으로 어떤 촉감을 느낄지 각자 별도의 예측을 한다. 따라서 뇌는 한 가지 예측만 하는 것이 아니다. 동시에 수십 가지 혹은 수백 가지 예측을 한다. 신피질은 잔을 기준으로 잔에 닿는 모든 신체 부분의 상대적 위치를 알아야 한다.

나는 시각에서도 촉각과 동일한 일이 일어난다는 사실을 깨달았다. 망막은 피부와 비슷하다. 피부의 각 부분이 물체의 작은 부분에만 닿는 것처럼 망막의 각 부분은 전체 대상 중 아주 작은 부분만 본다. 뇌는 그림을 처리하지 않는다. 뇌는 눈 뒤쪽의 망막에 비친 그림을 가지고 시작하지만, 그것을 수백 개의 조각으로 쪼갠다. 그리고 각각의 조각을 관찰 대상에 대한 상대적 위치로 할당한다.

기준틀을 만들고 위치들을 추적하는 것은 결코 사소한 일이 아니다. 나는 그 계산을 하는 데에는 여러 종류의 신경세포와 여러 층의 세포들이 필요하다는 사실을 알았다. 모든 피질 기둥의 복잡한 회로는 서로 비슷하기 때문에, 위치 파악과 기준틀은 신피질의 보편

속성임이 틀림없다. 신피질의 모든 피질 기둥(그것이 시각 입력이나 촉각 입력, 청각 입력, 언어, 고차원 사고 중 무엇을 담당하건)에는 기준틀과 위치를 나타내는 신경세포가 있는 것이 분명하다.

그때까지만 해도 나를 포함해 대다수 신경과학자들은 신피질이 주로 감각 입력을 처리한다고 생각했다. 그런데 바로 그날, 나는 신피질은 주로 기준틀을 처리하는 일을 하는 곳으로 보아야 한다는 사실을 깨달았다. 이곳에 있는 회로는 대부분 기준틀을 만들고 위치를 추적한다. 물론 감각 입력도 필수적이다. 이어지는 장들에서 설명할 테지만, 뇌는 감각 입력을 기준틀의 위치와 연관지음으로써 세계 모형을 만든다.

기준틀이 왜 그토록 중요할까? 기준틀을 만들고 사용함으로써 뇌는 무슨 이익이 있을까? 첫째, 기준틀은 뇌에게 어떤 대상의 구조를 배우게 한다. 커피 잔도 그런 대상인데, 공간 속에서 서로에 대해 상대적으로 배치된 일련의 특질과 표면으로 이루어져 있기 때문이다. 마찬가지로 얼굴은 코와 눈과 입이 상대적 위치에 배열되어 있는 대상이다. 대상의 상대적 위치와 구조를 특정하려면 기준틀이 필요하다.

둘째, 뇌는 기준틀을 사용하는 대상을 정의함으로써 대상 전체를 동시에 조작할 수 있다. 예를 들면, 자동차는 서로에 대해 상대적으로 배열된 특질이 많다. 일단 우리가 자동차를 배우고 나면, 서로 다른 관점에서 자동차가 어떻게 보일지, 혹은 한쪽 방향으로 잡아 늘였을 때 자동차가 어떻게 보일지 상상할 수 있다. 이런 묘기를 부리려면, 뇌는 기준틀을 회전시키거나 잡아 늘이기만 하면 된다. 그러면 자동차의 모든 특질이 기준틀과 함께 회전하거나 길게 늘어난다.

셋째, 움직임을 계획하고 만들어내는 데 기준틀이 필요하다. 내 손가락이 휴대전화의 전면에 닿아 있을 때, 내가 꼭대기의 전원 버튼을 누르길 원한다고 하자. 만약 내 뇌가 현재 내 손가락의 위치와 전원 버튼의 위치를 안다면, 내 손가락이 현재의 위치에서 원하는 새 위치로 옮겨가는 데 필요한 움직임을 계산할 수 있다. 이 계산을 하려면, 휴대전화에 대한 상대적인 기준틀이 필요하다.

기준틀은 많은 분야에서 쓰인다. 로봇공학자들은 기준틀에 의존해 로봇 팔이나 몸통의 움직임을 계획한다. 기준틀은 애니메이션에서도 인물을 움직이게 할 때 쓰인다. 일부 사람들은 AI의 특정 응용 부문에도 기준틀이 필요할 것이라고 주장했다. 하지만 내가 아는 한, 신피질이 기준틀을 바탕으로 작용하며, 각 피질 기둥에서 대다수 신경세포들이 수행하는 기능이 기준틀을 만들고 위치를 추적하는 것이라는 논의가 진지하게 일어난 적은 그때까지 없었다. 이제 내게는 이 모든 것이 너무나도 당연해 보인다.

버넌 마운트캐슬은 모든 피질 기둥에 존재하는 공통 알고리듬이 있다고 주장했지만, 그 알고리듬이 무엇인지는 몰랐다. 프랜시스 크릭은 뇌를 이해하려면 새로운 틀이 필요하다고 썼지만, 그 역시 그 틀이 무엇인지는 몰랐다. 2016년의 그날, 나는 커피 잔을 손에 들고서 마운트캐슬의 알고리듬과 크릭의 틀이 모두 기준틀에 기반을 두고 있다는 사실을 깨달았다. 나는 신경세포가 어떻게 이 일을 할 수 있는지는 아직 몰랐지만, 틀림없이 그 일을 한다는 사실을 알아챘다. 잃어버린 요소, 즉 신피질의 수수께끼를 풀고 지능을 이해하는 열쇠는 바로 기준틀이었다.

위치와 기준틀에 관한 이 모든 개념은 순식간에 떠올랐다. 나는 너무나도 들뜬 나머지 의자에서 벌떡 일어나 동료인 수부타이 아흐마드Subutai Ahmad에게 달려가 그것을 알렸다. 그의 책상까지 6m를 달려가는 도중에 나는 재닛과 충돌해 하마터면 그녀를 넘어뜨릴 뻔했다. 나는 얼른 수부타이에게 이 놀라운 사실을 이야기하고 싶었지만, 재닛을 진정시키고 사과를 하는 동안 수부타이에게는 나중에 이야기하는 편이 낫겠다고 판단했다. 나는 재닛과 얼린 요구르트를 함께 먹으면서 기준틀과 위치에 관한 이야기를 나누었다.

여기서 내가 자주 듣는 질문을 짚고 넘어가는 게 좋겠다. 그것은 실험적으로 검증되지 않은 이론을 어떻게 내가 그토록 자신 있게 이야기할 수 있느냐 하는 질문이다. 나는 방금 그런 상황 중 하나만 소개했다. 나는 신피질에 기준틀이 가득 넘친다는 통찰력이 떠올랐고, 즉각 그것을 확신에 차서 이야기하기 시작했다. 이 책을 쓰고 있는 지금 이 새로운 개념을 뒷받침하는 증거가 계속 쌓이고 있지만, 이 개념은 아직 완전히 검증된 것이 아니다. 하지만 나는 조금의 망설임도 없이 이 개념을 사실로 기술하는데, 바로 다음과 같은 이유 때문이다.

어떤 문제를 해결하려고 노력할 때 우리는 내가 제약constraint이라고 부르는 것에 맞닥뜨린다. 제약은 문제의 해결책이 반드시 극복해야 하는 대상이다. 예컨대 곡명 알아맞히기 조건처럼 순서 기억을 기술할 때, 나는 몇 가지 제약의 예를 들었다. 뇌의 해부학과 생리학 역시 제약이다. 뇌 이론은 궁극적으로 뇌의 모든 세부 사실을 설명해야 하며, 정확한 이론은 이러한 세부 사실과 어긋나서는 안 된다.

어떤 문제를 더 오래 붙들고 매달릴수록 더 많은 제약을 발견하게 되고, 해결책을 상상하기가 더 어려워진다. 이 장에서 소개한 '아하 순간'들은 몇 년 동안 연구한 문제들에서 일어났다. 따라서 우리는 이 문제들을 깊이 이해했고, 제약 조건의 명단이 길었다. 어떤 해결책이 옳을 가능성은 해결한 제약 조건의 수에 따라 기하급수적으로 증가한다. 그것은 십자말풀이를 푸는 것과 비슷하다. 각각의 단서에 들어맞는 단어가 여러 개 있는 경우가 종종 있다. 그중 한 단어를 선택했을 때, 그 선택은 틀릴 수 있다. 두 교차 단어가 단서와 일치하면, 두 단어가 모두 옳을 가능성이 훨씬 높다. 교차 단어를 10개 발견하면, 이들 모두가 틀릴 가능성은 극히 낮다. 그러면 자신있게 그 답을 잉크로 쓸 수 있다.

'아하 순간'은 새로운 개념이 여러 제약 조건을 만족시킬 때 일어난다. 어떤 문제를 더 오래 붙잡고 씨름할수록(그리고 그 결과로 해결책이 더 많은 제약 조건을 해결할수록), '아하' 느낌이 더 강해지고 해결책에 대한 신뢰도가 더 커진다. 신피질에 기준틀이 가득 존재한다는 개념은 아주 많은 제약 조건을 해결했기 때문에, 나는 즉각 그것이 옳다고 확신했다.

이 발견의 의미를 알아내기까지는 3년 이상이 걸렸고, 이 글을 쓰고 있는 지금도 그 일은 아직 완전히 끝나지 않았다. 우리는 지금까지 이것에 대해 여러 편의 논문을 발표했다. 첫 번째 논문의 제목은 '신피질의 기둥들이 세계의 구조 학습을 어떻게 돕는지 설명하는 이론A Theory of How Columns in the Neocortex Enable Learning the Structure of the World'이었다. 이 논문은 2016년에 발표한 신경세포와 순서 기억에 관한 논문에서 기술한 것과 동일한 회로를 가지고 시작한다. 그리고 거기다가 위치를 나타내는 신경세포 층과 감지 대상을 나타내는 두 번째 층을 추가했다. 이 층들의 추가를 통해 하나의 피질 기둥이 감지하고 움직이고, 감지하고 움직임으로써 대상의 3차원 형태를 배울 수 있음을 보여주었다.

예를 들어, 검은 상자 속에 손을 넣어 한 손가락으로 미지의 물체를 만지는 장면을 상상해 보라. 그 가장자리 위로 손가락을 이리저리 옮기며 만져봄으로써 전체 물체의 형태를 배울 수 있다. 우리 논문은 한 피질 기둥이 어떻게 이 일을 할 수 있는지 설명했다. 또, 어떻게 한 피질 기둥이 같은 방식으로, 예컨대 한 손가락을 물체 위로 움직임으로써 이전에 배운 물체를 알아볼 수 있는지도 보여주었다. 그런 다음, 신피질의 여러 피질 기둥이 서로 협력해 물체를 훨씬 빨리 인식하는 방식도 보여주었다. 예를 들어 검은 상자 속으로 손을 뻗어 미지의 물체를 손 전체로 붙잡으면, 더 적은 움직임으로, 때로는 단 한 번의 시도만으로, 그 정체를 알아챌 수 있다.

우리는 이 논문을 발표하는 것에 불안을 느꼈고, 더 기다려야 할지를 놓고 토론을 했다. 우리는 전체 신피질이 기준틀을 만들고 그런 기준틀 수천 개가 동시에 작동하면서 작용한다는 개념을 주장했는데, 이것은 급진적인 개념이었다. 하지만 우리는 신경세포가 실제로 기준틀을 어떻게 만드는지는 전혀 설명하지 못하고 있었다. 따라서 우리가 주장하려는 요지는 다음과 같은 것이었다. "우리는 위치와 기준틀이 반드시 존재한다고 추론했으며, 이것들이 존재한다고 가정하면, 피질 기둥의 작용 방식은 이렇다. 오, 그런데 우리는 신경세포들이 기준틀을 실제로 어떻게 만드는지는 모른다." 그래도 우리는 논문을 제출하기로 결정했다. 나는 스스로에게 반문해 보았다. "불완전한데도 이 논문이 읽히길 원하는가?" 답은 "그렇다"였다. 신피질이 모든 피질 기둥에서 위치와 기준틀을 나타낸다는 개념은 너무나도 매력적이어서 신경세포가 어떻게 그런 일을 하는지 설명하지 못한다고 해서 발표를 주저하고 싶지 않았다. 나는 기본 개념은 옳다고 자신했다.

논문을 완성하는 데에는 오랜 시간이 걸린다. 글을 쓰는 것만 해도 몇 달이 걸리며, 시뮬레이션을 돌려보아야 할 때가 많은데 여기에도 또 몇 달이 걸린다. 이 과정이 끝날 무렵에 내게 다시 어떤 생각이 떠올라 논문을 제출하기 직전에 그것을 추가했다. 나는 뇌에서 오래된 부분인 내후각 피질entorhinal cortex을 살펴보면, 신피질의 신경세포들이 기준틀을 어떻게 만드는지 그 답을 찾을 수 있을 것이라고 제안했다. 몇 달 뒤 논문이 받아들여질 무렵에 우리는 이 추측이 옳다는 사실을 알았는데, 자세한 이야기는 다음 장에 나온다.

방금 많은 내용을 다루었으니, 잠시 요점을 정리하고 넘어가기로 하자. 이 장의 목적은 신피질의 모든 피질 기둥이 기준틀을 만든다는 개념을 소개하는 것이었다. 이 결론에 이르기까지 우리가 내디

됐던 모든 발걸음을 여러분이 따라갈 수 있도록 안내했다. 신피질이 풍부하고 자세한 세계 모형을 배우고, 그것을 사용해 다음번 감각 입력을 예측한다는 개념으로 이야기를 시작했다. 그러고 나서 "신경세포들이 어떻게 이런 예측을 하는가?"라는 질문을 던졌다. 그 탐구는 우리를 새로운 이론으로 안내했다. 대부분의 예측은 가지돌기 극파가 만들어내는데, 가지돌기 극파는 신경세포 내부의 전압을 일시적으로 높이고, 신경세포에게 가지돌기 극파가 발생하지 않은 경우보다 조금 더 빨리 극파를 발화하게 만든다. 예측은 세포의 축삭을 통해 다른 신경세포로 전달되지 않는데, 그것은 왜 우리가 대부분의 예측을 알아채지 못하는지 설명해 준다. 그러고 나서 새로운 신경세포 모형을 사용하는 신피질의 회로들이 어떻게 순서를 배우고 예측할 수 있는지 보여주었다. 우리는 "우리의 움직임 때문에 입력이 변하는 상황에서 그러한 회로가 어떻게 다음번 감각 입력을 예측하는가?"라는 질문에 이 개념을 적용했다. 우리는 이 감각-운동 예측을 하려면, 각 피질 기둥이 감지하는 대상에 대한 상대적 입력 위치를 알아야 한다고 추론했다. 그러려면 피질 기둥은 대상에 고정된 기준틀이 필요하다.

뇌 속의 지도

우리가 신피질 전체에 기준틀이 존재한다는 추론을 하기까지는 몇 년이 걸렸지만, 지금 와서 생각해 보면 단순한 관찰을 통해 훨씬 오래전에 이 사실을 알 수 있었다. 지금 나는 누멘타 사무실의 작은 라운지에 앉아 있다. 가까이에는 내가 앉아 있는 것과 비슷한 의자가 3개 놓여 있다. 의자 너머에는 독립형 책상이 몇 개 있다. 거리 건너편에는 오래된 카운티 청사가 보인다. 이 물체들에서 나온 빛이 내 눈에 들어와 망막에 투사된다. 망막에 있는 세포들은 빛을 극파로 바꾼다. 눈 뒤쪽에 위치한 바로 이곳이 시각이 시작되는 곳이다. 그렇다면 왜 우리는 사물들이 눈 속에 있는 것으로 지각하지 않을까? 의자와 책상, 청사는 내 망막에서 서로 옆에 상이 맺히는데, 어떻게 나는 이것들이 서로 다른 거리와 위치에 있는 것으로 지각할까? 이와 비슷하게 자동차가 다가오는 소리를 들을 때, 왜 나는 자동차가 실제로 그 소리가 머무는 내 귀가 아니라, 오른쪽으로 30m

떨어진 곳에 있다고 지각할까?

우리가 물체를 눈 속이나 귀 속이 아니라 어딘가에 있는 것으로 지각한다는 이 단순한 관찰은 뇌 속에 우리가 지각하는 모든 물체의 위치를 나타내는 신경세포들이 분명히 있다고 말해준다.

4장 말미에서 그 당시에 우리는 신피질의 신경세포들이 어떻게 그런 일을 하는지 몰랐기 때문에 기준틀에 관한 첫 번째 논문을 제출하길 머뭇거렸다고 말했다. 우리는 신피질의 작용 방식에 관한 획기적인 새 이론을 제안했지만, 그 이론은 대체로 논리적 추론에 의존한 것이었다. 신경세포들이 어떻게 그런 일을 하는지 보여줄 수 있었더라면, 그 논문은 훨씬 설득력이 강했을 것이다. 나는 뇌에서 오래된 부분인 내후각 피질에서 그 답이 발견될지 모른다고 시사하는 글을 몇 줄 추가했다. 나는 진화에 관한 이야기로 왜 우리가 그런 주장을 했는지 설명하려고 한다.

진화 이야기

동물이 세계에서 처음 돌아다니기 시작했을 때, 어느 방향으로 움직여야 할지 결정하는 메커니즘이 필요했다. 단순한 동물은 그 메커니즘도 단순하다. 예를 들면, 일부 세균은 기울기를 따라 움직인다. 먹이 같은 필요한 자원의 양이 증가하면, 세균은 같은 방향으로 계속 움직일 가능성이 높다. 만약 자원의 양이 감소하면, 세균은 몸을 돌려 다른 방향을 시도할 가능성이 높다. 세균은 자신이 어디에 있는지 알지 못한다. 세균은 세계 속에서 자신의 위치를 나타낼 방법이 전혀 없다. 지렁이처럼 조금 더 복잡한 동물은 따뜻함과 먹이와 물이 바람직하게 존재하는 범위 내에서 머물려고 움직이지만, 자신이 정원 안에서 어디에 있는지 알지 못한다. 돌길이 얼마나 먼 곳에 있는지도 모르고, 가장 가까운 울타리 기둥까지의 방향과 거리도 모른다.

이번에는 자신이 어디에 있는지, 즉 주변 환경에 대한 자신의 상대적 위치를 항상 아는 동물은 어떤 이점이 있는지 살펴보자. 이 동물은 과거에 먹이를 발견한 장소와 거처로 사용한 장소를 기억한다. 그러면 현재의 위치로부터 이 장소들과 전에 들렀던 그 밖의 장소로 가는 법을 계산할 수 있다. 이 동물은 물웅덩이로 여행한 경로와 도중에 여러 장소에서 일어났던 일을 기억할 수 있다. 이처럼 세계 속에서 자신의 위치와 다른 것들의 위치를 알면 많은 이점이 있지만, 그러려면 기준틀이 필요하다.

기준틀이 지도의 격자와 비슷하다고 했던 말을 기억하는가? 예를 들면, 종이 지도 위에서 가로줄과 세로줄을 사용해 어떤 것의 위치를 표시할 수 있다(예컨대 가로줄 D, 세로줄 7). 지도의 가로줄과 세로줄은 지도가 나타내는 지역의 기준틀이다. 만약 동물이 자신의 세계에 대한 기준틀을 갖고 있다면, 세계를 탐구할 때 각 위치에서 무엇을 발견했는지 기억할 수 있다. 그리고 은신처 같은 어떤 곳으로 가길 원하면, 기준틀을 사용해 현재의 위치에서 그곳으로 어떻게 가야 하는지 파악할 수 있다. 이처럼 주변 세계에 대한 기준틀을 갖고 있으면 생존에 유리하다.

세계에서 안전하게 돌아다니는 능력은 아주 중요하기 때문에, 진화는 그렇게 할 수 있는 방법을 여러 가지 발견했다. 예를 들면, 일부 꿀벌은 춤을 사용해 거리와 방향을 동료에게 알려준다. 우리와 같은 포유류는 훌륭한 내부 항행 시스템을 갖고 있다. 뇌에서 오래된 부분에는 우리가 방문한 장소들의 지도를 배운다고 알려진 신경세포들이 있는데, 이 신경세포들은 아주 오랫동안 진화압을 받은 결과로 자신이 하는 일을 잘 수행하도록 미세 조정되었다. 포유류에서 지도를 만드는 이 신경세포들은 오래된 뇌 부분 중 해마와 내후각피질에 존재한다. 사람의 경우, 이 기관들은 대략 손가락만 한 크기이다. 이 기관들은 뇌 한가운데 부분의 양옆에 하나씩 존재한다.

오래된 뇌 속의 지도

1871년, 과학자 존 오키프John O'Keefe와 그의 제자 조너선 도스트롭스키Jonathan Dostrovsky는 쥐의 뇌에 전선을 찔러넣었다. 전선은 해마에 있는 한 신경세포의 극파 발화 활동을 기록했다. 쥐가 이리저리 돌아다니며 자신의 환경(대개 탁자 위에 놓인 큰 상자)을 탐구할 때 신경세포의 활동을 기록할 수 있도록 전선은 천장을 향해 높이 뻗어 있었다. 두 사람은 오늘날 장소세포place cell라고 부르는 것을 발견했는데, 이 신경세포는 쥐가 특정 환경에서 특정 장소에 있을 때마다 극파를 발화했다. 장소세포는 지도 위에 '현재 위치'를 나타내는 표시와 같다. 쥐가 움직임에 따라 새로운 장소에 이를 때마다 다른 장소세포들이 활성화된다. 쥐가 전에 있었던 장소로 되돌아오면, 같은 장소세포가 다시 활성화된다.

2005년에 마이-브리트 모세르May-Britt Moser와 에드바르 모세르Edvard Moser의 연구소에서도 이와 비슷한 장치와 쥐를 사용해 실험을 해보았다. 이 실험에서는 해마 옆에 있는 내후각 피질의 신경세포들에서 나오는 신호를 기록했다. 그들은 오늘날 격자세포grid cell라 부르는 것을 발견했는데, 이 세포들은 어떤 환경 속의 여러 장소에서 극파를 발화했다. 한 격자세포가 활성화되는 장소들은 격자 패턴을 이룬다. 만약 쥐가 직선 방향으로 나아가면, 동일한 격자세포가 일정한 간격으로 계속 반복적으로 활성화된다.

장소세포와 격자세포가 작용하는 방식은 그 세부 내용이 복잡하고 아직 완전히 이해되지 않았지만, 격자세포는 쥐가 처한 환경의 지도를 만든다고 생각할 수 있다. 격자세포는 종이 지도의 가로줄과 세로줄과 같지만, 종이 대신에 동물의 환경에 그어져 있다. 격자세포는 동물에게 현재의 위치를 알게 해주고, 움직이면 어디에 가 있을지 예측하게 해주고, 움직임을 계획하게 해준다. 예를 들어, 내가 지도상의 B4 지점에 있는데 D6 지점으로 가길 원한다고 하자. 나는 지도의 격자를 사용해 사각형 구역을 오른쪽으로 2개, 아래쪽으로 2개 내려가면 된다는 사실을 알 수 있다.

하지만 격자세포만으로는 어떤 장소에 무엇이 있는지 알려줄 수 없다. 예를 들어 만약 내가 당신이 지도상의 A6 지점에 있다고 말한다면, 그 정보만으로는 그곳에서 무엇을 발견하게 될지 알 수 없다. A6 지점에 무엇이 있는지 알려면, 지도를 바라보면서 그 사각형 구역에 무엇이 인쇄되어 있는지 파악해야 한다. 장소세포는 사각형 구역에 인쇄된 세부 내용과 같다. 어떤 장소세포가 활성화되느냐는 쥐가 특정 장소에서 무엇을 감지하느냐에 달려 있다. 장소세포는 쥐에게 감각 입력을 바탕으로 그곳이 어디인지 알려주지만, 장소세포만으로는 움직임을 계획하는 데 충분치 않다. 움직임을 계획하려면 격자세포까지 필요하다. 두 종류의 세포는 서로 협력해 쥐의 완전한 환경 모형을 만든다.

쥐가 어떤 환경에 들어갈 때마다 격자세포가 기준틀을 만든다. 만약 그곳이 새로운 환경이라면, 격자세포는 새로운 기준틀을 만든다. 만약 그곳이 예전에 들렀던 환경이라면, 격자세포는 그때 사용한 기준틀을 다시 꺼내 적용한다. 이 과정은 여러분이 어떤 도시에 들르는 것과 비슷하다. 주변을 살펴보고 그곳이 전에 방문한 장소라는 사실을 알아채면, 그 도시의 정확한 지도를 끄집어낸다. 만약 낯선 도시라면, 백지를 꺼내 새로운 지도를 만들기 시작한다. 그리고 도시를 돌아다니면서 자신의 지도에 각 장소에서 본 것을 적어 넣는다. 격자세포와 장소세포가 바로 이와 같은 일을 한다. 이 세포들은 모든 환경에 대해 독특한 지도를 만든다. 쥐가 움직이면, 활성화된 격자세포와 장소세포가 새로운 장소를 반영해 변한다.

사람도 격자세포와 장소세포가 있다. 방향 감각을 완전히 잃지 않는 한, 우리는 늘 자신이 어디에 있는지 파악한다. 나는 지금 내 사무실에 서 있다. 설사 눈을 감더라도 나의 위치 감각은 그대로 유지되고, 나는 자신이 어디에 있는지 안다. 눈을 감은 채 오른쪽으로 두 걸음을 떼면, 방 안에서 내 위치 감각이 변한다. 내 뇌의 격자세포와 장소세포는 내 사무실 지도를 만들었고, 설령 내가 눈을 감더라도 내가 사무실에서 있는 위치를 계속 추적한다. 내가 이리저리 걸어다니면, 새로운 위치를 반영해 활성화되는 세포들이 계속 변한다. 사람과 쥐, 그리고 모든 포유류는 동일한 메커니즘을 사용해 자신의 위치를 안다. 우리 모두는 격자세포와 장소세포를 사용해 우리가 있는 장소들의 모형을 만든다.

새로운 뇌의 지도

우리가 신피질의 위치와 기준틀에 관한 2017년 논문을 쓰고 있을 때, 나는 장소세포와 격자세포에 관한 지식을 약간 얻었다. 커피 잔에 대한 내 손가락의 상대적 위치를 아는 것은 방에 대한 내 몸의 상대적 위치를 아는 것과 비슷하다는 생각이 들었다. 내 손가락이 커피 잔 주위에서 움직이는 방식은 내 몸이 방 안에서 움직이는 방식과 같다. 해마와 내후각 피질에 있는 것과 동일한 신경세포들이 신피질에도 있을 것이라는 생각이 떠올랐다. 피질의 이 장소세포와 격자세포는 오래된 뇌의 장소세포와 격자세포가 환경에 대한 모형을 배우는 것과 비슷한 방식으로 대상들에 대한 모형을 배울 것이다.

기본 항행에서 담당하는 역할을 감안할 때, 장소세포와 격자세포는 신피질보다 진화적으로 더 오래된 것이 거의 확실하다. 그래서 나는 신피질이 아무것도 없는 상태에서 새로운 메커니즘을 발전시키는 대신에 격자세포의 파생물을 사용해 기준틀을 만들 가능성이 높다고 추측했다. 하지만 2017년 당시에 우리는 신피질에 격자세포나 장소세포와 비슷한 것이 있다는 증거를 전혀 알지 못했다. 그러니까 그 가설은 그저 근거 있는 추측에 불과했다.

우리의 2017년 논문이 수락된 직후에 신피질에 격자세포가 존재할 가능성을 시사하는 실험 결과를 알게 되었다(이 실험에 관해서는 7장에서 자세히 다룬다). 그것은 매우 고무적인 소식이었다. 격자세포와 장소세포와 관련이 있는 문헌을 조사하면 할수록 비슷한 기능을 수행하는 세포들이 모든 피질 기둥에 존재한다는 자신감이 더 커졌다. 우리는 2019년에 발표한 논문에서 이 주장을 처음으로 제기했는데, 그 논문의 제목은 '신피질의 격자세포를 기반으로 한 지능과 피질 기능의 틀A Framework for Intelligence and Cortical Function Based on Grid Cells in the Neocortex'이었다.

어떤 것의 완전한 모형을 배우려면 격자세포와 장소세포가 모두 필요하다. 격자세포는 위치를 특정하고 움직임을 계획하는 기준틀을 만든다. 하지만 감각 입력을 기준틀의 위치와 연관지으려면 감각으로 파악한 정보도 필요한데, 장소세포가 이 정보를 제공한다.

신피질의 지도 작성 메커니즘은 오래된 뇌의 지도 작성 메커니즘과 정확하게 똑같지 않다. 드러난 증거에 따르면, 신피질이 동일한 기본 신경 메커니즘을 사용하는 것으로 보이지만, 다른 점이 몇 가지 있다. 마치 자연은 해마와 내후각 피질을 아주 작은 형태로 축소하여 그것을 수만 개 복제한 피질 기둥들을 나란히 배열한 것처럼 보인다. 이것들이 모여 신피질이 되었다.

오래된 뇌의 격자세포와 장소세포는 주로 한 물체의 위치를 추적하는데, 그 물체는 바로 자신의 몸이다. 이 세포들은 몸이 현재의 환경 속에서 어디에 있는지 안다. 반면에 신피질에는 이 회로를 복제한 것이 약 15만 개 있는데, 각각의 피질 기둥마다 하나씩 있다. 따라서 신피질은 수천 개의 위치를 동시에 추적한다. 예를 들면, 피부의 각 부분과 망막의 각 부분에 해당하는 기준틀이 신피질에 있다. 컵에 닿는 다섯 개의 손가락 끝은 상자를 탐구하는 다섯 마리의 쥐와 같다.

작은 공간 속에 들어 있는 거대한 지도

그렇다면 뇌 속의 모형은 어떻게 생겼을까? 신피질은 어떻게 1mm^{2}의 면적에 수백 개의 모형을 집어넣을까? 그것을 이해하기 위해 종이 지도 비유를 다시 사용해 보자. 도시 지도가 있다고 하자. 탁자 위에 펼쳐놓은 지도를 살펴보니, 가로줄과 세로줄이 전체 지도를 100개의 사각형 구역으로 나누고 있다. A1은 왼쪽 맨 위에, J10은 오른쪽 맨 아래에 위치한다. 각각의 사각형에는 도시의 그 구역에서 볼 수 있는 것들이 인쇄되어 있다.

나는 가위를 들고 각각의 사각형을 오려내어 거기에 B6이나 G1 같은 격자 좌표를 표시한다. 그리고 각각의 사각형에 도시 1이라는 이름도 적어 넣는다. 그리고 각각 다른 도시를 나타내는 9개의 지도에 대해서도 똑같이 한다. 이제 모두 1000개의 사각형이 생겼다. 이제 사각형들을 마구 섞은 뒤 한 무더기로 쌓는다. 이 무더기에는 완전한 지도가 10개 들어 있지만, 한 번에 한 위치만 볼 수 있다. 이제 누가 내 눈을 가리고 10개의 도시 중 한 곳으로 데려가 임의의 장소에 내려놓는다. 눈가리개를 벗은 나는 주위를 둘러본다. 처음에는 내가 어디에 있는지 모른다. 그러다가 내가 서 있는 곳이 책을 읽는 여자 조각상이 있는 분수 앞이라는 사실을 알아챘다. 나는 지도 사각형들을 죽 넘기다가 이 분수가 표시된 사각형을 발견한다. 그 사각형에는 도시 3, 위치 D2라고 적혀 있다. 이제 나는 내가 어느 도시에 있고, 그 도시에서 어느 지점에 있는지 안다.

그다음에 내가 할 수 있는 일은 여러 가지가 있다. 예컨대, 내가 이리저리 걸어다니면 무엇을 보게 될지 예측할 수 있다. 현재 나의 위치는 D2이므로, 동쪽으로 걸어가면 D3로 갈 것이다. 나는 사각형 무더기에서 도시 3, D3라고 적힌 사각형을 찾는다. 거기에는 운동장이 표시되어 있다. 이런 식으로 나는 특정 방향으로 움직일 때 무엇을 보게 될지 예측할 수 있다.

어쩌면 나는 도서관에 가고 싶을 수도 있다. 나는 사각형 무더기를 훑어보다가 도시 3에서 도서관이 표시된 사각형을 찾는다. 그 사각형은 G7이라고 적혀 있다. 내가 D2에 있다는 사실로부터 도서관으로 가려면 동쪽으로 3개, 남쪽으로 5개의 사각형을 지나가야 한다는 사실을 계산할 수 있다. 그곳으로 가는 경로는 여러 가지가 있다. 지도 사각형들을 한 번에 하나씩 사용해 특정 경로를 따라 여행하는 동안 마주치게 될 것들을 시각화할 수 있다. 나는 아이스크림 가게 앞으로 지나가는 경로를 택하기로 한다.

자, 이번에는 다른 시나리오를 검토해 보자. 미지의 장소에 떨어져 눈가리개를 벗었더니, 눈앞에 커피숍이 있다. 그런데 사각형 무더기를 훑어보았더니, 비슷하게 생긴 커피숍이 표시된 사각형이 5개나 있다. 두 곳은 한 도시에, 나머지 세 곳은 각각 다른 도시에 있다. 나는 지금 이 다섯 곳 가운데 어느 곳에 있는지 알 수가 없다. 자, 이제 어떻게 해야 할까? 나는 움직임을 통해 모호성을 없앨 수 있다. 내가 지금 있는 곳일 가능성이 있는 사각형 5개를 보면서 각각의 사각형에서 남쪽으로 걸어갈 때 어떤 것들을 보게 될지 살펴본다. 그 답은 사각형마다 제각각 다르다. 내가 어디에 있는지 알기 위해 나는 직접 남쪽으로 걸어간다. 그곳에서 발견하는 지형지물을 통해 불확실성을 제거한다. 이제 나는 내가 어디에 있는지 안다.

지도를 이런 식으로 사용하는 방법은 우리가 평소에 흔히 지도를 사용하는 방법과 다르다. 첫째, 지도 사각형 무더기에는 우리의 모든 지도가 포함되어 있다. 이런 식으로 우리는 사각형 무더기를 사용해 우리가 어느 도시에, 그리고 그 도시에서 어느 구역에 있는지 알 수 있다.

둘째, 만약 우리가 어디에 있는지 불확실하다면, 몸을 움직임으로써 해당 도시와 도시 내에서의 위치를 알아낼 수 있다. 검은 상자에 손을 집어넣어 미지의 물체를 한 손가락으로 만질 때에도 바로 이와 똑같은 일이 일어난다. 한 번만 만져서는 그 물체가 무엇인지 알기 힘들 것이다. 그 정체를 알아내려면 손가락을 여러 번 움직여야 할지도 모른다. 손가락을 움직임으로써 동시에 두 가지를 발견한다. 만지는 것이 무엇인지 아는 바로 그 순간, 우리는 자신의 손가락이 그 물체의 어느 위치에 있는지도 안다.

마지막으로, 이 시스템을 확대해 많은 수의 지도를 아주 빨리 다룰 수 있다. 종이 지도 비유에서 나는 지도 사각형들을 한 번에 하나씩 본다고 말했다. 지도가 아주 많다면, 이 과정은 오랜 시간이 걸릴 수 있다. 하지만 신경세포는 연상 기억associative memory을 사용한다. 여기서 그 세부 내용은 중요하지 않지만, 연상 기억은 신경세포가 모든 지도 사각형을 동시에 검색할 수 있게 해준다. 신경세포가 1000개의 지도를 검색하는 데 걸리는 시간은 1개의 지도를 검색하는 시간과 똑같다.

피질 기둥 속의 지도

이제 신피질의 신경세포들이 지도 비슷한 모형들을 실제로 어떻게 사용하는지 살펴보기로 하자. 우리의 이론은 각각의 피질 기둥이 완전한 대상 모형을 배울 수 있다고 말한다. 따라서 모든 피질 기둥(신피질에서 각각 1mm^{2}의 면적에 해당하는)은 자기 나름의 지도 사각형 집단을 갖고 있다. 피질 기둥이 이런 일을 하는 방법은 복잡하고, 우리는 아직 그것을 완전히 이해하지 못했지만, 그래도 기본 내용은 알고 있다.

피질 기둥에 신경세포가 여러 층으로 배열되어 있다고 한 말을 기억하는가? 그중 몇몇 층은 지도 사각형을 만드는 데 필요하다. 피질 기둥에서 어떤 일이 일어나는지 감을 잡고 싶다면, 다음의 단순한 다이어그램을 보라.

이 그림에서는 한 피질 기둥에 있는 두 층의 신경세포(약간 어두운 부분)가 보인다. 피질 기둥은 폭이 1mm 정도로 아주 작지만, 이 각각의 층에 신경세포가 1만 개나 들어 있다.

위층은 피질 기둥으로 들어온 감각 입력을 받는다. 입력이 도착하면, 신경세포 수백 개가 활성화된다. 종이 지도 비유를 들면, 위층은

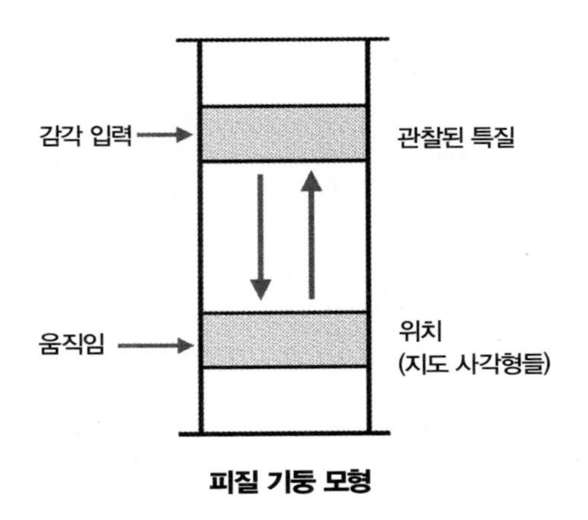

피질 기둥 모형

우리가 일부 위치에서 관찰하는 것(예컨대 분수)을 나타낸다.

아래층은 기준틀에서 현재의 위치를 나타낸다. 종이 지도 비유에서 아래층은 위치(예컨대 도시 3, D2)를 나타내지만, 그곳에서 관찰되는 것을 나타내지는 않는다. 오직 도시 3, D2만 표기되어 있을 뿐, 나머지는 텅 비어 있는 사각형과 같다.

수직 방향 화살표 2개는 텅 빈 지도 사각형(아래층)과 그 위치에서 관찰되는 것(위층) 사이의 연결을 나타낸다. 아래로 향한 화살표는 관찰된 특질(예컨대 분수)을 특정 도시의 특정 위치와 연결 짓는다. 위로 향한 화살표는 특정 위치(도시 3, D2)를 관찰된 특질과 연결 짓는다. 위층은 대략 장소세포와 같고, 아래층은 대략 격자세포와 같다.

커피 잔 같은 새로운 대상을 배우는 것은 주로 두 층 사이의 연결(수직 방향의 화살표)을 배움으로써 일어난다. 달리 표현하면, 커피 잔 같은 대상은 관찰된 일련의 특질(위층)이 커피 잔의 일련의 위치(아래층)와 연관됨으로써 정의된다. 만약 그 특질을 안다면, 그 위치를 알 수 있다. 만약 위치를 안다면, 그 특질을 예측할 수 있다.

정보의 기본적인 흐름은 다음과 같이 일어난다. 감각 입력이 도착하고, 위층의 신경세포들이 그것을 나타낸다. 그러면 아래층에서 그 입력과 연관된 위치를 불러오는 일이 일어난다. 움직임(예컨대 손가락을 움직이는 것과 같은)이 일어나면, 아래층이 예상되는 새 위치로 변하고, 이에 따라 위층에서 다음번 입력을 예측하는 일이 일어난다.

만약 원래의 입력이 모호하다면(예컨대 커피숍처럼), 이 네트워크는 아래층에서 여러 장소(예컨대 커피숍이 존재하는 모든 위치)를 활성화한다. 손가락 하나로 커피 잔 가장자리를 만질 때 바로 이런 일이 일어난다. 가장자리가 있는 물체는 많으므로, 처음에는 만지는 물체가 무엇인지 확신할 수 없다. 손가락을 움직이면 아래층이 가능한 모든 위치로 변하고, 그러면 위층에서 다양한 예측이 일어난다. 다음번 입력이 도착하면, 일치하지 않는 위치가 모두 제거된다.

우리는 각 층의 신경세포 수를 현실적으로 가정한 값을 사용해 소프트웨어로 이 두 층 회로를 시뮬레이션해 보았다. 그 결과는 각각의 피질 기둥이 단지 대상 모형을 배울 수 있을 뿐만 아니라, 그런 모형을 수백 개나 배울 수 있음을 보여주었다. 그 신경학적 메커니즘과 시뮬레이션 결과는 2019년에 '신피질에서의 위치: 피질 격자세포를 사용한 감각운동 대상 인식 이론Locations in the Neocortex: A Theory of Sensorimotor Object Recognition Using Cortical Grid Cells'이라는 제목으로 발표한 논문에서 자세하게 기술했다.

정위

피질 기둥이 대상 모형을 배우려면, 반드시 해야 할 일이 더 있다. 예를 들면, 정위定位, orientation를 나타내는 것이 있어야 한다. 자신이 어느 도시에, 그리고 그 도시에서 어느 위치에 있는지 안다고 하자. 이제 "한 블록 앞으로 걸어가면 무엇이 보이는가?"라는 질문을 던져보자. 그러면 당신은 "내가 어느 방향으로 걸어가고 있는가?"라고 물을 것이다. 자신의 위치를 아는 것만으로는 걸어갈 때 무엇을 보게 될지 예측하는 데 충분치 않다. 어느 방향을 향하고 있는지 알 필요가 있다. 즉, 정위를 알 필요가 있다. 정위는 특정 위치에서 바라볼 때 무엇을 보게 될지 예측하는 데에도 필요하다. 예를 들면, 거리 모퉁이에 서서 북쪽을 바라볼 때에는 도서관이 보이는 반면, 남쪽을 바라볼 때에는 운동장이 보일 수 있다.

오래된 뇌에는 머리방향세포head direction cell라는 신경세포가 있다. 이름이 암시하듯이 이 세포는 동물의 머리가 향하는 방향을 나타낸다. 머리방향세포는 나침반처럼 행동하지만, 자북극磁北極에 매여 있진 않다. 그 대신에 방이나 주변 환경에 맞춰 나란히 늘어서 있다. 낯익은 방 안에 서서 눈을 감더라도, 자신이 어디를 향하고 있는지 방향 감각을 그대로 유지한다. 눈을 감은 채 몸을 돌리면, 방향 감각이 변한다. 이 감각은 바로 머리방향세포가 만들어낸다. 몸을 회전시키면, 머리방향세포도 방 안에서 새로운 정위를 반영해 변한다.

피질 기둥에는 머리방향세포와 동일한 기능을 수행하는 세포가 있어야 한다. 우리는 이 세포를 정위세포orientation cell라는 더 일반적인 이름으로 부른다. 커피 잔을 검지로 만지고 있다고 상상해 보라. 손가락이 실제로 느끼는 감촉은 손가락의 정위에 달려 있다. 예를 들어 손가락을 같은 위치에 둔 채 접촉점을 중심으로 돌릴 수 있다. 그러면 손가락에 느껴지는 감각이 변한다. 따라서 그 입력을 예측하려면, 피질 기둥에 정위를 나타내는 것이 있어야 한다.

요약하면, 우리는 모든 피질 기둥이 대상 모형을 배운다고 주장했다. 피질 기둥은 오래된 뇌가 환경 모형을 배우기 위해 사용하는 것과 동일한 기본 방법으로 이 일을 한다. 따라서 우리는 각각의 피질 기둥에 격자세포에 대응하는 세포 집단이 있고, 장소세포에 대응하는 세포 집단도 있으며, 머리방향세포에 대응하는 세포 집단도 있다고 주장했는데, 격자세포와 장소세포와 머리방향세포는 모두 오래된 뇌에서 처음 발견되었다. 우리의 가설은 논리적 추론을 바탕으로 한 것이다. 우리의 가설을 뒷받침하는 실험 증거가 점점 쌓이고 있는데, 7장에서 그 증거들을 소개할 것이다.

하지만 먼저 신피질 전체를 자세히 살펴보기로 하자. 각각의 피질 기둥이 가느다란 스파게티 가닥만큼 그 폭이 작은 반면, 신피질은 커다란 냅킨만큼 크다고 했던 이야기를 기억하는가? 그래서 사람의 신피질에는 피질 기둥이 약 15만 개나 있다. 피질 기둥들이 모두 다 대상의 모형을 만드는 일을 하는 것은 아니다. 다음 장에서는 나머지 피질 기둥들이 무슨 일을 하는지 살펴본다.

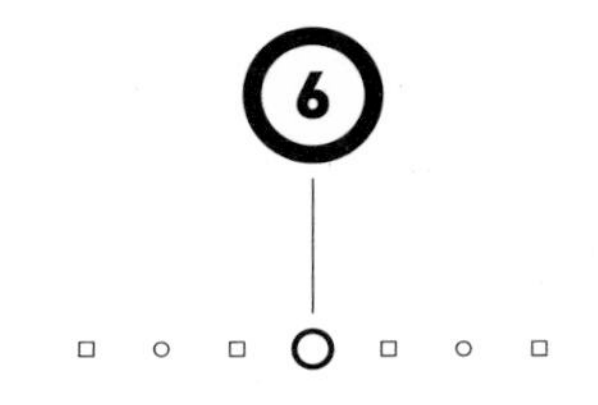

개념, 언어, 고차원 사고

우리의 월등한 인지 기능은 영장류 사촌과 우리를 구별하는 가장 큰 특징이다. 보고 듣는 능력은 우리나 원숭이나 비슷하지만, 복잡한 언어를 사용하고, 컴퓨터 같은 복잡한 도구를 만들고, 진화와 유전과 민주주의 같은 개념을 사유하는 능력은 오직 인간만의 전유물이다.

버넌 마운트캐슬은 신피질의 모든 기둥은 동일한 기본 기능을 수행한다고 주장했다. 이 주장이 옳다면, 언어와 그 밖의 고차원 인지 능력은 어떤 기본적 수준에서는 시각과 촉각과 청각과 동일한 것이어야 한다. 하지만 이것은 명백하지 않다. 셰익스피어의 작품을 읽는 능력은 커피 잔을 들어올리는 능력과 비슷해 보이지 않지만, 어쨌든 마운트캐슬이 주장한 요지는 그렇다.

마운트캐슬은 피질 기둥들이 완전히 똑같지는 않다는 사실을 알았다. 예를 들면, 손가락에서 오는 입력을 수신하는 기둥과 언어를 이해하는 기둥 사이에는 물리적 차이가 존재하지만, 차이보다는 비슷한 점이 더 많다. 따라서 마운트캐슬은 신피질이 하는 모든 일—단지 지각뿐만 아니라 우리가 지능으로 생각하는 모든 일—의 바탕에는 어떤 기본적 기능이 있을 것이라고 추론했다.

많은 사람들은 시각과 촉각, 언어, 철학 같은 다양한 능력이 기본적으로 같은 것이라는 개념을 받아들이기가 어려웠다. 마운트캐슬은 그 공통 기능이 무엇인지 제안하지 않았고, 그것이 무엇인지 상상하기도 어렵기 때문에, 그의 제안을 무시하거나 완전히 묵살하는 편이 훨씬 쉽다. 예를 들면, 언어학자들은 흔히 언어를 나머지 모든 인지 능력과 다르다고 이야기한다. 만약 그들이 마운트캐슬의 제안을 받아들인다면, 언어를 더 잘 이해하기 위해 언어와 시각 사이의 공통성을 찾으려고 노력할 것이다. 나 자신은 이 개념이 너무나도 흥미로워 무시할 수 없으며, 또 마운트캐슬의 제안을 지지하는 경험적 증거를 압도적으로 많이 발견했다. 따라서 우리 앞에는 흥미로운 수수께끼가 놓여 있다. 인간 지능의 모든 측면을 만들어낼 수 있는 기능 또는 알고리듬은 과연 어떤 종류의 것일까?

지금까지 나는 피질 기둥이 커피 잔이나 의자, 스마트폰 같은 물리적 대상의 모형을 어떻게 배우는지 설명하는 이론을 소개했다. 이 이론은 피질 기둥이 관찰되는 모든 대상에 대해 기준틀을 만든다고 말한다. 기준틀이 보이지 않게 어떤 대상을 둘러싸면서 들러붙어 있는 3차원 격자라고 했던 말을 떠올려보라. 기준틀은 피질 기둥이 대상의 형태를 정의하는 특질들의 위치를 배우게 해준다.

좀 더 추상적인 용어를 사용하면, 기준틀은 모든 종류의 지식을 조직하는 방법이라고 생각할 수 있다. 커피 잔의 기준틀은 우리가 만지고 볼 수 있는 물리적 대상에 대응한다. 하지만 기준틀은 우리가 직접 감지할 수 없는 대상에 대한 지식을 조직하는 데 사용될 수도 있다.

직접적으로 경험하지는 못했지만 우리가 아는 모든 것을 생각해 보라. 예를 들면, 유전학을 배운 사람이라면 DNA 분자를 알 것이다. 그런 사람은 DNA 분자의 이중 나선 구조를 시각화할 수 있고, DNA 분자가 뉴클레오타이드의 ATCG 부호를 사용해 아미노산 서열을 암호화하는 방법과 지퍼가 열리듯이 DNA 분자가 둘로 쪼개지면서 복제를 하는 방법도 알 것이다. 물론 DNA 분자를 직접 보거나 만진 사람은 아무도 없다. DNA 분자는 너무나도 작아서 그렇게 할 수가 없다. DNA 분자에 대한 지식을 조직하기 위해 우리는 마치 그것을 볼 수 있는 듯이 그림을 만들고, 우리가 만질 수 있는 듯이 모형을 만든다. 이렇게 하여 우리는 DNA 분자에 대한 지식을 기준틀에 저장한다—커피 잔에 대한 지식과 마찬가지로.

우리가 아는 그 밖의 많은 것에 대해서도 이와 똑같은 기술을 사용한다. 예를 들면, 우리는 광자에 대해 많은 것을 알고, 우리은하에 대해서도 많은 것을 안다. 이번에도 우리는 이것들을 우리가 보고 만질 수 있는 것처럼 상상하며, 따라서 일상생활 속의 물리적 대상에 사용하는 것과 동일한 기준틀 메커니즘을 사용해 이것들에 대해 아는 지식을 조직할 수 있다. 하지만 사람의 지식은 시각화할 수 없는 대상에까지 확대된다. 예를 들면, 우리는 민주주의와 인권, 수학 같은 개념에 관한 지식도 갖고 있다. 우리는 이 개념들에 관한 사실을 많이 알지만, 이 사실들을 3차원 물체와 비슷한 방식으로 조직하지는 못한다. 민주주의를 눈에 보이는 상으로 만들기는 쉽지 않다.

하지만 개념적 지식에도 어떤 형태의 조직이 존재하는 것이 분명하다. 민주주의와 수학 같은 개념은 그저 사실들이 모인 무더기가 아니다. 우리는 이것들에 대해 사유할 수 있고, 어떤 식으로 행동하면 어떤 일이 일어날지 예측할 수 있다. 우리가 이렇게 할 능력이 있다는 사실은 개념들의 지식 역시 기준틀에 저장된다는 것을 말해준다. 하지만 이 기준틀은 커피 잔이나 그 밖의 물리적 대상에 사용하는 기준틀과 쉽게 동일시할 수 없을 수도 있다. 예를 들면, 어떤 개념에 가장 유용한 기준틀은 3차원 이상이 필요할 수 있다. 우리는 3차원 이상의 공간을 시각화할 수 없지만, 수학적 관점에서 볼 때 그런 공간은 3차원이나 그보다 더 낮은 차원의 공간과 똑같이 작용한다.

모든 지식은 기준틀에 저장된다

이 장에서 탐구하는 가설은 뇌가 모든 지식을 기준틀을 사용해 배열하며, 생각은 움직임의 한 형태라는 것이다. 생각은 우리가 기준틀에서 연속적인 위치들을 활성화할 때 일어난다.

이 가설은 다음 요소들로 분해할 수 있다.

1. 기준틀은 신피질의 모든 곳에 존재한다

이 전제는 신피질의 모든 기둥에 기준틀을 만드는 세포가 있다고 말한다. 나는 이 일을 하는 세포들이 더 오래된 뇌 부분에서 발견되는 격자세포와 장소세포와 비슷하지만 똑같지는 않다고 주장했다.

2. 기준틀은 단지 물리적 대상뿐만 아니라, 우리가 아는 모든 것의 모형을 만드는 데 쓰인다

신피질의 기둥은 그저 신경세포들이 모여 있는 것에 지나지 않는다. 피질 기둥은 자신의 입력이 무엇을 나타내는지 '알지' 못하며, 자신이 무엇을 배워야 하는지 아무런 사전 지식도 없다. 피질 기둥은 자신의 입력을 변하게 하는 것이면 무엇이건 그 구조를 발견하고 모형을 만들려고 맹목적으로 시도하는 신경세포들로 만들어진 메커니즘에 불과하다.

앞에서 나는 뇌가 처음에 기준틀을 진화시킨 것은 우리가 세계 속에서 돌아다닐 수 있도록 환경의 구조를 배우기 위해서였다고 상정했다. 그러고 나서 뇌는 동일한 메커니즘을 사용해 물리적 대상의 구조를 배우도록 진화했는데, 그것을 인식하고 조작하기 위해서였다. 이제 나는 우리 뇌가 동일한 메커니즘을 사용해 수학과 민주주의 같은 개념적 대상의 바탕을 이루는 구조를 배우고 나타내기 위해 또 한 번 진화했다고 주장한다.

3. 모든 지식은 기준틀에 대해 상대적 위치에 저장된다

기준틀은 지능의 선택적 요소가 아니다. 기준틀은 모든 정보가 뇌에 저장되는 구조이다. 우리가 아는 모든 사실은 기준틀의 한 위치와 짝지어진다. 역사 같은 분야에서 전문가가 되려면, 역사적 사실들을 적절한 기준틀의 위치들에 배정해야 한다.

지식을 이런 식으로 조직하면 사실들을 적절히 활용할 수 있다. 지도 비유를 떠올려보라. 도시에 관한 사실을 격자 같은 기준틀에 배치하면, 특정 식당에 도착하는 방법과 같은 어떤 목적을 달성하는 데 필요한 행동이 무엇인지 결정할 수 있다. 지도의 균일한 격자는 도시에 관한 사실들을 실용적으로 활용할 수 있게 해준다. 이 원리는 모든 지식에 적용된다.

4. 생각은 움직임의 한 형태이다

만약 우리가 아는 모든 것이 기준틀에 저장된다면, 저장된 지식을 불러낼 때에는 적절한 기준틀의 적절한 위치를 활성화해야 한다. 생각은 신경세포들이 기준틀에서 위치들을 차례로 불러내면서 각 위치에 저장된 것을 떠오르게 할 때 일어난다. 생각을 할 때 우리가 경험하는 일련의 생각은 손가락으로 어떤 물체를 만질 때 경험하는 일련의 감각이나 우리가 도시를 돌아다니면서 보는 일련의 사물과 비슷하다.

기준틀은 목적을 달성하는 수단이기도 하다. 종이 지도가 현재 위치에서 가고 싶은 새 위치로 가는 방법을 궁리하게 해주듯이, 신피질의 기준틀은 공학 문제를 풀거나 직장에서 승진하는 것과 같은 더 개념적인 목적을 달성하는 데 필요한 단계들을 궁리하게 해준다.

우리는 개념적 지식에 관한 이 개념들을 이미 발표한 몇몇 연구 논문에서 언급하긴 했지만, 이것들은 그 논문의 주요 쟁점이 아니었고, 이것들을 따로 주제로 삼아 논문을 발표한 적도 없다. 따라서 여러분은 이 장이 이 책에서 지금까지 다룬 내용보다 더 사변적이라고 느낄 수 있지만, 나는 그렇게 생각하지 않는다. 우리가 아직 완전히 이해하지 못하는 세부 내용이 많이 있긴 하지만, 전체적인 틀—개념과 생각은 기준틀을 바탕으로 일어난다는—은 시간의 검증을 이겨낼 것이라고 나는 자신한다.

이 장의 나머지 부분에서는 잘 연구된 신피질의 특성부터 먼저 기술하려고 한다. 그 특성은 바로 신피질이 '무엇what' 구역과 '어디where' 구역으로 나뉘어 있다는 것이다. 나는 이 논의를 통하여 피질 기둥이 단순히 기준틀을 바꾸는 것만으로 서로 아주 다른 기능을 수행할 수 있음을 보여줄 것이다. 그러고 나서 더 추상적이고 개념적인 형태의 지능을 다룰 것이다. 위에서 언급한 전제들을 지지하는 실험 증거를 제시하고, 이 이론이 수학과 정치와 언어라는 세 가지 주제와 어떻게 연관되는지를 보여주는 예를 제시할 것이다.

무엇 경로와 어디 경로

우리 뇌에는 두 가지 시각 체계가 있다. 눈에서 신피질까지 시신경을 따라가 보면, 그것이 무엇 시각 경로와 어디 시각 경로라는 두 가지 시각 체계로 연결되는 것을 볼 수 있다. 무엇 경로는 뇌 뒤쪽에서 시작해 양옆으로 빙 돌아가는 일련의 피질 영역들로 이루어져 있다. 어디 경로는 마찬가지로 뇌 뒤쪽에서 시작하지만 위쪽으로 올라가는 일련의 피질 영역들로 이루어져 있다.

무엇 시각 체계와 어디 시각 체계가 발견된 지는 50년이 넘었다.

몇 년이 지난 뒤 과학자들은 다른 감각에도 이와 비슷한 경로들이 존재한다는 사실을 발견했다. 시각뿐만 아니라 촉각과 청각도 무엇 경로와 어디 경로를 담당하는 구역이 있다.

무엇 경로와 어디 경로는 보완적 역할을 한다. 예컨대 어디 시각 경로를 무력화하면, 그 사람은 어떤 물체를 바라볼 때 그 물체가 무엇인지는 알지만 그 물체에 다가가지는 못한다. 예를 들면, 자신이 컵을 바라보고 있다는 사실은 알지만, 기묘하게도 그 컵이 어디에 있는지는 말하지 못한다. 이번에는 거꾸로 무엇 시각 경로를 무력화하면, 그 사람은 그 물체에 다가가 손을 뻗어 그것을 잡을 수 있다. 그런데 그 물체가 어디에 있는지는 알지만, 그것이 무엇인지는 알지 못한다. (적어도 시각적으로는 알지 못한다. 손으로 물체를 만져 촉감으로 그 물체가 무엇인지 확인할 수는 있다.)

무엇 구역과 어디 구역에 있는 피질 기둥들은 비슷하게 생겼다. 세포의 종류와 층들과 회로도 비슷하다. 그런데 왜 서로 다르게 행동할까? 무엇 구역과 어디 구역에 있는 기둥은 어떤 차이가 있길래 서로 다른 역할을 할까? 두 종류의 기둥은 작동 방식에 어떤 차이가 있을 것이라고 가정하고 싶은 유혹을 느끼기 쉽다. 어쩌면 어디 기둥은 다른 종류의 신경세포가 있거나 층들 사이에 다른 연결이 있을지도 모른다. 무엇 기둥과 어디 기둥이 비슷하다는 점은 인정하더라도, 아직 발견되지 않은 물리적 차이가 있을지 모른다고 주장할 수도 있다. 만약 이런 입장을 견지한다면, 여러분은 마운트캐슬의 제안을 거부하는 셈이다.

하지만 마운트캐슬의 전제를 버릴 필요는 없다. 우리는 왜 일부 기둥은 무엇 기둥이고 일부 기둥은 어디 기둥인지 단순한 설명을 제시했다. 무엇 기둥의 피질 격자세포는 대상에 기준틀을 첨부한다. 어디 기둥의 피질 격자세포는 우리 몸에 기준틀을 첨부한다.

만약 어디 시각 기둥이 말을 할 수 있다면, 이렇게 말할 것이다. "나는 몸에 첨부하는 기준틀을 만들었어. 이 기준틀을 사용해 나는 손을 바라보고, 몸에 대한 그 상대적 위치를 파악해. 그러고 나서 다른 물체를 바라보면서 몸에 대한 그 상대적 위치를 알 수 있어. 둘 다 몸의 기준틀에 있는 이 두 위치로 나는 손을 물체로 움직이는 방법을 계산할 수 있어. 나는 물체가 어디에 있으며, 거기에 닿으려면 어떻게 해야 하는지 알지만, 그것이 무엇인지는 알 수 없어. 나는 그 물체가 무엇인지 몰라."

만약 무엇 시각 기둥이 말을 할 수 있다면, 이렇게 말할 것이다. "나는 물체에 첨부하는 기준틀을 만들었어. 이 기준틀을 사용해 나는 커피 잔 같은 대상을 확인할 수 있어. 나는 그 물체가 무엇인지 알지만, 어디에 있는지는 몰라." 무엇 기둥과 어디 기둥은 함께 협력해 우리가 물체의 정체를 확인하고, 그것에 다가가고, 그것을 조작할 수 있게 해준다.

왜 한 기둥(A 기둥)은 기준틀을 외부의 물체에 첨부하고, 다른 기둥(B 기둥)은 기준틀을 몸에다 첨부할까? 그 답은 아주 간단하다. 모든 것은 기둥에 도착하는 입력이 어디에서 오는가에 달려 있다. 만약 A 기둥이 커피 잔에 닿는 손가락에서 오는 감각처럼 감각 입력을 물체로부터 받는다면, 자동적으로 그 물체에 고정된 기준틀을 만든다. 만약 B 기둥이 팔다리의 관절 각도를 감지하는 신경세포처럼 감각 입력을 몸으로부터 받는다면, 자동적으로 몸에 고정된 기준틀을 만든다.

어떤 면에서 우리 몸은 세계 속에 존재하는 또 하나의 대상이다. 신피질은 커피 잔 같은 물체의 모형을 만드는 것과 동일한 기본 방법을 사용해 자기 몸의 모형을 만든다. 하지만 우리 몸은 외부 물체와 달리 항상 존재한다. 신피질 중 상당 부분(어디 구역)은 우리 몸과 몸 주위 공간의 모형을 만드는 일을 한다.

뇌에 신체 지도가 있다는 개념은 새로운 것이 아니다. 팔다리의 움직임에는 신체 중심 기준틀이 필요하다는 개념 역시 마찬가지이다. 내가 말하고자 하는 요지는 겉모습과 작용 방식이 비슷한 피질 기둥들이 그 기준틀을 어디에 고정하느냐에 따라 다른 기능을 수행할 수 있다는 것이다. 이 개념을 사용하면, 그렇게 크게 비약하지 않더라도 기준틀이 개념에 적용되는 방식을 파악할 수 있다.

개념을 위한 기준틀

지금까지 이 책에서 나는 뇌가 물리적 형태를 지닌 사물의 모형을 어떻게 배우는지 설명했다. 스테이플러와 휴대전화, DNA 분자, 건물, 우리 몸은 모두 물리적으로 존재한다. 이것들은 직접 감지할 수 있거나 (DNA 분자의 경우) 감지한다고 상상할 수 있는 것들이다.

하지만 우리가 세계에 대해 아는 것 중에는 직접 감지할 수 없고, 물리적 등가물이 없는 것도 많다. 예를 들면, 우리는 민주주의나 소수 같은 개념을 손을 뻗어 만질 수 없지만, 이것들에 대해 많은 것을 알고 있다. 피질 기둥은 우리가 감지할 수 없는 것의 모형을 어떻게 만들까?

그 비결은 기준틀을 반드시 물리적인 것에 고정할 필요가 없다는 데 있다. 민주주의 같은 개념의 기준틀은 자기모순이 없어야 하지만, 일상적인 물리적 사물로부터 비교적 독립적으로 존재할 수 있다. 그것은 가상의 땅에 대한 지도를 만드는 방법과 비슷하다. 가상의 땅에 대한 지도는 자기모순이 없어야 하지만, 지구를 기준으로 한 특정 지역에 위치해야 할 필요는 없다.

두 번째 비결은 개념을 위한 기준틀은 반드시 커피 잔 같은 물리적 대상의 기준틀과 동일한 수나 종류의 차원을 가질 필요가 없다는 데 있다. 어느 도시에 있는 건물들의 위치는 2차원으로 잘 나타낼 수 있다. 커피 잔의 형태는 3차원으로 제대로 나타낼 수 있다. 하지만 우리가 기준틀에서 얻는 모든 능력(두 위치 사이의 거리를 계산하거나 한 위치에서 다른 위치로 움직이는 방법을 계산하는 것과 같은)은 4차원 혹은 그보다 높은 차원의 기준틀에도 존재한다.

3차원 이상의 차원을 가진 것이 어떻게 존재할 수 있는지 이해하는 데 어려움을 겪는다면, 이 비유를 생각해 보라. 내가 아는 모든 사람에 대한 지식을 조직할 수 있는 기준틀을 만들려 한다고 하자. 사용할 수 있는 한 차원은 나이이다. 나는 이 차원 위에 아는 사람들을 나이에 따라 죽 배열할 수 있다. 또 하나의 기준은 그들이 사는 장소를 나에 대해 상대적으로 나타낸 것이 될 수 있다. 여기에는 두 차원이 더 필요하다. 또 나와 만나는 횟수나 그 사람의 키가 또 다른 차원으로 추가될 수 있다. 지금까지 모두 다섯 차원이 사용되었다. 이것은 그저 비유에 불과하다. 이것들은 신피질이 실제로 사용하는 차원들이 아닐 것이다. 하지만 나는 3차원 이상의 차원을 생각하는 것이 왜 유용한지 여러분이 이해하길 바란다.

신피질의 기둥들은 자신이 사용해야 할 기준틀의 종류에 대해 선입견이 없을 가능성이 높다. 피질 기둥이 어떤 것의 모형을 배울 때, 배우는 것 중 일부는 차원의 수를 포함해 어떤 것이 좋은 기준틀인지 발견하는 것이다.

이제 앞에서 언급한 네 가지 전제를 지지하는 경험적 증거를 살펴보기로 하자. 이 분야는 실험 증거가 많지 않지만, 그래도 일부 증거가 있고 또 계속 증가하고 있다.

장소법

항목들의 목록을 기억하는 비법으로 유명한 장소법method of loci 또는 기억의 궁전memory palace은 기억하고자 하는 항목들을 자기 집 안의 서로 다른 장소에 놓아둔다고 상상하는 방법이다. 항목들의 목록을 떠올리려면, 자신이 집 안을 걸어다닌다고 상상하면서 각각의 장소에 놓아둔 항목들에 대한 기억을 끄집어내면 된다. 이 기억법이 큰 효과가 있다는 사실은 익숙한 기준틀의 위치들에 사물들을 배치했을 때, 그것을 끄집어내기가 훨씬 쉽다는 것을 말해준다. 이 경우에 기준틀은 자기 집의 심상 지도이다. 움직임으로써 회상 행위가 일어난다는 사실에 주목하라. 우리는 자기 몸을 물리적으로 움직이지는 않지만, 정신적으로 집 안을 돌아다닌다.

장소법은 앞에 나왔던 두 가지 전제를 지지한다. 하나는 정보가 기준틀에 저장된다는 것이고, 또 하나는 정보의 인출은 움직임의 한 형태라는 것이다. 장소법은 무작위로 배열된 명사들의 목록 같은 항목들의 목록을 빨리 암기하는 데 유용하다. 이 방법이 효과가 있는 것은 항목들을 이전에 배운 기준틀(자기 집)에 배정하고, 이전에 배운 움직임(평소에 집 안에서 돌아다니는 방식)을 사용하기 때문이다. 하지만 우리가 무엇을 배울 때면 대개 우리 뇌는 새로운 기준틀을 만든다. 그 예를 살펴보자.

fMRI를 사용한 사람 연구

기능 자기 공명 영상functional magnetic resonance imaging, fMRI은 살아 있는 사람의 뇌를 들여다보면서 어느 부분이 활성화되는지 관찰하는 기술이다. 아마 여러분도 fMRI 사진을 본 적이 있을 것이다. 그 사진은 일부가 노란색이나 빨간색으로 표시된 뇌의 윤곽을 보여주는데, 이곳들은 사진을 찍을 때 에너지를 가장 많이 소비하는 부분이다. fMRI는 대개 사람 피험자를 대상으로 하는데, 특정 정신적 과제를 수행하는 동안 시끄러운 기계 내부의 좁은 관 속에 누워 꼼짝도 하지 않고 있어야 하기 때문이다. 피험자가 연구자의 구두 지시를 따르면서 컴퓨터 화면을 쳐다보아야 할 때도 많다.

fMRI의 발명은 특정 종류의 연구에는 큰 축복을 가져다주었지만, 우리가 하는 연구에는 일반적으로 크게 유용하지는 않다. 우리의 신피질 이론 연구는 어느 시점에 어떤 신경세포가 활성화되는

지 파악하는 것에 의존하는데, 활성화되는 신경세포는 1초에 몇 번씩 변한다. 이런 종류의 데이터를 제공하는 실험 기술들이 있지만, fMRI는 우리에게 필요한 공간적·시간적 정밀성이 부족하다. fMRI는 많은 신경세포의 평균 활동을 측정하며, 1초 미만 동안 지속되는 활동을 감지하지 못한다.

그래서 우리는 크리스천 돌러Christian Doeller, 캐스웰 배리Caswell Barry, 닐 버지스Neil Burgess의 fMRI 실험 소식을 듣고서 크게 놀라며 흥분했는데, 이 실험은 신피질에 격자세포가 존재한다는 것을 보여주었다. 세부 내용은 복잡하지만, 이들은 격자세포가 fMRI로 감지할 수 있는 지문을 내놓는다는 사실을 알아냈다.

그들은 먼저 자신들의 기술이 유효함을 입증해야 했기 때문에, 격자세포가 있는 것으로 알려진 내후각 피질을 살펴보았다. 그리고 피험자들에게 컴퓨터 화면의 가상 세계를 돌아다니는 과제를 수행하게 했다. 그러면서 fMRI를 사용해 피험자가 과제를 수행할 때 격자세포의 활동을 탐지할 수 있었다. 그다음에는 신피질로 초점을 옮겼다. 피험자가 동일한 과제를 수행하는 동안 fMRI 기술을 사용해 신피질의 앞부분을 살펴보았다. 그리고 거기서 동일한 지문을 발견했는데, 그것은 격자세포가 적어도 신피질 일부에도 존재한다는 것을 강하게 시사했다.

또 다른 과학자 팀인 알렉산드라 콘스탄티네스쿠Alexandra Constantinescu, 질 오라일리Jill O'Reilly, 티머시 베렌스Timothy Behrens는 다른 과제에 새로운 fMRI 기술을 사용해 보았다. 피험자들에게 새들의 이미지를 보여주었다. 새들은 목 길이와 다리 길이가 제각각

달랐다. 피험자들은 이전에 본 두 새의 특징을 결합해 새로운 새를 상상하는 것과 같은 다양한 심상心像 과제를 수행했다. 이 실험 결과는 신피질 앞부분에 격자세포가 존재한다는 것을 보여주었을 뿐만 아니라, 연구자들은 신피질이 새의 이미지를 지도 같은 기준틀에 저장한다는 증거도 발견했다(한 차원은 목의 길이를, 다른 차원은 다리의 길이를 나타냈다). 게다가 연구팀은 피험자들이 마음속으로 자신의 집 지도를 돌아다니는 것과 마찬가지 방법으로 새들을 생각하면서 마음속으로 새들의 지도를 '돌아다닌다는' 사실을 보여주었다. 이 실험의 세부 내용 역시 복잡하지만, fMRI 데이터는 신피질의 이 부분이 격자세포와 비슷한 신경세포를 사용해 새들에 관한 사실을 배운다는 것을 시사한다. 이 실험에 참여한 피험자들은 자기 머릿속에서 이런 일이 일어난다는 생각을 전혀 하지 못했지만, fMRI 데이터가 말해주는 것은 분명했다.

장소법은 전에 배운 지도(자기 집 지도)를 사용해 항목들을 저장했다가 나중에 그것을 끄집어내어 사용한다. 새 실험 사례에서 신피질은 새로운 지도를 만들었는데, 목과 다리 길이가 다른 새들을 기억하는 과제 수행에 적합한 지도였다. 두 예에서 항목을 기준틀에 저장했다가 '움직임'을 통해 그것을 끄집어내는 과정은 똑같다.

만약 모든 지식이 이런 식으로 저장된다면, 우리가 일반적으로 생각이라고 부르는 것은 실제로는 공간 속에서, 즉 기준틀 속에서 움직이며 돌아다닌다. 우리가 지금 하는 생각과 어느 순간에 머릿속에 떠오르는 것은 기준틀 속에서 현재 어떤 위치에 있느냐에 따라 결정된다. 위치가 변함에 따라 각 위치에 저장된 항목들이 한 번에 하나씩 인출된다. 우리의 생각은 계속 변하지만, 무작위적으로 변하지 않는다. 다음번에 하는 생각은 우리가 기준틀 속에서 정신적으로 움직이는 방향에 좌우된다. 이것은 도시에서 우리가 다음번에 보는 것이 현재 위치에서 어느 방향으로 움직이느냐에 좌우되는 것과 같다.

커피 잔을 배우는 데 필요한 기준틀은 명백할 수 있다. 그것은 커피 잔 주위의 3차원 공간이다. fMRI 실험에서 새들에 대해 배운 기준틀은 다소 덜 명백할 수 있다. 하지만 새의 기준틀은 여전히 다리와 목 같은 새의 물리적 속성과 관련이 있다. 하지만 뇌는 경제나 생태학 같은 개념에는 어떤 종류의 기준틀을 사용할까? 그 일에 사용되는 기준틀이 여러 가지 존재할 수 있는데, 어떤 것은 다른 것보다 더 나을 것이다.

이것은 개념적 지식을 배우기가 어려울 수 있는 한 가지 이유이다. 만약 내가 민주주의와 관련된 역사적 사건을 열 가지 제시한다면, 여러분은 그것을 어떻게 배열하겠는가? 한 선생님은 그 사건들을 연대표 위에 배열해 보여줄 수 있다. 연대표는 1차원 기준틀이다. 이것은 사건들을 시간순으로 평가하기에 유용한데, 그런 사건들은 시간상의 근접성 때문에 인과 관계가 있을 수 있다. 또 다른 선생님은 동일한 역사적 사건들을 세계 지도 위에 배열할 수 있다. 지도 기준틀은 동일한 사건들을 다르게 생각하는 방법을 제시하는데, 서로간의 공간적 근접성이나 바다나 사막 또는 산맥의 근접성 때문에 사건들 사이에 인과 관계가 성립할 수 있다. 연대표와 지리는 모두 역사적 사건을 조직하기에 유효한 방법이지만, 이것들은 역사를 서로 다르게 생각하는 방법을 낳는다. 그래서 서로 다른 결론과 예측을 낳을 수도 있다. 민주주의를 배우는 데 최선의 구조는 완전히 새로운 지도가, 예컨대 공정성이나 정의에 대응하는 추상적 차원이 여러 개 있는 지도가 필요할지 모른다. 내 주장의 요지는 어떤 분야의 전문가가 되려면 관련 데이터와 사실을 나타내기에 좋은 틀의 발견이 필요하다는 것이다. 옳은 기준틀이 없을 수도 있고, 두 사람이 사실들을 서로 다르게 배열할 수도 있다. 유용한 기준틀을 발견하는 것은 배움에서 가장 어려운 부분인데, 우리는 대개 그것을 전혀 의식하지 못한다. 나는 앞에서 언급한 세 가지 예로 이 개념을 설명하려고 한다. 세 가지 예는 수학과 정치와 언어이다.

수학

자, 여러분이 수학자인데 OMG(Oh My God) 추측을 증명하려고 한다고 하자(OMG는 진짜 추측은 아니다). 수학에서 추측conjecture은 맞다고 여겨지지만 아직 증명되지 않은 명제를 말한다. 추측을 증명하려면, 먼저 참으로 알려진 명제를 가지고 시작한다. 그리고 일련의 수학 연산을 적용한다. 만약 이 과정을 통해 그 추측과 같은 명제에 이른다면, 그것을 증명하는 데 성공한 것이다. 대개는 일련의 중간 결과들이 있다. 예를 들어 A에서 시작해 B를 증명한다. 그다음에는 B에서 시작해 C를 증명한다. 마지막으로 C에서 시작해 OMG를 증명한다. A, B, C와 맨 마지막의 OMG가 방정식이라고 가정해 보자. 한 방정식에서 다음 방정식을 얻으려면, 하나 이상의 수학 연산을 거쳐야 한다.

이번에는 여러 방정식이 신피질의 기준틀에서 대표된다고 가정해 보자. 곱셈이나 나눗셈 같은 수학 연산은 이 기준틀에서 여러분을 다른 장소로 데려가는 움직임이다. 일련의 연산을 수행하면, 여러분은 새로운 위치, 즉 새로운 방정식으로 옮겨간다. 만약 A에서 OMG로 데려다주는 일련의 연산(방정식 공간에서의 움직임)을 알아낼 수 있다면, OMG를 증명하는 데 성공한다.

수학의 추측처럼 복잡한 문제를 풀려면 많은 훈련이 필요하다. 새로운 분야를 배울 때, 우리 뇌는 단지 사실만 저장하는 것에 그치지 않는다. 수학의 경우, 뇌는 방정식과 수를 저장하는 데 유용한 기준틀을 발견해야 하고, 연산과 변환 같은 수학적 행동이 어떻게 기준틀 내의 새로운 위치들로 옮겨가는지 배워야 한다.

수학자에게 방정식은 여러분과 내게 스마트폰이나 자전거처럼 익숙한 대상이다. 수학자는 새로운 방정식을 보면 전에 다루었던 방정식과 비슷한 것으로 인식하고, 그것은 즉각 새로운 방정식을 조작해 특정 결과를 얻을 수 있는 방법을 제시한다. 그것은 새로운 스마트폰을 보았을 때 우리가 거치는 과정과 동일하다. 우리는 스마트폰을 전에 사용한 다른 전화와 비슷한 것으로 인식하며, 그것은 새로운 스마트폰을 조작해 원하는 결과를 얻는 방법을 제시한다.

하지만 수학을 제대로 공부하지 않은 사람에게는 방정식과 그 밖의 수학 기호가 아무 의미 없는 낙서처럼 보일 것이다. 눈앞의 방정식을 전에 본 기억이 있더라도, 기준틀이 없으면 그것을 제대로 처리해 문제를 푸는 방법을 전혀 알 수 없다. 이렇게 여러분은 지도 없이 숲 속에서 길을 잃는 것과 똑같이 수학 공간에서 길을 잃고 만다.

방정식을 처리하는 수학자와 숲 속을 여행하는 탐험가와 커피 잔을 만지는 손가락은 모두 현재의 위치를 파악하고 원하는 곳으로 가기 위해 수행해야 할 움직임을 알려면 지도 같은 기준틀이 필요하다. 이것들뿐만 아니라, 우리가 수행하는 수많은 활동의 바탕에는 동일한 기본 알고리듬이 깔려 있다.

정치

위에서 살펴본 수학적 예는 완전히 추상적이지만, 명백히 물리적인 문제가 아니라면 어떤 것에서건 그 과정은 동일하다. 예를 들어 어떤 정치인이 새로운 법이 제정되길 원한다고 하자. 그 법의 초안을 만들었지만, 제정이라는 최종 목표까지 가려면 밟아야 할 단계가 많다. 도중에 정치적 장애물이 있기 때문에, 그 정치인은 취해야 할 여러 가지 행동을 생각한다. 노련한 정치인은 기자회견을 열거나, 국민 투표를 강행하거나, 정책 보고서를 쓰거나, 다른 법안을 지지하는 대가를 제안하는 등의 행동을 취할 때 어떤 일이 일어날지 안다. 노련한 정치인은 이미 정치의 기준틀을 배웠기 때문이다. 그 기준틀 중 일부는 정치적 행동이 기준틀에서 위치들을 어떻게 변화시키는지에 관련된 것이며, 그 정치인은 이런 일을 할 때 어떤 일이 일어날지 상상한다. 정치인의 목표는 새로운 법의 제정이라는 원하는 결과를 얻게 해줄 일련의 행동을 발견하는 것이다.

정치인이나 수학자는 자신의 지식을 조직하는 데 기준틀을 사용한다는 사실을 모른다. 여러분과 내가 스마트폰과 스테이플러를 이해하기 위해 기준틀을 사용한다는 사실을 모르는 것과 마찬가지다. 우리는 "이 사실들을 조직할 기준틀을 누가 제안할 수 없는가?"라고 물으면서 돌아다니지 않는다. 우리는 "도움이 필요해. 이 문제를 푸는 방법을 모르겠어"라고 말하거나 "난 도저히 모르겠어. 이것을 사용하는 법을 가르쳐줄 수 있겠니?"라고 말한다. 혹은 "길을 잃었어. 그 식당에 가는 길을 가르쳐주겠니?"라고 말한다. 이것들은 기준틀을 우리 앞에 있는 사실들과 짝지을 수 없을 때 묻는 질문이다.

언어

언어는 사람을 나머지 동물과 구분하는 가장 중요한 인지 능력이다. 언어를 통해 지식과 경험을 공유하는 능력이 없었더라면, 대부분의 현대 사회는 존재 자체가 불가능했을 것이다.

언어에 관한 책은 많이 나왔지만, 나는 뇌에서 관찰되는 신경 회로가 언어를 어떻게 만들어내는지 설명하려는 시도는 지금까지 본 적이 없다. 언어학자들은 대개 신경과학에 발을 들여놓으려 하지 않는다. 일부 신경과학자들이 언어와 관련된 뇌 영역을 연구하긴 하지만, 뇌가 언어를 어떻게 만들고 이해하는지 자세히 설명하는 이론을 내놓지는 못했다.

언어가 다른 인지 능력과 기본적으로 차이가 있느냐 없느냐에 관한 논쟁도 계속되고 있다. 사람들은 언어를 우리가 하는 나머지 일과는 아주 다른 독특한 능력이라고 묘사한다. 만약 이 말이 사실이라면, 언어를 만들고 이해하는 뇌 부분은 나머지 부분과 겉모습부터 차이가 있어야 할 것이다. 이 점에 대해 신경과학은 모호한 입장을 보인다.

신피질에는 언어를 담당한다고 알려진 작은 영역이 두 군데 있다. 베르니케 영역Wernicke's area은 언어를 이해하는 일을, 브로카 영역Broca's area은 언어를 만드는 일을 담당한다고 알려져 있다. 이것은 다소 단순한 설명이다. 첫째, 이 영역들의 정확한 위치와 범위에 대해 이견이 있다. 둘째, 베르니케 영역과 브로카 영역의 기능은 언어의 이해와 생산으로 딱 떨어지게 구분되지 않는다. 서로 겹치는 부분이 약간 있다. 마지막으로 이것은 명백한 사실인데, 언어 기능은 오로지 신피질의 두 작은 영역이 전담하는 것이 아니다. 우리는 구어와 문어, 수화를 사용한다. 베르니케 영역과 브로카 영역은 감각기관에서 직접 입력을 받지 않기 때문에 언어의 이해는 청각 영역과 시각 영역에 의존하지 않을 수 없으며, 언어의 생산 역시 다른 운동 능력들에 의존해야 한다. 언어를 만들고 이해하는 데에는 신피질의 많은 영역이 필요하다. 베르니케 영역과 브로카 영역이 중요한 역할을 하는 것은 사실이지만, 오로지 이 두 영역만 언어를 만들고 이해하는 일을 전담하는 것은 아니다.

언어에 관해 한 가지 놀라운 사실은 베르니케 영역과 브로카 영역이 뇌의 좌반구에만 있다는 점인데, 이것은 언어가 나머지 인지 기능과 다를 수 있음을 암시한다. 그에 대응하는 우반구 지역은 언어에 관여하는 역할이 미미하다. 신피질이 담당하는 나머지 모든 일은 거의 다 뇌 양쪽 모두에서 일어난다. 언어의 이 독특한 비대칭성은 베르니케 영역과 브로카 영역에 뭔가 다른 것이 있음을 시사한다.

왜 언어 기능이 뇌의 좌반구에 편중되어 있느냐는 의문은 의외로 간단하게 설명할 수 있을지도 모른다. 한 가설에 따르면, 언어는 빠른 처리가 필요한데, 신피질의 나머지 부분들에 있는 신경세포들은 너무 느려서 언어를 처리할 수 없다고 한다. 베르니케 영역과 브로카 영역의 신경세포들은 신경 돌기를 둘러싸서 전기적 절연 기능이 있는 구조(말이집myelin이라고 부르는)가 있는데, 그 덕분에 더 빨리 작동하면서 언어 기능에 필요한 요구를 충족시킬 수 있다. 그 밖에도 나머지 신피질과 눈에 띄게 다른 점이 몇 가지 있다. 예를 들면, 언어 영역에 있는 시냅스의 수와 밀도는 우반구의 같은 지역에 비해 더 크다고 보고되었다. 하지만 시냅스가 더 많다고 해서 반드시 언어 영역이 다른 기능을 수행한다고 볼 수는 없다. 이 사실은 그저 이 영역들이 더 많은 것을 배우는 능력이 있음을 의미할 수 있다.

비록 약간의 차이는 있지만, 베르니케 영역과 브로카 영역의 해부학적 구조는 신피질의 나머지 부분과 비슷하다. 지금까지 밝혀진 사실에 따르면, 언어 영역은 다소 다르긴 하지만(아마도 미묘한 방식으로), 층들의 전체적 구조와 연결성과 세포의 종류는 신피질의 나머지 부분과 비슷하다. 따라서 인지와 지각을 담당하는 나머지 부분도 언어의 바탕을 이루는 메커니즘들 중 대부분을 공유하고 있을 가능성이 높다. 다른 증거가 없는 한, 이 사실을 우리의 잠정적인 가정으로 삼아야 한다. 그렇다면 다음 질문을 던질 수 있다. 기준틀을 만드는 것을 포함하여 피질 기둥이 모형을 만드는 능력은 어떻게 언어의 기반을 제공할까?

언어학자들에 따르면, 언어를 정의하는 한 가지 속성은 중첩 구조이다. 예를 들면, 문장은 구로 이루어져 있고, 구는 단어로 이루어져 있으며, 단어는 문자로 이루어져 있다. 규칙을 반복적으로 적용하는 능력인 재귀recursion도 언어를 정의하는 또 하나의 속성이다. 재귀는 문장을 거의 무한한 복잡성으로 구성할 수 있게 해준다. 예를 들면, "톰은 내게 커피를 더 달라고 했다"라는 단순한 문장은 "자동차 정비소에서 일하는 톰은 내게 커피를 더 달라고 했다"라는 문장으로 확장할 수 있다. 그리고 이 문장은 다시 "중고품 상점 옆에 있는 자동차 정비소에서 일하는 톰은 내게 커피를 더 달라고 했다"라는 문장으로 확장할 수 있다. 언어학에서 반복성의 정확한 의미는 논란이 되고 있지만, 그 일반적인 개념은 쉽게 이해할 수 있다. 문장은 구로 이루어질 수 있고, 구는 다시 다른 구로 이루어질 수 있으며, 그런 식으로 계속 이어진다. 중첩 구조와 재귀가 언어의 핵심 속성이라는 주장은 오래전부터 제기되었다.

하지만 중첩 구조와 재귀 구조는 언어만의 전유물은 아니다. 사실, 이 세상의 모든 것은 이런 식으로 구성되어 있다. 옆면에 누멘타 로고가 새겨진 내 커피 잔을 예로 들어보자. 커피 잔도 중첩 구조로 이루어져 있다. 커피 잔은 원통과 손잡이와 로고로 이루어져 있다. 로고는 그래픽과 단어로 이루어져 있다. 그래픽은 원과 선으로 이루어진 반면, '누멘타'라는 단어는 음절로 이루어져 있고, 음절 자체는 문자로 이루어져 있다. 사물도 재귀 구조를 가질 수 있다. 예를 들어 누멘타 로고에 커피 잔 그림이 포함되었다고 상상해 보라. 그 커피잔 그림에도 누멘타 로고가 새겨져 있는데, 그 로고에 다시 커피 잔 그림이 포함되어 있고, 같은 구조가 계속 반복된다.

우리는 연구 초기에 각각의 피질 기둥이 중첩 구조와 재귀 구조를 배울 수 있어야 한다는 사실을 깨달았다. 이것은 커피 잔 같은 물리적 대상의 구조를 배우거나 수학과 언어 같은 개념적 대상의 구조를 배우는 데 필요한 제약이었다. 우리가 만드는 이론은 어떤 것이라도 피질 기둥이 이 일을 어떻게 하는지 설명할 수 있어야 했다.

여러분이 과거의 어느 시점에 커피 잔이 어떻게 생겼는지 배웠고, 또 과거의 어느 시점에 누멘타 로고가 어떻게 생겼는지 배웠다고 상상해 보라. 하지만 그 로고가 새겨진 커피 잔은 지금까지 본 적이 없었다. 이제 나는 여러분에게 옆면에 그 로고가 새겨진 새 커피 잔을 보여준다. 여러분은 새로 결합된 이 대상을 금방 배울 수 있는데, 대개 한두 번 흘끗 쳐다보는 것만으로도 충분하다. 로고나 커피 잔을 다시 배울 필요가 없다는 사실에 주목하라. 우리가 커피 잔과 로고에 대해 아는 것은 모두 즉각 새로운 대상의 일부로 포함된다.

어떻게 이런 일이 일어날까? 피질 기둥 내에서 전에 배웠던 커피 잔은 하나의 기준틀로 정의된다. 전에 배웠던 로고 역시 하나의 기준틀로 정의된다. 로고가 새겨진 커피 잔을 배우기 위해 피질 기둥은 새로운 기준틀을 만드는데, 여기에 두 가지를 저장한다. 하나는 전에 배웠던 커피 잔으로 연결되는 링크이고, 또 하나는 전에 배웠던 로고로 연결되는 링크이다. 뇌는 시냅스를 몇 개 추가하는 것만으로 이 일을 아주 빨리 할 수 있다. 이것은 문서 파일에서 하이퍼링크를 사용하는 것과 비슷하다. 내가 에이브러햄 링컨에 관한 수필을 쓰면서 그가 게티즈버그 연설이라는 유명한 연설을 했다는 사실을 언급한다고 상상해 보자. '게티즈버그 연설'이란 단어를 전체 연설에 연결하는 링크로 전환함으로써 나는 이 연설의 모든 세부 내용을 일일이 타자할 필요 없이 내 수필의 일부로 포함시킬 수 있다.

앞에서 나는 피질 기둥이 기준틀의 위치들에 특질을 저장한다고 말했다. 여기서 '특질'이란 단어는 다소 모호하다. 이제 조금 더 정확한 단어를 사용하려고 한다. 피질 기둥은 자신이 아는 모든 대상에 대한 기준틀을 만든다. 그러고 나서 기준틀들에는 다른 기준틀들과 연결되는 링크들이 첨가된다. 뇌는 기준틀들이 덧붙여진 기준틀들을 사용해 세계 모형을 만든다. 저 밑에까지 계속 기준틀이 연결된 구조이다. 우리는 2019년에 발표한 '틀'에 관한 논문에서 신경세포가 어떻게 이 일을 하는지 설명하는 가설을 제안했다.

우리가 신피질이 하는 모든 일을 완전히 이해하려면 아직도 가야 할 길이 멀다. 하지만 우리가 아는 한, 모든 피질 기둥이 기준틀을 사용해 대상의 모형을 만든다는 개념은 언어의 필요와 딱 맞아떨어진다. 아마도 길을 더 가다 보면, 특별한 언어 회로가 필요하다는 사실을 발견할지 모른다. 하지만 지금 당장은 그렇지 않다.

전문성

지금까지 나는 기준틀의 네 가지 용도를 소개했다. 하나는 오래된 뇌에서, 셋은 신피질에서 쓰인다. 오래된 뇌의 기준틀은 주변 환경의 지도를 배운다. 신피질의 무엇 기둥에 있는 기준틀은 물리적 대상의 지도를 배운다. 신피질의 어디 기둥에 있는 기준틀은 몸 주변 공간의 지도를 배운다. 그리고 마지막으로 신피질의 비감각 기둥에 있는 기준틀은 개념의 지도를 배운다.

어떤 영역에서 전문가가 되려면, 훌륭한 기준틀, 즉 훌륭한 지도를 가져야 한다. 동일한 물리적 대상을 관찰하는 두 사람은 비슷한 지도를 가질 가능성이 높다. 예를 들면, 동일한 의자를 관찰하는 두 사람의 뇌가 그 특질을 서로 다르게 배열하는 상황은 상상하기 어렵다. 하지만 개념에 대해 생각할 때에는 동일한 사실을 가지고 시작한 두 사람이 서로 다른 기준틀을 갖게 되는 결과가 나올 수 있다. 역사적 사실들의 목록 사례를 생각해 보라. 한 사람은 사실들을 연대순으로 배열하고, 다른 사람은 사실들을 지도 위에 배열할 수 있다. 이렇게 동일한 사실이 서로 다른 모형과 서로 다른 세계관을 낳을 수 있다.

전문가가 되려면 무엇보다도 사실들과 관찰들을 배열하는 데 쓸 훌륭한 기준틀을 발견하는 것이 관건이다. 알베르트 아인슈타인 Albert Einstein은 동시대 사람들과 동일한 사실을 가지고 시작했다. 하지만 그것들을 배열하기에 더 나은 방법, 즉 더 나은 기준틀을 발견했고, 그럼으로써 놀라운 예측을 할 수 있었다. 아인슈타인의 특수 상대성 이론 발견에서 아주 흥미로운 사실은, 발견을 이루는 데 사용한 기준틀이 일상 속의 물체였다는 점이다. 아인슈타인은 기차와 사람과 손전등에 대해 생각했다. 아인슈타인은 빛의 절대 속도처럼 다른 과학자들이 한 경험적 관찰 사실에서 시작해, 일상적인 기준틀을 사용해 특수 상대성 이론의 방정식들을 추론했다. 이 때문에 거의 누구나 다 그의 논리를 따라가면서 그 발견을 이룬 과정을 이해할 수 있다. 이와는 대조적으로 일반 상대성 이론은 일상적인 대상들과 쉽게 연관 지을 수 없는 장 방정식이라는 수학적 개념을 바탕으로 한 기준틀이 필요했다. 대다수 사람들과 마찬가지로 아인슈타인도 일반 상대성 이론이 이해하기가 훨씬 어려웠다.

1978년에 마운트캐슬이 모든 지각과 인지의 바탕에는 공통의 알고리듬이 있다고 제안했을 때, 어떤 알고리듬이 그 조건을 충족시킬 만큼 충분히 강력하고 일반적인지 상상하기 어려웠다. 기본 감각 지각에서부터 가장 수준 높고 존경받는 형태의 지적 능력에 이르기까지 우리가 지능이라고 생각하는 모든 것을 설명할 수 있는 단일 과정은 상상하기 어려웠다. 지금 내게는 공통의 피질 알고리듬이 기준틀을 바탕으로 한다는 사실이 너무나도 명백해 보인다. 기준틀은 세계의 구조와 사물들이 있는 위치와 사물들이 움직이고 변하는 방식을 배우는 기반을 제공한다. 기준틀은 우리가 직접 감지할 수 있는 물리적 대상뿐만 아니라, 우리가 보거나 만질 수 없는 대상과 심지어 물리적 형태가 없는 개념에 대해서도 똑같은 일을 할 수 있다.

우리 뇌에는 피질 기둥이 약 15만 개 있다. 각각의 피질 기둥은 학습 기계이다. 각각의 피질 기둥은 시간이 지남에 따라 입력이 어떻게 변하는지 관찰함으로써 입력에 대한 예측 모형을 배운다. 피질 기둥은 자신이 무엇을 배우는지 모른다. 자신의 모형이 나타내는 것이 무엇인지도 모른다. 전체 과정과 그 결과로 만들어지는 모형은 기준틀을 기반으로 한다. 뇌의 작용 방식을 제대로 이해할 수 있는 기준틀은 바로 기준틀이다.

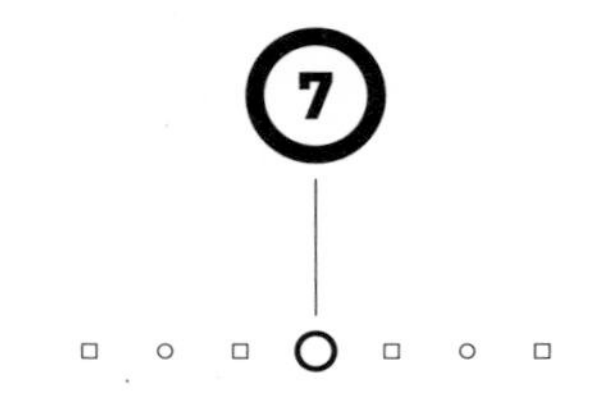

지능에 관한 천 개의 뇌 이론

시작부터 누멘타의 목표는 신피질의 작용 방식을 설명할 광범위한 이론을 만드는 것이었다. 신경과학자들은 매년 뇌의 온갖 세부 내용에 관해 수천 편의 논문을 발표했지만, 모든 세부 내용을 통합할 체계적 이론이 부족했다. 처음에 우리는 단 하나의 피질 기둥을 이해하는 데 초점을 맞추기로 했다. 우리는 피질 기둥이 물리적으로 복잡하며, 따라서 뭔가 복잡한 일을 한다는 사실을 알고 있었다. 만약 하나의 피질 기둥이 무슨 일을 하는지 모른다면, 2장에서 보여주었듯이 피질 기둥들이 왜 다소 위계적 방식으로 서로 연결되어 있느냐고 묻는 것은 쓸데없는 질문이다. 그것은 사람들에 대해 아는 것이 아무것도 없는 상태에서 사회가 어떻게 돌아가느냐고 묻는 것과 같다.

이제 우리는 피질 기둥이 무슨 일을 하는지 많은 것을 안다. 우리는 각각의 피질 기둥이 감각-운동 체계라는 사실을 안다. 우리는 각각의 피질 기둥이 수백 개 대상의 모형을 배울 수 있고, 모형들이 기준틀을 바탕으로 만들어진다는 사실을 안다. 일단 피질 기둥이 이런 일들을 한다는 사실을 알고 나자, 신피질 전체가 전에 생각한 것과 다르게 작용한다는 사실이 명백해졌다. 우리는 이 새로운 관점을 지능에 관한 천 개의 뇌 이론the Thousand Brains Theory of Intelligence이라고 부른다. 천 개의 뇌 이론이 무엇인지 설명하기 전에 이것이 어떤 이론을 대체하는지 알면 이해하는 데 큰 도움이 된다.

신피질에 관한 기존의 견해

오늘날 신피질을 바라보는 가장 보편적인 방법은 신피질이 플로차트와 같다고 보는 것이다. 감각에서 온 정보가 신피질의 한 영역에서 다음 영역으로 지나가면서 단계별로 처리된다. 과학자들은 이것을 특질 탐지기 위계hierarchy of feature detectors라고 부른다. 이것은 주로 시각을 설명할 때 적용되는데, 그 과정은 다음과 같다. 망막의 각 세포는 상의 작은 부분에 있는 빛의 존재를 탐지한다. 이 입력을 받는 신피질의 첫 번째 영역을 V1 영역이라고 부른다. V1 영역의 각 신경세포는 망막 중 작은 부분에서 오는 입력만 받는다. 그것은 마치 빨대를 통해 세계를 바라보는 것과 같다.

이 사실들은 V1 영역의 피질 기둥들이 완전한 대상을 인식하지 못한다는 것을 시사한다. 따라서 V1의 역할은 상의 국지적 부분에 있는 선이나 가장자리 같은 작은 시각적 특질을 탐지하는 것에 국한된다. 그다음에는 V1의 신경세포들이 이 특질을 신피질의 다른 영역들로 전달한다. 다음번 시각 영역인 V2는 V1 영역에서 온 단순한 특질들을 결합해 모퉁이나 호처럼 더 복잡한 특질로 만든다. 이 과정은 또 다른 두 영역에서 두 번 더 반복된 뒤에 마침내 신경세포들이 완전한 대상에 반응한다. 촉각이나 청각에서도 비슷한 과정—단순한 특질에서 복잡한 특질로, 그리고 거기서 다시 완전한 대상으로 변하는—이 일어난다고 상정된다. 이렇게 신피질을 특질 탐지기 위계로 보는 견해는 50여 년 동안 주류 이론으로 통해왔다.

이 이론의 가장 큰 문제점은 시각을 사진을 찍는 것처럼 정적인 과정으로 간주한다는 데 있다. 하지만 시각은 그렇지 않다. 우리 눈은 매초 약 세 번씩 신속 눈 운동을 한다. 신속 눈 운동이 일어날 때마다 눈에서 뇌로 전달되는 입력이 완전히 변한다. 시각적 입력은 우리가 앞으로 걸어가거나 머리를 좌우로 돌릴 때에도 변한다. 특질 탐지기 위계 이론은 이러한 변화를 무시한다. 이 이론은 시각을 마치 한 번에 한 장씩 사진을 찍고 거기에 꼬리표를 붙이는 것을 목표로 하는 과정처럼 간주한다. 하지만 무심한 관찰만으로도 시각은 움직임에 종속적인 상호 작용 과정이라는 사실을 알 수 있다. 예를 들면, 새로운 대상이 어떻게 생겼는지 배우려고 할 때 우리는 그것을 손으로 만져보고, 여러 각도에서 어떻게 보이는지 알기 위해 이리저리 돌려본다. 오직 움직임을 통해서만 우리는 어떤 대상의 모형을 배울 수 있다.

많은 사람이 시각의 역동적 측면을 무시한 한 가지 이유는 화면에 잠깐 비치는 사진처럼 우리가 가끔 눈을 움직이지 않고도 이미지를 인식하는 경우가 있기 때문이다. 하지만 그런 경우는 규칙이 아니라 예외에 속한다. 정상적인 시각은 정적인 과정이 아니라 활동적인 감각-운동 과정이다.

촉각과 청각의 경우, 움직임의 필수적 역할이 더욱 명백하게 드러난다. 만약 누가 어떤 물체를 내가 편 손에 올려놓는다면, 나는 손가락을 움직이기 전에는 그것이 무엇인지 알 수 없다. 마찬가지로 청각 역시 항상 역동적이다. 말로 발음하는 단어처럼 청각적 대상은 시간이 지남에 따라 변하는 소리로 정의되지만, 그것을 들을 때 우리는 머리를 움직임으로써 귀에 들리는 것을 능동적으로 변형한다. 특질 탐지기 위계 이론이 촉각이나 청각에도 적용되는지는 분명치 않다. 시각의 경우에는 적어도 뇌가 사진 같은 상을 처리한다고 상상할 수 있지만, 촉각과 청각의 경우에는 그것에 대응하는 것이 없다.

특질 탐지기 위계 이론을 수정할 필요가 있음을 시사하는 관찰 사실은 이것 말고도 많다. 그중 몇 가지를 아래에 소개하는데, 모두 시각에 관련된 것이다.

- 시각을 담당하는 첫 번째 영역과 두 번째 영역인 V1과 V2는 사람의 신피질에서 가장 큰 영역들에 속한다. 이것들은 완전한 대상을 인식하는 다른 시각 영역에 비해 상당히 크다. 왜 작은 특질을 탐지하는 영역(그 수가 제한적인)이 완전한 대상을 인식하는 영역(그 수가 많은)보다 뇌에서 더 큰 부분을 차지할까? 생쥐 같은 일부 포유류에서는 이 불균형이 더 심하게 나타난다. 생쥐의 V1 영역은 전체 신피질 중 상당히 큰 부분을 차지한다. 이에 비해 생쥐의 다른 시각 영역들은 아주 작다. 그래서 생쥐의 시

각 중 거의 전부가 V1 영역에서 일어나는 것처럼 보인다.

- V1의 특질 탐지 신경세포는 연구자들이 마취된 동물의 눈앞에 상을 비추면서 V1 영역에 있는 신경세포들의 활동을 기록할 때 발견되었다. 그들은 상의 작은 부분에 있는 가장자리처럼 단순한 특질에 활성화되는 신경세포들을 발견했다. 그 신경세포들은 작은 영역의 단순한 특질에만 반응했기 때문에, 연구자들은 완전한 물체는 다른 곳에서 인식될 것이라고 가정했다. 이 연구로부터 특질 탐지기 위계 모형이 나왔다. 하지만 이 실험들에서 V1의 신경세포들 중 대부분은 명백한 것에 반응하지 않았다. 신경세포들은 때때로 극파를 발화하거나, 한동안 계속 극파를 발화하다가 멈추기도 했다. 대다수 신경세포는 특질 탐지기 위계 이론으로 설명할 수 없었고, 그래서 대개 무시되었다. 하지만 V1에서 설명되지 않은 모든 신경세포는 특질 탐지 외에 뭔가 중요한 일을 하고 있는 것이 분명하다.
- 눈이 신속 눈 운동을 하면서 한 고정점에서 다른 고정점으로 움직일 때, V1과 V2 영역의 일부 신경세포는 놀라운 일을 한다. 이 신경세포들은 눈이 움직임을 멈추기도 전에 무엇을 보게 될지 아는 것처럼 보인다. 이 신경세포들은 마치 새로운 입력을 보는 것처럼 활성화되지만, 아직 입력은 도착하지도 않았다. 이 사실을 발견한 과학자들은 크게 놀랐다. 이것은 V1과 V2 영역의 신경세포들이 대상의 작은 부분만이 아니라 전체 대상에 대한 지식에 접근했음을 암시했기 때문이다.
- 망막 중심에는 주변부보다 광수용기光受容器가 더 많다. 눈을 카

메라로 생각한다면, 그것은 극심한 어안 렌즈(피사체의 원근감을 극도로 왜곡하는 광각 렌즈—옮긴이)가 달린 카메라이다. 망막에는 광수용기가 전혀 없는 곳도 있는데, 예컨대 시신경이 눈에서 나가는 곳이자 혈관이 망막을 지나가는 곳인 맹점이 그렇다. 그 결과로 신피질에 도달하는 입력은 사진과 같은 것이 아니다. 그것은 상의 조각들이 누비이불처럼 합쳐져 크게 왜곡되고 불완전한 상이다. 하지만 우리는 왜곡된 곳과 누락된 부분을 알지 못한다. 우리가 지각하는 세계는 균일하고 완전하다. 특질 탐지기 위계 이론은 이런 일이 어떻게 일어나는지 설명하지 못한다. 이 문제를 결합 문제binding problem 또는 감지기-융합 문제sensor-fusion problem라고 부른다. 더 일반적으로, 결합 문제는 온갖 종류의 왜곡을 포함한 채 신피질 전체에 분산된, 서로 다른 감각에서 온 입력들이 어떻게 결합되어 우리가 경험하는 왜곡 없는 단일 지각을 만드는지 묻는다.

- 1장에서 지적했듯이, 신피질 영역들 사이의 연결 중 일부는 단계별 플로차트처럼 위계가 있는 듯이 보이지만, 대다수는 그렇지 않다. 예를 들면, 저수준 시각 영역과 저수준 촉각 영역을 잇는 연결이 있다. 이 연결들은 특질 탐지기 위계 이론으로는 설명되지 않는다.
- 특질 탐지기 위계 이론은 신피질이 상을 어떻게 인식하는지 설명할 수 있다 하더라도, 우리가 대상의 3차원 구조를 어떻게 배우는지, 어떻게 대상이 다른 대상들로 이루어져 있는지, 대상이 시간이 지나면서 어떻게 변하고 행동하는지에 대해 아무

런 통찰을 주지 못한다. 또 대상을 회전시키거나 왜곡할 때 그 것이 어떻게 보일지 우리가 상상하는 능력을 특질 탐지기 위계 이론은 설명하지 못한다.

이 모든 모순과 단점을 감안하면, 특질 탐지기 위계 이론이 왜 아직도 널리 주장되고 있는지 의아할 것이다. 거기에는 여러 이유가 있다. 첫째, 이 이론은 많은 데이터와 맞아떨어지며, 특히 오래전에 얻은 데이터와 잘 맞아떨어진다. 둘째, 이 이론의 문제점은 시간이 지나면서 서서히 축적되었기 때문에, 새로운 문제가 나타날 때마다 사소한 것으로 무시하기가 쉬웠다. 셋째, 이 이론은 지금 현재 우리가 가진 것 중 최선의 이론인데, 대체할 만한 이론이 마땅히 없는 상황에서는 계속 여기에 매달릴 수밖에 없다. 마지막으로, 잠시 후에 보여주겠지만, 이 이론이 완전히 틀린 것은 아니다. 단지 대대적인 수정이 필요할 뿐이다.

신피질에 대한 새로운 견해

피질 기둥에 기준틀이 있다는 우리의 주장은 신피질의 작용 방식에 대해 완전히 다른 사고방식을 시사한다. 이것은 심지어 저수준 감각 영역에 있는 피질 기둥까지 포함해 모든 피질 기둥이 완전한 대상을 배우고 인식할 능력이 있다고 말한다. 대상에서 작은 부분만 감지할 수 있는 피질 기둥이 시간이 지나는 동안 자신의 입력을 통합함으로써 전체 대상의 모형을 배울 수 있다. 이것은 여러분과 내가 각각의 장소를 차례로 방문함으로써 새로운 도시 전체를 배우는 것과 같은 방식이다. 따라서 대상의 모형을 배우는 데 피질 영역들의 위계가 꼭 필요한 것은 아니다. 우리 이론은 대개 한 가지 수준의 시각계만 가진 생쥐가 어떻게 세계 속의 대상들을 보고 인식할 수 있는지 설명한다.

신피질은 특정 대상의 모형을 많이 만든다. 그 모형들은 제각각 다른 피질 기둥에 존재한다. 이것들은 똑같지 않지만 서로 보완적이다. 예를 들면, 손가락 끝에서 촉각 입력을 받는 피질 기둥은 휴대전화 모형을 배울 수 있는데, 그 모형에는 그 모양과 표면의 질감과 누를 때 버튼이 움직이는 방식 등이 포함된다. 망막에서 시각 입력을 받는 피질 기둥은 휴대전화 모형을 배울 수 있는데, 그 모형에는 그 모양이 포함되지만, 손가락 끝에서 입력을 받는 피질 기둥과 달리 휴대전화 각 부분의 색과 사용할 때 화면에서 시각적 아이콘이 변하는 방식도 포함된다. 시각 피질 기둥은 전원 스위치의 멈춤쇠를 배울 수 없으며, 촉각 피질 기둥은 화면에서 아이콘이 변하는 방식을 배울 수 없다.

한 피질 기둥이 세계 속에 존재하는 모든 대상의 모형을 배울 수는 없다. 그것은 불가능하다. 무엇보다도 한 피질 기둥이 배울 수 있는 대상의 수에는 물리적 한계가 있다. 우리는 아직 그 능력이 어느 정도인지 모르지만, 우리의 시뮬레이션 결과에 따르면 한 피질 기둥이 복잡한 물체 수백 개를 배울 능력이 있다. 이것은 우리가 아는 사물의 수에 비하면 아주 적다. 또 피질 기둥이 배우는 것은 받는 입력에 제약을 받는다. 예를 들면, 촉각 피질 기둥은 구름 모형을 배울 수 없고, 시각 피질 기둥은 멜로디를 배울 수 없다.

시각 같은 단 하나의 감각 양상 내에서도 피질 기둥은 각각 다른 종류의 입력을 받아 서로 다른 종류의 모형을 배울 수 있다. 예를 들면, 모든 색으로 입력을 받는 시각 피질 기둥이 있는가 하면, 흑백으로 입력을 받는 시각 피질 기둥도 있다. 또 다른 예를 들면, V1과 V2 영역에 있는 피질 기둥은 모두 망막에서 입력을 받는다. V1의 한 피질 기둥은 망막 중 아주 작은 부분에서 오는 입력을 받기 때문에 마치 아주 좁은 빨대를 통해 세계를 바라보는 것과 같다. V2의 한 피질 기둥은 망막 중 좀 더 넓은 부분에서 오는 입력을 받기 때문에 더 넓은 빨대를 통해 세계를 바라보는 셈이지만, 그 상은 더 흐릿하다. 이번에는 읽을 수 있는 가장 작은 폰트로 인쇄된 텍스트를 바라본다고 상상해 보라. 우리의 이론은 V1 영역에 있는 피질 기둥만이 가장 작은 폰트의 문자와 단어를 알아볼 수 있다고 시사한다. V2 영역에 있는 피질 기둥이 보는 상은 너무 흐릿하다. 폰트 크기를 키우면, V2와 V1 영역 모두 텍스트를 인식할 수 있다. 만약 폰트 크기가 더 커지면, V1이 그것을 인식하기가 더 힘들어지지만, V2는 여전히 아무 문제 없이 인식할 수 있다. 따라서 V1과 V2 영역에 있는 피질 기둥들은 둘 다 문자나 단어 같은 대상의 모형을 배울 수 있지만, 그 모형들은 크기에서 차이가 난다.

뇌에서 지식은 어디에 저장되는가?

뇌에서 지식은 분산되어 있다. 우리가 아는 지식 중에서 한 세포나

한 피질 기둥처럼 한 장소에 저장된 것은 하나도 없다. 홀로그램처럼 모든 곳에 저장되는 경우도 없다. 어떤 것에 대한 지식은 수천 개의 피질 기둥에 분산되어 있지만, 이것은 모든 피질 기둥의 작은 부분 집합에 지나지 않는다.

커피 잔을 다시 생각해 보라. 커피 잔에 대한 지식은 뇌에서 어디에 저장되어 있을까? 망막에서 입력을 받는 시각 영역에는 많은 피질 기둥이 있다. 커피잔의 일부를 보는 각각의 피질 기둥은 커피 잔 모형을 배우고 그것을 인식하려고 노력한다. 이와 비슷하게, 만약 우리가 손으로 커피 잔을 잡으면, 신피질 중 촉각 영역에서 수십 개 내지 수백 개의 모형이 활성화된다. 단일 커피 잔 모형은 존재하지 않는다. 우리가 커피 잔에 대해 아는 것은 수천 개의 피질 기둥에 수천 개의 모형으로 존재하는데, 수천 개는 신피질의 전체 피질 기둥 중 아주 작은 일부에 불과하다. 우리가 이 이론을 천 개의 뇌 이론이라고 부르는 이유는 이 때문인데, 특정 항목에 관한 지식은 수천 개의 보완적 모형에 분산되어 있다.

비유를 들어 생각해 보자. 수십만 명의 시민이 사는 도시가 있다. 이 도시에는 각 가정에 깨끗한 물을 공급하기 위해 수도관과 펌프, 수조, 여과 장치가 설치되어 있다. 상수도 체계가 원활하게 작동하려면 보수와 유지가 필요하다. 상수도 체계를 보수·유지하는 데 필요한 지식은 어디에 있을까? 그 지식을 단 한 사람만 아는 것은 현명한 일이 아니고, 모든 시민이 아는 것은 비실용적이다. 해결책은 그 지식을 많은 사람에게 분산하되, 너무 많은 사람에게 분산하지 않는 것이다. 이 경우에 수도국 직원이 50명이라고 하자. 이 비유를 계속 이어 간다면, 상수도 체계가 모두 100개의 요소로 이루어져 있다고 가정하자. 즉, 펌프와 밸브, 수조 같은 요소가 100개가 있다고 하자. 그리고 수도국 직원 50명은 각자 20개 요소를 보수하고 유지하는 방법을 안다고 가정하자. 각자가 아는 20개 요소는 서로 다르지만, 서로 겹치는 것도 있다.

자, 그렇다면 상수도 체계의 지식은 어디에 저장되어 있는가? 100개 요소 중 각각의 요소에 대한 지식을 아는 사람은 약 10명이다. 만약 어느 날 직원 중 절반이 병가를 낸다면, 그래도 특정 요소를 처리할 수 있는 사람이 5명은 있을 것이다. 각 직원은 아무 감독도 받지 않는 상태에서 혼자서 전체 상수도 체계 중 20%를 보수하고 유지할 수 있다. 상수도 체계를 보수하고 유지하는 방법에 관한 지식은 전체 시민 중 소수에 분산되어 있고, 이 지식은 직원 중 상당수가 없더라도 지장이 없을 만큼 튼튼하다.

수도국에는 통제의 위계가 어느 정도 필요하겠지만, 자율성을 저해하거나 어떤 지식을 한두 사람에게만 할당하는 것은 현명하지 못하다. 복잡한 시스템은 지식과 권한이 많은 요소에, 하지만 너무 많지는 않은 요소에 분산되어 있을 때 가장 효율적으로 돌아간다.

뇌에서도 모든 것이 바로 이런 방식으로 돌아간다. 예를 들면, 한 시냅스에만 의존하는 신경세포는 없다. 그 대신에 어떤 패턴을 인식하는 데 30여 개의 시냅스를 사용할 수 있다. 그중 10여 개가 실패하더라도, 신경세포는 여전히 그 패턴을 인식할 수 있다. 신경세포망은 단 하나의 신경세포에 의존하지 않는다. 우리가 만든 시뮬레이션 신경세포망은 신경세포 중 30%를 잃더라도 전체 수행 능력에 미치는 영향이 미미하다. 이와 비슷하게, 신피질은 어느 한 피질 기둥에 의존하지 않는다. 설령 뇌졸중이나 외상으로 수천 개의 피질 기둥이 손상되더라도, 뇌는 큰 문제 없이 계속 작동한다.

따라서 뇌가 어떤 것의 한 가지 모형에 의존하지 않는다고 해서 놀랄 이유가 없다. 어떤 것에 대한 우리의 지식은 수천 개의 피질 기둥에 분산되어 있다. 피질 기둥은 중복적이지 않으며, 서로 정확하게 똑같지 않다. 무엇보다 중요한 것은 수도국의 각 직원이 독립적으로 상수도 인프라 중 일정 부분을 보수·유지할 수 있는 것과 마찬가지로 각 피질 기둥이 완전한 감각-운동 체계라는 점이다.

결합 문제의 해결책

만약 우리에게 수천 개의 모형이 있다면, 왜 우리는 단일 지각을 경험할까? 커피 잔을 들고 바라볼 때, 왜 커피 잔은 수천 가지가 아니라 단 하나의 대상으로 느껴질까? 커피 잔을 식탁 위에 놓으면 소리가 나는데, 그 소리는 어떻게 커피 잔의 상과 촉감과 합쳐질까? 달리 표현하면, 우리의 감각 입력은 어떻게 하나의 지각체로 결합될까? 과학자들은 신피질에 들어오는 다양한 입력이 뇌에서 커피 잔 같은 대상이 지각되는 단일 장소로 수렴해야 한다고 오랫동안 가정해 왔다. 이 가정은 특질 탐지기 위계 이론의 일부이다. 하지만 신피질의 연결들은 이런 모습을 보이지 않는다. 연결들은 한 장소로 수렴하는 대신에 모든 방향으로 뻗어 간다. 이것은 결합 문제가 수수께끼로 간주되는 한 가지 이유이지만, 우리는 그 답을 제안했는데,

바로 피질 기둥들이 투표를 한다는 것이다. 우리가 느끼는 지각은 피질 기둥이 투표를 통해 이룬 합의의 결과이다.

종이 지도 비유로 다시 돌아가 보자. 도시마다 제각각 다른 지도가 있었다는 사실을 떠올려보라. 그리고 지도들을 작은 사각형들로 잘라서 섞었다. 미지의 장소에 떨어진 당신의 눈에 커피숍이 보인다. 그것과 비슷한 커피숍이 여러 지도 사각형에 나타난다면, 지금 있는 곳이 정확히 어디인지 파악하기 어렵다. 만약 그것과 비슷한 커피숍이 네 도시에 있다면, 자신이 네 도시 중 한 곳에 있다는 것은 알겠지만 정확하게 어느 도시인지는 알 수 없다.

이번에는 당신과 같은 사람이 네 명 더 있다고 가정해 보자. 이들도 모두 도시 지도들을 갖고 있고, 당신과 같은 도시이기는 하지만 임의의 다른 장소에 떨어졌다. 당신처럼 이들도 자신이 어느 도시의 어느 지점에 있는지 모른다. 이들은 눈가리개를 벗고 주변을 둘러본다. 한 사람은 도서관을 보고서 지도 사각형들을 훑어본 뒤에 여섯 도시에 도서관이 있다는 사실을 확인한다. 또 다른 사람의 눈에는 장미 정원이 보이는데, 장미 정원은 세 도시에 있다. 나머지 두 사람도 비슷한 경험을 한다. 어느 누구도 자신이 어느 도시에 있는지 모르지만, 이들은 모두 가능한 도시 후보 목록을 갖고 있다. 마침 5명 모두 자신이 있을 가능성이 있는 도시와 위치 목록을 알려주는 앱을 휴대전화에 갖고 있다. 그리고 5명 모두 다른 사람의 목록에 접근할 수 있다. 모든 사람의 목록에 포함된 도시는 9번 도시뿐이다. 따라서 이제 모두 자신이 있는 도시가 9번이라는 사실을 안다. 가능성이 있는 도시 목록을 비교하고, 모두의 목록에 있는 도시에 주목함으로써 모두 즉각 자신이 있는 곳이 어디인지 안다. 우리는 이 과정을 투표라고 부른다.

이 예에서 다섯 사람은 어떤 대상에서 서로 다른 위치를 만지는 다섯 손가락과 같다. 각각의 손가락 혼자만으로는 무엇을 만지는지 알 수 없지만, 다섯 손가락이 정보를 합치면 알 수 있다. 만약 어떤 물체를 한 손가락으로만 만진다면, 그 물체의 정체를 파악하기 위해 손가락을 더 움직여야 한다. 하지만 만약 손 전체로 그 물체를 붙잡는다면, 대개 그 물체의 정체를 즉각 알 수 있다. 거의 모든 경우에 다섯 손가락을 사용하면 한 손가락을 사용할 때보다 움직임이 덜 필요하다. 이와 비슷하게 빨대를 통해 어떤 대상을 바라본다면, 그 물체를 인식하기 위해 빨대를 이리저리 움직여야 한다. 하지만 눈 전체로 본다면, 대개는 움직이지 않고도 그 물체를 파악할 수 있다.

이 비유를 더 이어가 보자. 한 도시에 떨어진 다섯 사람 중에서 오직 한 명만 소리를 들을 수 있다고 상상해 보자. 그 사람의 지도 사각형들에는 각 위치에서 들을 수 있는 소리가 표시되어 있다. 분수 소리나 나무 위의 새 소리나 술집에서 흘러나오는 음악 소리가 들리면, 이 소리가 들릴 수 있는 지도 사각형을 찾으면 된다. 이와 비슷하게 두 사람만이 사물을 만져 촉감을 느낄 수 있다고 하자. 이들의 지도에는 각 위치에서 느낄 수 있는 촉감이 표시되어 있다. 마지막으로 두 사람만이 주변을 볼 수 있다. 이들의 지도 사각형에는 각 위치에서 볼 수 있는 것들이 표시되어 있다. 정리하면, 지금 여기에는 세 종류의 감각(시각, 촉각, 청각)을 가진 다섯 사람이 있다. 다섯 사람은 모두 뭔가를 감지하지만, 자신이 어디에 있는지 알 수 없어서 투표를 하기로 한다. 투표 메커니즘은 앞에서 설명한 것과 똑같이 진행된다. 이들은 오직 자신들이 어떤 도시에 있는지만 결정하면 된다. 나머지 세부 사실은 전혀 중요하지 않다. 투표는 감각 양상들을 아우르며 진행된다.

다른 사람에 대해서는 알 필요가 없다는 점에 주목하라. 당신은 그들이 어떤 감각을 가졌는지, 혹은 지도를 얼마나 많이 가졌는지 알 필요가 없다. 그들의 지도가 당신의 지도보다 사각형이 더 많은지 적은지, 혹은 그 사각형들이 더 넓은 지역을 나타내는지 더 좁은 지역을 나타내는지도 알 필요가 없다. 그들이 어떻게 움직이는지도 알 필요가 없다. 어떤 사람은 사각형들을 건너뛰면서 갈 수도 있고, 어떤 사람은 대각선 방향으로 움직일 수도 있다. 이런 세부 사실들은 전혀 중요하지 않다. 유일한 필요조건은 모두가 가능한 도시들의 목록을 공유하는 것이다. 피질 기둥들 사이에서 일어나는 투표는 결합 문제를 해결한다. 투표를 통해 뇌는 수많은 종류의 감각 입력을 합쳐 현재 감지되는 것을 대표하는 단일 지각체로 만들 수 있다.

투표에는 고려해야 할 요소가 하나 더 있다. 어떤 물체를 손으로 붙잡을 때, 우리는 손가락을 대표하는 촉각 피질 기둥들이 또 다른 종류의 정보를 공유한다고 생각한다. 그 정보는 바로 서로에 대한 상대적 위치인데, 이 정보 덕분에 만지는 것이 무엇인지 추측하기가 더 쉬워진다. 우리의 탐험가 다섯 사람이 미지의 도시에 떨어졌다고 상상해 보자. 이들은 많은 도시에 존재하는 다섯 가지(예컨대 커피숍 두 곳, 도서관, 공원, 분수)를 볼 가능성이 매우 높다. 투표는 가능성이 있는 도시들 중에서 이 특징들을 모두 갖추지 않은 도시들을 배제할 것이다. 하지만 그래도 탐험가들은 자신이 있는 도시가 어디인지 확신할 수 없는데, 다섯 가지 특징을 갖춘 도시가 여러 개 있기 때문이다. 하지만 만약 다섯 탐험가가 서로에 대한 상대적 위치를 안다면, 다섯 가지 특징이 바로 그 특정 배열 형태로 늘어서 있지 않은 도시들을 배제할 수 있다. 우리는 상대적 위치에 대한 정보 역시 일부 피질 기둥들 사이에서 공유될 것이라고 추측한다.

뇌에서 투표는 어떻게 일어날까?

한 피질 기둥에서 대부분의 연결은 층들 사이에서 위아래로 뻗어 있고 대체로 기둥의 경계 안에 머문다고 했던 이야기를 기억하는가? 그런데 잘 알려진 예외가 몇 가지 있다. 일부 층의 세포들은 신피질 내에서 멀리까지 축삭이 뻗어 있다. 어떤 신경세포의 축삭은 뇌의 한쪽 끝에서 반대쪽 끝까지, 예컨대 왼손과 오른손을 대표하는 영역들 사이에 걸쳐 뻗어 있다. 혹은 1차 시각 영역인 V1에서 1차 청각 영역인 A1까지 뻗어 있는 경우도 있다. 우리는 장거리 연결을 하는 이 세포들이 투표를 한다고 주장한다.

특정 세포만이 투표를 한다는 것은 충분히 일리가 있다. 한 피질 기둥에 있는 세포들 대부분은 피질 기둥이 투표를 할 수 있는 종류의 정보를 대표하지 않는다. 예를 들면, 한 피질 기둥에 들어오는 감각 입력은 다른 피질 기둥에 들어오는 감각 입력과 다르며, 따라서 이 입력들을 받는 세포들은 다른 피질 기둥으로 길게 뻗지 않는다. 하지만 감지되는 대상의 정체를 대표하는 세포는 투표를 할 수 있고, 다른 피질 기둥으로 길게 뻗는다.

피질 기둥이 투표를 어떻게 하는지 기술하는 기본 개념은 복잡하지 않다. 피질 기둥은 장거리 연결을 사용해 자신이 관찰하는 것이 무엇이라고 생각하는지 방송한다. 피질 기둥은 확신을 하지 못하는 경우가 많은데, 그럴 때면 그 신경세포들이 동시에 여러 가지 가능성을 내보낸다. 그와 동시에 이 피질 기둥에 다른 피질 기둥들로부터 그 추측을 나타내는 축삭이 뻗어 있다. 지지를 많이 받는 추측이 지지를 적게 받는 추측을 억눌러 전체 네트워크가 하나의 답에 이르게 된다. 놀랍게도 한 피질 기둥이 자신의 표를 나머지 모든 피질 기둥에 보내지 않아도 된다. 장거리 축삭이 다른 피질 기둥들 중에서 무작위로 선택된 작은 부분집합과 연결되더라도 투표 메커니즘은 잘 작동한다. 투표는 또한 학습 단계가 필요하다. 우리는 발표한 논문들에서 학습이 어떻게 일어나고, 투표가 어떻게 빨리 그리고 신뢰할 수 있게 일어나는지 보여주는 소프트웨어 시뮬레이션을 소개했다.

지각의 안정성

피질 기둥의 투표는 뇌의 또 다른 수수께끼에 답을 제시한다. 뇌로 오는 입력들이 변하는데도 우리가 지각하는 세계는 왜 안정적으로 보일까? 우리 눈이 신속 눈 운동을 할 때, 신피질에 들어오는 입력은 눈이 움직일 때마다 변하고, 따라서 활성화된 신경세포들도 변해야 한다. 그런데도 우리의 시각 지각은 안정적이다. 세계는 우리 눈의 움직임에 따라 함께 춤추는 것처럼 보이지 않는다. 대개 우리는 눈이 움직인다는 사실조차 의식하지 못한다. 촉각의 경우에도 비슷한 지각의 안정성이 나타난다. 손을 뻗어 책상 위에 놓여 있는 커피 잔을 잡는 장면을 상상해 보라. 우리는 커피 잔을 지각한다. 이제 아무 생각 없이 손가락으로 커피 잔을 이리저리 만진다. 그러는 동안 신피질에 도착하는 입력이 변하지만, 우리는 커피 잔을 안정적이라고 지각한다. 우리는 커피 잔이 변하거나 움직인다고 생각하지 않는다.

그렇다면 우리의 지각은 왜 안정적이고, 우리는 왜 피부나 눈에서 오는 입력이 변하는 것을 인식하지 못할까? 어떤 대상을 인식한다는 것은 피질 기둥들이 투표를 해 그 대상이 무엇인지 합의에 이르렀다는 뜻이다. 각 피질 기둥에서 투표를 하는 신경세포들은 안정적인 패턴을 이루는데, 이 패턴은 그 대상을 대표하고, 우리를 기준으로 그 상대적 위치를 알려준다. 우리가 눈과 손가락을 움직이더라도, 투표하는 신경세포들의 활동은 동일한 대상을 감지하고 있는 한 변하지 않는다. 각 피질 기둥의 다른 신경세포들은 움직임에 따라 변하지만, 그 대상을 대표하면서 투표하는 신경세포들은 변하지 않는다.

우리가 신피질을 내려다볼 수 있다면, 한 층의 세포들에서 안정적인 활동 패턴이 보일 것이다. 이 안정성은 피질 기둥 수천 개를 포함하는 넓은 영역에 걸쳐 퍼져 있다. 이것들이 바로 투표하는 신경세포들이다. 다른 층들에 있는 신경세포들의 활동은 각각의 피질 기둥을 기준으로 볼 때 빠르게 변할 것이다. 우리가 지각하는 것은 투표하는 신경세포들의 안정성을 기반으로 한다. 이 신경세포들에서 오는 정보는 뇌의 다른 영역들로 널리 확산된 뒤, 언어로 바뀌어 단기 기억으로 저장된다. 우리는 각 피질 기둥 내부에서 일어나는 활동 변화를 의식하지 못하는데, 그 활동은 피질 기둥 내부에 머물러 뇌의 다른 부분이 접근할 수 없기 때문이다.

의사들은 발작을 멈추게 하기 위해 가끔 신피질의 좌반구와 우반구를 잇는 연결을 자른다. 수술 뒤에 환자는 마치 두 개의 뇌를 가진 것처럼 행동한다. 실험 결과들은 뇌의 두 부분이 서로 다른 생각을 하고 다른 결론을 내린다는 것을 분명하게 보여준다. 이 현상은 피질 기둥들의 투표로 설명할 수 있다. 신피질 좌측과 우측 사이의 연결은 투표에 사용된다. 이 부분을 절단하면, 이제 양측이 투표를 통해 합의에 이를 방법이 없어 각자 독립적인 결론을 내리게 된다.

매 순간 투표하는 전체 신경세포 중에서 활성화되는 신경세포의 수는 적다. 만약 당신이 투표를 담당하는 신경세포들을 살펴보는 과학자라면, 98%는 조용히 있고 2%만 계속 신호를 발화하는 모습을 관찰할 것이다. 피질 기둥에 있는 다른 신경세포들의 활동은 입력

변화에 따라 변한다. 그래서 변하는 신경세포들에 주의가 쏠리는 반면, 투표하는 신경세포의 중요성을 간과하기 쉽다.

뇌는 합의에 이르길 원한다. 여러분은 아마도 156쪽의 그림을 본 적이 있을 것이다. 이 그림은 관점에 따라 꽃병으로 보이기도 하고 두 얼굴로 보이기도 한다. 이것과 같은 예에서 피질 기둥들은 어느 것이 정확한 대상인지 결정하지 못한다. 이 상황은 마치 서로 다른 두 도시 지도를 가진 것과 같지만, 이 지도들에서 적어도 일부 지역은 동일하다. '꽃병 도시'와 '얼굴 도시'는 비슷하다. 투표하는 층은 합의에 이르길 원하기 때문에(두 대상이 동시에 활성화되기를 원치 않는다), 다른 것을 배제하고 한 가지 가능성을 선택한다. 그래서 우리는 꽃병이나 얼굴 중 하나를 지각하고, 동시에 둘 다 지각하지 않는다.

주의

자동차 문 뒤에 서 있는 사람을 보는 경우처럼 우리의 감각이 부분적으로 차단되는 일이 자주 일어난다. 우리 눈에는 그 사람의 모습이 절반만 보이지만, 우리는 속아 넘어가지 않는다. 우리는 문 뒤에 완전한 사람이 서 있다는 사실을 안다. 그 사람을 보는 피질 기둥들은 투표를 통해 이 대상이 완전한 한 사람이라고 확신한다. 투표하는 신경세포들은 입력이 차단된 피질 기둥들로 정보를 보내고, 이제 모든 피질 기둥이 그곳에 한 사람이 서 있다는 사실을 안다. 차단된 피질 기둥조차 만약 그곳에 문이 없다면 어떤 것이 보일지 예측할 수 있다.

잠시 후, 우리는 자동차 문으로 주의를 돌릴 수 있다. 꽃병과 얼굴 그림의 예처럼 입력을 해석하는 방법이 두 가지 있다. 우리는 '사람'과 '문' 사이에서 주의를 이리저리 옮길 수 있다. 주의를 옮길 때마다 투표하는 신경세포들이 합의하는 대상이 변한다. 우리는 그곳에 두 대상이 있다고 지각하지만, 한 번에 하나에만 주의를 집중할 수 있다.

뇌는 시각 장면 중 작거나 큰 부분에 주의를 집중할 수 있다. 예를 들면, 나는 자동차 문 전체에 주의를 집중하거나 손잡이에만 주의를 집중할 수 있다. 뇌가 이 일을 정확하게 어떻게 하는지는 제대로 밝혀지지 않았지만, 이 일에는 뇌에서 시상視床, thalamus이라는 부분이 관여한다. 시상은 신피질의 모든 영역과 촘촘하게 연결되어 있다.

주의는 뇌가 모형을 배우는 방식에서 필수적 역할을 한다. 하루를 보내는 동안 우리의 뇌는 빠르게 그리고 끊임없이 다른 대상들에 주의를 기울인다. 예를 들어 책을 읽을 때, 우리의 주의는 단어에서 단어로 계속 옮겨간다. 혹은 건물을 바라볼 때, 우리의 주의는 건물에서 창문으로, 문으로, 문 자물쇠로, 다시 문으로…… 그런 식으로 계속 옮겨간다. 우리는 다른 물체에 주의를 기울일 때마다 뇌에서 앞서 주의를 기울였던 물체에 대한 그 물체의 상대적 위치를 결정하는 일이 일어난다고 생각한다. 이것은 자동적으로 일어나며, 주의 과정의 일부이다. 예를 들면, 나는 주방에 들어서면서 먼저 한 의자에 주의를 기울였다가 식탁으로 주의를 옮길 수 있다. 내 뇌는 의자를 인식했다가 그다음에는 식탁을 인식한다. 하지만 내 뇌는 또한 식탁에 대한 의자의 상대적 위치를 계산한다. 주방을 둘러보면서 내 뇌는 주방 안의 모든 물체를 인식할 뿐만 아니라, 그와 동시에 다른 물체들과 방 자체에 대한 각 물체의 상대적 위치를 판단한다. 단지 쓱 훑어보는 것만으로 내 뇌는 주방의 모형을 만드는데, 거기에는 내가 주의를 기울인 모든 물체가 포함되어 있다.

우리가 배우는 모형은 일시적인 경우가 많다. 주방에서 가족과 함께 식사를 한다고 하자. 식탁을 둘러보니 다양한 음식이 보인다. 나는 당신에게 눈을 감고 감자가 어디에 있는지 말해달라고 한다. 당신은 거의 틀림없이 그것을 말할 수 있을 텐데, 이것은 당신이 잠깐 둘러보는 사이에 식탁과 그 내용물의 모형을 배웠다는 증거이다. 몇 분 뒤 음식을 이리저리 옮기고 나서 나는 당신에게 눈을 감고 다시 감자가 어디에 있는지 가리켜보라고 한다. 이번에 당신은 새로운 장소를 가리킬 텐데, 그곳이 감자를 마지막으로 본 장소이기 때문이다. 이 예가 말해주는 요점은 우리는 늘 감지하는 모든 것의 모형을 배운다는 사실이다. 만약 모형에서 특질들의 배열이 커피 잔의 로고처럼 고정되어 있다면, 그 모형은 오래 기억될 수 있다. 만약 식탁 위의 음식들처럼 배열이 변한다면, 그 모형은 일시적이다.

신피질은 모형을 배우는 일을 멈추는 법이 없다. 주의를 옮길 때마다(식탁 위의 음식들을 바라보건, 거리를 걷건, 커피 잔의 로고에 주목하건) 어떤 것의 모형에 새로운 항목이 추가된다. 모형이 일시적이건 오래 지속되는 것이건 학습 과정은 동일하다.

천 개의 뇌 이론에서의 위계

수십 년 동안 대다수 신경과학자들은 특질 탐지기 위계 이론을 고수했는데, 거기에는 그럴 만한 이유가 충분히 있었다. 이 이론은 비록 많은 문제점이 있긴 해도 많은 데이터와 잘 일치한다. 우리 이론은 신피질을 다르게 생각하는 방법을 제시한다. 천 개의 뇌 이론은 신피질 영역들의 위계가 반드시 필요한 것은 아니라고 말한다. 생쥐의 시각계가 증명했듯이, 단 하나의 피질 영역조차 대상을 인식할 수 있다. 그렇다면 어느 쪽이 옳을까? 신피질은 위계적 질서로 조직되어 있을까, 아니면 합의에 이르기 위해 투표를 하는 수천 개의 모형으로 이루어져 있을까?

신피질의 해부학적 구조는 두 종류의 연결이 모두 존재한다는 것을 시사한다. 이것을 어떻게 이해해야 할까? 우리 이론은 연결에 대해 다르게 생각하는 방법을 제시하는데, 그것은 위계 모형과 단일 피질 기둥 모형 모두와 양립할 수 있다. 우리는 특질이 아니라 완전한 대상이 위계 단계들 사이에서 전달된다고 제안했다. 신피질은 위계를 사용해 특질들을 조립함으로써 인식할 수 있는 대상으로 만드는 대신에, 위계를 사용해 대상들을 조립해 더 복잡한 대상들로 만든다.

나는 앞에서 위계적 구성에 대해 이야기했다. 옆면에 로고가 인쇄된 커피 잔의 예를 떠올려보라. 우리는 먼저 커피 잔에 주의를 기울였다가 그다음에는 로고에 주의를 기울임으로써 이것과 같은 새로운 대상을 배운다. 로고 또한 그래픽과 단어 같은 대상들로 구성되어 있지만, 우리는 로고의 특질이 커피 잔에서 어디에 있었는지 기억할 필요가 없다. 우리는 그저 커피 잔 기준틀에 대한 로고 기준틀의 상대적 위치만 배우면 된다. 로고의 자세한 특질은 모두 암묵적으로 포함된다.

전체 세계를 배우는 방법도 이와 똑같다. 다른 대상들에 대해 상대적 위치로 표시된 대상들의 복잡한 위계로 배운다. 신피질이 이 일을 정확하게 어떻게 하는지는 아직 확실하게 밝혀지지 않았다. 예를 들면, 우리는 위계적 학습 중 일부가 각 피질 기둥 내부에서 일어난다고 추측하지만, 분명히 전부 다 그런 것은 아니다. 일부는 영역들 사이의 위계적 연결이 처리할 것이다. 단일 피질 기둥 내부에서 얼마나 많은 것을 배울 수 있는지, 그리고 영역들 사이의 연결에서 얼마나 많은 것을 배울 수 있는지는 아직 모른다. 우리는 이 문제를 계속 연구하고 있다. 그 답을 알려면 틀림없이 주의를 잘 이해해야 할 텐데, 우리가 시상을 연구하는 이유는 이 때문이다.

이 장 앞부분에서 나는 신피질이 특질 감지기 위계 구조로 이루어져 있다는 견해가 지닌 문제점들의 목록을 제시했다. 그 목록을 다시 살펴보면서 이번에는 천 개의 뇌 이론이 각각의 문제를 어떻게 해결할 수 있는지 논의하기로 하자. 움직임의 필수적 역할부터 살펴보자.

- 천 개의 뇌 이론은 본질적으로 감각-운동 이론이다. 이 이론은 우리가 움직임으로써 대상을 어떻게 배우고 인식하는지 설명한다. 중요하게는 이 이론은 우리가 화면에 잠깐 스쳐 지나가는

영상을 보거나 다섯 손가락으로 물체를 잡을 때처럼 가끔 움직이지 않고도 어떻게 대상을 인식할 수 있는지도 설명한다. 따라서 천 개의 뇌 이론은 위계 모형의 초집합이다.

- 상대적으로 큰 영장류의 V1과 V2 영역과 특이하게 큰 생쥐의 V1 영역은 천 개의 뇌 이론에 따르면 이치에 닿는데, 모든 피질 기둥이 완전한 대상을 인식할 수 있기 때문이다. 오늘날 많은 신경과학자들이 믿는 것과는 반대로 천 개의 뇌 이론은 우리가 시각으로 생각하는 것은 대부분 V1과 V2 영역에서 일어난다고 말한다. 1차 촉각 및 2차 촉각과 관련된 영역도 비교적 크다.
- 천 개의 뇌 이론은 눈이 여전히 움직이고 있을 때 신경세포들이 다음번 입력이 무엇이 될지 어떻게 아는지 그 수수께끼를 설명할 수 있다. 이 이론에 따르면, 각각의 피질 기둥은 완전한 대상에 대한 모형이 있고, 따라서 그 대상의 각 위치에서 무엇이 감지될지 안다. 만약 한 피질 기둥이 그 입력의 현재 위치를 알고 눈이 어떻게 움직이는지 알면, 새로운 위치와 그곳에서 무엇을 감지할지 예측할 수 있다. 이것은 도시 지도를 보면서 특정 방향으로 걸어갈 때 무엇을 보게 될지 예측하는 것과 같다.
- 결합 문제는 신피질이 세계의 모든 대상에 대한 단일 모형을 갖고 있다는 가정을 기반으로 하고 있다. 천 개의 뇌 이론은 이 가정을 뒤집어 모든 대상의 모형이 수천 개씩 있다고 말한다. 뇌로 들어오는 다양한 입력은 단일 모형으로 결합되지 않는다. 피질 기둥들에 도달하는 입력의 종류가 서로 다르거나, 한 피질 기둥이 망막의 작은 부분을 대표하고 그 옆의 피질 기둥이

더 큰 부분을 대표하더라도 아무 문제가 되지 않는다. 손가락들 사이에 틈이 있어도 문제가 없는 것처럼 망막에 구멍이 있어도 아무 문제가 없다. V1 영역으로 투사되는 패턴은 왜곡되고 뒤섞일 수 있지만 그래도 문제가 되지 않는데, 신피질에서 이렇게 뒤섞인 표상을 다시 조립하려고 시도하는 부분은 하나도 없기 때문이다. 천 개의 뇌 이론에서 투표 메커니즘은 왜 우리가 왜곡되지 않은 단일 지각을 가지는지 설명한다. 또, 한 감각 양상에서 일어난 대상 인식이 어떻게 다른 감각 양상에서 예측을 낳는지도 설명한다.

- 마지막으로, 천 개의 뇌 이론은 신피질이 기준틀을 사용해 대상의 3차원 모형을 어떻게 배우는지 보여준다. 다음 그림이 작은 증거를 추가로 제공한다. 평면 위에 여러 개의 직선이 인쇄된 그림이다. 이 그림에는 입체감을 느끼게 할 만한 소실점이나 수렴선이나 대비 감소가 전혀 없다. 하지만 우리 눈에 이 그림은 3차원 계단처럼 보인다. 지금 보고 있는 그림이 2차원이라는 것은 아무 문제가 되지 않는다. 우리의 신피질이 만드는 모형은 3차원이고, 우리는 그것을 지각한다.

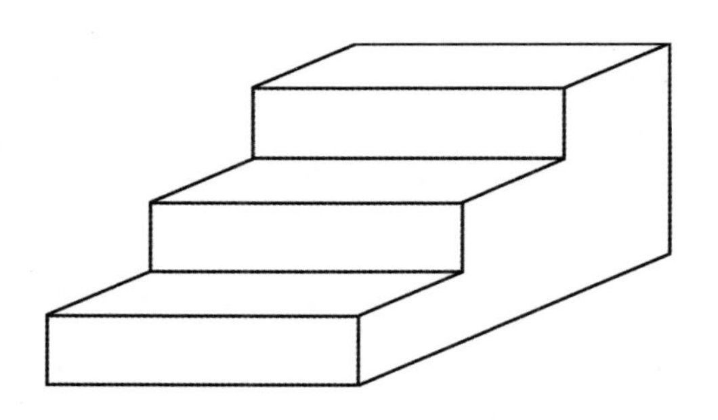

뇌는 복잡하다. 장소세포와 격자세포가 기준틀을 만들어내고, 환경 모형을 배우고, 행동을 계획하는 방식의 세부 내용은 내가 기술한 것보다 더 복잡하며, 부분적으로만 이해되었다. 우리는 신피질이 비슷한 메커니즘을 사용한다고 제안하는데, 이 메커니즘은 마찬가지로 복잡하며 심지어 덜 이해되었다. 이것은 실험신경과학자와 우리 같은 이론신경과학자가 모두 활발하게 연구하고 있는 분야이다.

이 주제와 또 다른 주제들을 더 깊이 다루려면, 신경해부학과 신경생리학의 세부 내용을 더 소개해야 하는데, 그 세부 내용은 기술하기도 어렵고 천 개의 뇌 이론의 기본을 이해하는 데 꼭 필요한 것도 아니다. 그래서 이제 우리는 경계에 이르렀다. 그 경계는 이 책이 탐구하는 것이 끝나는 지점이자, 과학 논문들이 등장할 필요가 시작되는 곳이다.

이 책의 도입부에서 나는 뇌가 조각 그림 맞추기 퍼즐과 같다고 말했다. 우리는 뇌에 관해 수만 가지 사실을 알아냈는데, 그 각각은 하나의 퍼즐 조각과 같다. 하지만 이론적 틀이 없는 상태에서 우리는 퍼즐을 푸는 방법이 어떤 것일지 전혀 감을 잡을 수 없었다. 이론적 틀이 없는 상태에서 우리가 할 수 있는 최선은 몇몇 조각을 여기저기 붙여보는 것이다. 천 개의 뇌 이론은 이론적 틀이다. 그것은 퍼즐의 경계를 끝마치고 전체 그림이 어떤 모습인지 아는 것과 같다. 이 글을 쓰고 있는 현재 우리는 퍼즐의 내부 중 일부를 채운 반면, 나머지 많은 부분은 여전히 미완성 상태로 남아 있다. 비록 많은 것이 남아 있긴 하지만, 우리의 과제는 이제 더 단순한데, 적절한 틀을 알면 채워야 할 부분들이 어떤 것이 남았는지 더 명확해지기 때문이다.

나는 여러분에게 신피질이 하는 일을 우리가 모두 이해한다는 그릇된 인상을 심어주고 싶지 않다. 그러려면 한참 멀었다. 우리는 뇌 전반에 대해, 그리고 특히 신피질에 대해 제대로 이해하지 못하는 것이 아주 많다. 하지만 나는 또 다른 전체적인 이론적 틀, 즉 퍼즐의 가장자리 조각들을 다르게 배열하는 방법이 있으리라고는 생각하지 않는다. 이론적 틀은 시간이 지나면서 수정되고 개선되는데, 나는 천 개의 뇌 이론에도 같은 일이 일어날 것이라고 예상하지만, 내가 여기서 소개하는 핵심 개념들은 대부분 온전히 남을 것이라고 믿는다.

●○●

이 장과 1부를 마치기 전에 내가 버넌 마운트캐슬을 만났을 때 일어난 일의 나머지 이야기를 들려주려고 한다. 내가 존스홉킨스 대학교에서 강연을 했고, 그날의 일정이 끝날 무렵 마운트캐슬과 그 과의 학과장을 만났다고 한 이야기가 기억나는가? 마침내 떠나야 할 때가 왔다. 돌아갈 항공기가 이미 예약되어 있었다. 우리는 작별 인사를 나눴고, 건물 밖에서는 자동차가 기다리고 있었다. 사무실 문을 걸어 나올 때, 마운트캐슬이 나를 가로막으면서 내 어깨에 손을 얹고는 마치 긴히 해줄 충고가 있다는 투로 이렇게 말했다. "위계에 관한 이야기는 그만두는 게 좋을 거요. 그것은 실제로는 존재하지 않는다오."

나는 경악했다. 마운트캐슬은 신피질에 관한 한 세계 최고의 전문가였는데, 신피질에서 가장 크고 가장 잘 기록된 특징 중 하나가 존재하지 않는다고 말한 것이다. 나는 마치 프랜시스 크릭이 내게 "오, 그 DNA 분자, 그것은 실제로는 유전자를 암호화하지 않는다네" 라고 말한 것만큼이나 크게 놀랐다. 나는 뭐라고 대꾸해야 할지 몰라 아무 말도 하지 않았다. 공항으로 가는 길에 차에 앉아 그가 한 마지막 말을 이해하려고 애썼다.

오늘날 내가 이해하는 신피질의 위계는 극적으로 변했다. 그 위계는 내가 한때 생각했던 것보다 훨씬 느슨하다. 마운트캐슬은 그때 이미 그것을 알고 있었을까? 그는 위계가 실제로는 존재하지 않는다고 말할 만큼 분명한 이론적 기반이 있었을까? 그는 내가 몰랐던 실험 결과들을 생각했을까? 마운트캐슬은 2015년에 세상을 떠났기 때문에, 이제 나는 그에게 그것을 물어볼 수 없다. 그가 죽은 뒤, 나는 그가 쓴 많은 책과 논문을 다시 읽어보았다. 그의 생각과 글은 언제나 통찰력이 넘친다. 1998년에 출간된 그의 책《지각신경과학: 대뇌 피질Perceptual Neuroscience: The Cerebral Cortex》은 물리적으로 아름다운 책이고, 뇌에 관한 책 중 내가 가장 좋아하는 한 권으로 남아 있다. 그날을 되돌아볼 때면, 차라리 비행기를 놓치고 그와 이야기를 더 나눴어야 했다는 생각이 자꾸 든다. 그 어느 때보다도 지금 나는 그와 함께 이야기를 나눌 수 있었으면 하는 아쉬운 마음이 가득하다. 나는 마운트캐슬이 내가 방금 여러분에게 소개한 이론을 매우 마음에 들어 할 것이라고 믿고 싶다.

자, 이제 천 개의 뇌 이론이 우리의 미래에 어떤 영향을 미칠지 살펴보기로 하자.

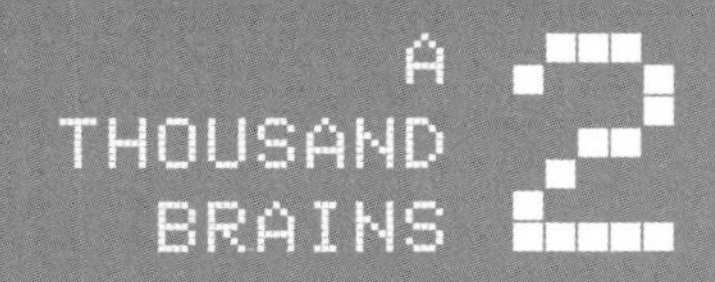

기계 지능

역사학자 토머스 쿤Thomas Kuhn은 《과학 혁명의 구조The Structure of Scientific Revolutions》라는 유명한 책에서 과학의 발전은 대부분 널리 받아들여진 이론적 틀을 토대로 일어난다고 주장했다. 그는 그 이론적 틀을 과학 패러다임scientific paradigm이라고 불렀다. 가끔 확립된 패러다임이 무너지고 새로운 패러다임으로 대체되는 일이 일어나는데, 쿤은 이를 과학 혁명이라고 불렀다.

오늘날 신경과학의 많은 하위 분야에는 뇌가 진화한 방식, 뇌와 관련된 질환, 격자세포와 장소세포처럼 확립된 패러다임이 있다. 이 분야들에서 연구하는 과학자들은 용어와 실험 기술을 공유하고, 답을 얻고자 하는 질문들에 동의한다. 하지만 신피질과 지능에 관해서는 일반적으로 받아들여지는 패러다임이 없다. 신피질이 무슨 일을 하는지, 혹은 심지어 어떤 질문에 우리가 답을 얻으려고 노력해야 하는지에 대해서도 일치된 의견이 거의 없다. 쿤은 지능과 신피질 연구 분야를 패러다임 이전 상태라고 부를 것이다.

1부에서 나는 신피질이 어떻게 작용하고, 지능이 있다는 것이 무엇을 의미하는지 설명하는 새 이론을 소개했다. 나는 신피질 연구를 위한 패러다임을 제안한다고 말할 수도 있다. 나는 이 이론이 대체로 옳다고 자신하지만, 더 중요한 것은 이 이론은 검증이 가능하다는 점이다. 현재 진행되거나 미래에 일어날 실험들은 이 이론의 어느 부분이 옳고 어느 부분이 수정이 필요한지 알려줄 것이다.

2부에서는 우리의 새 이론이 인공 지능의 미래에 어떤 영향을 미칠지 기술할 것이다. AI 연구는 확립된 패러다임이 있는데, 인공 신경망이라고 부르는 보편적인 기술들이 그것이다. AI 과학자들은 용어와 목표를 공유하는데, 그 덕분에 최근 몇 년 사이에 이 분야는 꾸준히 발전을 거듭해 왔다.

지능에 관한 천 개의 뇌 이론은 기계 지능의 미래가 대다수 AI 연구자들이 현재 생각하는 것과는 크게 다를 것이라고 시사한다. 나는 AI에 과학 혁명이 일어날 때가 되었다고 믿는다. 앞에서 내가 기술한 지능의 원리들이 그 혁명의 토대가 될 것이다.

나는 이 주제에 관한 글을 쓰길 살짝 망설였다. 경력 초기에 컴퓨터의 미래에 대해 이야기했을 때 겪었던 경험 때문이었다. 그 결과는 썩 좋지 못했다.

내가 팜컴퓨팅 회사를 시작한 지 얼마 지나지 않았을 때, 인텔에서 강연을 해달라는 요청이 왔다. 인텔은 일 년에 한 번씩 고참 직원 수백 명을 실리콘밸리로 데려와 3일 동안 기획 회의를 열었다. 그리고 그 회의의 한 과정으로 몇몇 외부 인사를 초청해 전체 직원 앞에서 강연을 하게 했다. 1992년에 나도 강연자 중 한 사람으로 초청을 받았다. 나는 그것을 큰 영예로 생각했다. 인텔은 퍼스널 컴퓨팅 혁명을 선도하고 있었고, 세상에서 가장 존경받고 힘 있는 회사 중 하나였다. 작은 스타트업 회사인 팜컴퓨팅은 아직 첫 번째 제품을 출시하지도 못한 상태였다. 내 강연 내용은 퍼스널 컴퓨팅의 미래에 관한 것이었다.

나는 퍼스널 컴퓨팅의 미래는 호주머니 속에 넣을 만큼 충분히 작은 컴퓨터가 지배할 것이라고 주장했다. 그런 장비의 비용은 500달러에서 1000달러 사이가 될 것이고, 배터리로 하루 종일 작동할 것이라고 말했다. 전 세계 수십억 명에게 호주머니에 들어갈 만한 크기의 컴퓨터는 그들이 소유한 유일한 컴퓨터가 될 것이라고도 했다. 내가 보기에 이런 전환은 불가피한 것이었다. 수십억 명의 사람들이 컴퓨터에 접근하길 원했지만, 랩톱과 데스크톱은 너무 비싸고 사용하기가 너무 어려웠다. 나는 호주머니에 들어갈 만한 크기의 컴퓨터는 사용하기도 쉽고 값도 훨씬 저렴해 그것을 향한 물결은 거스를 수 없는 대세라고 보았다.

당시에는 데스크톱과 랩톱 PC가 수억 대나 사용되고 있었다. 인텔은 대부분의 PC에 들어가는 CPU를 팔았다. 평균적인 CPU 칩은 비용이 약 400달러였고, 전력 소비가 너무 많아 배터리로 가동되는 핸드헬드 컴퓨터에 사용할 수 없었다. 나는 인텔의 경영자들에게 만약 퍼스널 컴퓨팅 분야에서 선도적 위치를 계속 유지하고 싶다면 세 영역에 초점을 맞춰야 한다고 제안했다. 그 세 가지는 전력 소비량 감소, 칩 소형화, 1000달러 미만 제품에서 수익을 창출하는 방법이었다. 내 강연의 어조는 단호하지 않고 겸손했다. 그것은 마치 "아, 그런데 제 생각에는 앞으로 이런 일이 일어날 것 같으니 다음 사항들을 고려해 보는 게 좋지 않을까 합니다"라고 말하는 것과 같았다.

강연을 마친 뒤, 나는 청중에게 질문을 받았다. 모두 식사를 할 수 있는 테이블에 앉아 있었고, 내 강연이 끝나기 전에는 음식이 나오지 않을 테니 질문을 많이 할 거라고 기대하지 않았다. 아마도 질문은 딱 하나만 있었던 것으로 기억한다. 한 사람이 일어서더니 다소 조롱하는 듯한 어조로 "사람들은 이 핸드헬드 컴퓨터로 무엇을 할까요?"라고 물었다. 그것은 대답하기 어려운 질문이었다.

당시 PC는 주로 문서 작성과 스프레드시트, 데이터베이스에 사용되었다. 이런 작업들 중 어느 것도 화면이 작고 자판이 없는 핸드헬드 컴퓨터에 적합하지 않았다. 당시의 논리로는 핸드헬드 컴퓨터가 주로 정보에 접근하는 용도로 쓰일 뿐 정보를 만드는 용도로는 쓰일 것 같지 않았으므로 나도 그렇게 대답했다. 나는 일정표와 주소록에 접근하는 것이 첫 번째 용도가 될 것이라고 말했지만, 이것만으로는 퍼스널 컴퓨팅을 확 변화시키기에 충분치 않다는 사실을 알고 있었다. 나는 그보다 더 중요한 응용 분야가 새로 발견될 것이라고 말했다.

1992년 초에는 디지털 음악이나 디지털 사진, 와이파이, 블루투스, 휴대전화의 데이터 같은 것이 전혀 없었다는 사실을 감안해야 한다. 최초의 일반 소비자용 웹 브라우저는 아직 발명되지도 않았다. 나는 이런 기술들이 발명되리라는 사실을 전혀 몰랐고, 따라서 이 기술들을 기반으로 한 응용 분야를 상상할 수도 없었다. 하지만 사람들은 항상 더 많은 정보를 원하며, 어떻게 해서든 그런 정보를 모바일 컴퓨터로 보내는 방법을 발견하리라는 사실을 알고 있었다.

강연이 끝난 뒤, 나는 인텔의 전설적인 창업자 고든 무어Gordon Moore 박사와 같은 테이블에 앉았다. 그 원탁 주위에는 10여 명이 앉아 있었다. 나는 무어에게 내 강연을 어떻게 생각하느냐고 물었다.

모두가 그의 대답을 들으려고 숨을 죽였다. 그는 직접적인 답변을 피했고, 식사 내내 내게 말하는 것조차 피했다. 그는 물론이고 그 테이블에 앉아 있던 어느 누구도 내가 말한 것을 믿지 않는다는 사실을 금방 알 수 있었다.

나는 이 경험에서 큰 충격을 받았다. 컴퓨팅 업계에서 가장 똑똑하고 성공한 사람들이 내 제안을 고려조차 하지 않는다면, 아마도 내 생각이 틀린 것일 테고, 핸드헬드 컴퓨터로의 이행은 내가 상상한 것보다 훨씬 힘들 것이다. 그런 상황에서 내가 취할 수 있는 최선의 길은 다른 사람들이 믿든지 말든지 신경 쓰지 않고 핸드헬드 컴퓨터를 만드는 데 집중하는 것이라고 판단했다. 그날부터 나는 컴퓨팅의 미래에 대해 '예언적' 이야기를 하는 것을 그만두고, 그 대신에 그 미래를 실현시키기 위해 전력을 기울였다.

지금 나는 그것과 비슷한 상황에 놓여 있다는 느낌이 든다. 이 책에서 지금부터는 대다수 사람들, 그리고 대다수 전문가들이 예상하는 것과는 다른 미래를 이야기할 것이다. 먼저 나는 대다수 AI 전문가들이 현재 생각하는 것과는 정반대되는 인공 지능의 미래를 이야기할 것이다. 그러고 나서 3부에서는 필시 여러분이 한 번도 생각해 본 적이 없는 인류의 미래를 이야기할 것이다. 물론 내가 틀릴 수도 있다. 미래를 예측하는 것은 어렵기로 악명이 높다. 하지만 내가 이야기하려고 하는 개념들은 추측보다는 논리적 추론에 더 가까운 것으로, 내 눈에는 필연적인 것으로 보인다. 그렇긴 해도 오래전에 인텔에서 그러했듯이 나는 모든 사람을 설득하지는 못할 것이다. 그래도 나는 최선을 다할 것이고, 여러분에게 마음을 열고 읽어주기를 부탁드린다.

이어지는 네 장에서는 인공 지능의 미래를 이야기할 것이다. AI는 현재 르네상스를 맞이했다. AI는 가장 뜨거운 현대 기술 분야 중 하나이다. 매일 새로운 응용 부문이 생겨나고, 새로운 투자와 성능 개선이 일어나는 것처럼 보인다. AI 분야는 인공 신경망이 지배하고 있는데, 인공 신경망은 우리가 뇌에서 보았던 신경세포망과는 전혀 다르다. 나는 AI의 미래가 오늘날 사용되는 것과는 다른 원리들, 즉 뇌를 더 비슷하게 모방한 원리들을 바탕으로 전개될 것이라고 주장한다. 진정한 지능 기계를 만들려면, 이 책의 1부에서 소개한 원리들에 따라 설계해야 한다.

나는 AI가 미래에 어떻게 응용될지 알지 못한다. 하지만 퍼스널 컴퓨팅 분야에서 핸드헬드 장비로 이동이 일어난 것처럼 AI가 뇌를 기반으로 한 원리 쪽으로 이동하는 것은 필연이라고 생각한다.

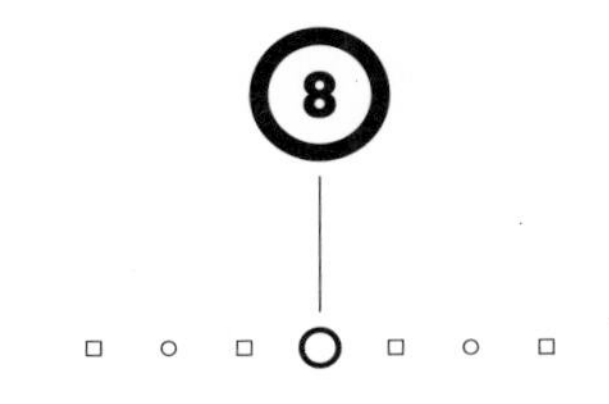

AI에는 왜 '나'가 없는가?

1956년에 시작된 이래로 인공 지능 분야는 열정에 휩싸였다가 비관론으로 빠지는 주기를 여러 번 겪었다. AI 과학자들은 이것을 'AI 여름'과 'AI 겨울'이라고 부른다. 각각의 물결은 지능 기계를 만드는 길로 안내한다고 약속한 신기술을 바탕으로 일어났지만, 결국 이러한 혁신들은 부족함을 드러내고 말았다. AI는 현재 또다시 AI 여름을 맞이했고, 산업계의 기대가 또 한 번 커지고 있다. 현재의 물결을 견인하는 기술은 흔히 딥 러닝deep learning(심층 학습)이라고 부르는 인공 신경망이다. 이 방법은 사진 식별, 구어 인식, 자동차 운전 등의 과제에서 인상적인 결과를 보였다. 2011년에 한 컴퓨터는 게임 쇼 〈제퍼디Jeopardy!〉에서 최고 실력자를 꺾었고, 2016년에 다른 컴퓨터는 바둑에서 세계 최고의 기사를 꺾었다. 이 두 가지 성과는 전 세계의 언론에서 헤드라인을 장식했다. 이것들은 분명히 인상적인 성과이지만, 과연 이 기계들이 정말로 지능이 있다고 말할 수 있을까?

대다수 AI 연구자까지 포함해 대부분은 그렇게 생각하지 않는다. 오늘날의 인공 지능은 여러 면에서 사람의 지능에 미치지 못한다. 예를 들면, 사람은 계속 배운다. 앞에서 설명했듯이, 우리는 늘 자신의 세계 모형을 수정한다. 이와는 대조적으로 딥 러닝 네트워크는 실전에 배치하기 전에 철저한 훈련 과정을 거쳐야 한다. 그리고 일단 배치된 뒤에는 끊임없이 새로운 것을 배우지 못한다. 예를 들어 시각 신경망에게 추가 대상을 인식하도록 배우게 하려면, 그 신경망을 처음부터 다시 훈련시켜야 하는데, 그러려면 며칠이 걸릴 수 있다. 무엇보다도 오늘날의 AI 시스템이 지능이 있다고 간주되지 않는 이유는 AI 시스템은 오직 한 가지 일만 할 수 있는 반면, 사람은 많은 일을 할 수 있기 때문이다. 다시 말해, AI 시스템은 유연하지 않다. 여러분이나 나 같은 사람은 누구나 바둑 두는 법이나 농사짓는 법, 소프트웨어 만드는 법, 비행기 조종법, 음악 연주 같은 것을 배울 수 있다. 우리는 평생 수천 가지 기술을 배우며, 그중 어느 하나에 탁월한 능력을 보여주지는 못하더라도 배움 과정에서 큰 유연성을 발휘한다. 딥 러닝을 하는 AI 시스템은 유연성을 거의 보여주지 못한다. 바둑을 두는 컴퓨터는 누구보다 바둑을 잘 둘 수 있을지 몰라도, 바둑 말고 다른 일은 전혀 하지 못한다. 자율 주행차는 누구보다 안전한 운전자가 될지는 몰라도, 바둑을 두거나 펑크 난 타이어를 갈아 끼우지는 못한다.

AI 연구의 장기 목표는 사람과 같은 지능을 보여주는 기계를 만드는 것이다. 그런 기계는 새로운 과제를 빨리 배우고, 서로 다른 과제들 사이에서 유사점을 파악하고, 새로운 문제를 유연하게 해결할 수 있어야 한다. 이 목표를 현재의 제한적인 AI와 구별하기 위해 '인공 일반 지능artificial general intelligence', 혹은 줄여서 AGI라고 부른다. 오늘날 AI 산업이 직면한 본질적인 질문은 이것이다. 우리는 지금 진정한 지능이 있는 AGI 기계를 만드는 길로 나아가고 있는가, 아니면 또 한 번 난관에 봉착해 AI 겨울로 접어들고 있는가? 현재의 AI 물결은 수천 명의 연구자와 수십억 달러의 투자를 끌어들였다. 이 모든 사람들과 자금은 거의 다 딥 러닝 기술 개선에 투입되고 있다. 이 투자는 인간 수준의 기계 지능을 낳을까, 아니면 딥 러닝 기술은 근본적인 한계가 있어 우리는 또 한 번 AI 분야를 새로 발명해야 할까? 거품의 한가운데 있을 때에는 그 열정에 휩쓸려 그것이 영원히 계속될 것이라고 믿기 쉽다. 역사는 우리에게 늘 경계를 게을리하지 말아야 한다고 충고한다.

나는 현재의 AI 물결이 얼마나 오래 계속 성장할지 모른다. 하지만 딥 러닝이 우리를 진정한 지능 기계를 만드는 길로 데려가지 않을 거라는 사실은 안다. 현재 우리가 하고 있는 것을 더 많이 하는 것만으로는 AGI를 만들 수 없다.

인공 일반 지능으로 가는 두 가지 길

지능 기계를 만들기 위해 AI 연구자들이 걸어온 길이 두 가지 있다. 현재 우리가 가고 있는 한 길은 바둑을 두거나 의료 영상에서 암세포를 찾아내는 것처럼 특정 과제에서 사람보다 월등한 능력을 보여주는 컴퓨터에 초점을 맞추고 있다. 연구자들은 몇몇 어려운 과제에서 사람보다 월등한 능력을 보여주는 컴퓨터를 만든다면, 결국에는 모든 과제에서 사람보다 월등한 컴퓨터를 만드는 방법을 발견할 거라고 기대한다. 이 접근법에서는 시스템이 어떻게 돌아가느냐 하는 것은 중요하지 않으며, 컴퓨터가 유연하지 않더라도 문제가 되지 않는다. 오로지 AI 컴퓨터가 다른 AI 컴퓨터보다 특정 과제를 수행하는 능력이 더 뛰어나고, 결국에는 최고의 실력을 가진 사람보다 더 뛰어난 능력을 보여주기만 하면 된다. 예를 들어 만약 바둑을 두는 컴퓨터가 세계 랭킹이 6위에 그쳤다면, 그것은 뉴스의 헤드라인을 장식하지도 못했을 테고, 심지어 실패로 간주되었을 수 있다. 하지만 인간 세계 챔피언을 꺾자, 그것은 큰 진전으로 간주되었다.

두 번째 길은 유연성에 초점을 맞추는 것이다. 이 접근법에서는 AI가 반드시 사람보다 나은 능력을 보여줄 필요가 없다. 그 목표는 많은 일을 하고, 배운 것을 한 과제에서 다른 과제로 적용하는 기계를 만드는 것이다. 이 길에서 일어나는 성공은 다섯 살 아이나 심지어 개 정도의 능력을 가진 기계가 될 수도 있다. 이 길을 추구하는 사람들은 일단 유연한 AI 시스템을 만드는 방법을 발견하면, 그것을 토대로 결국에는 사람과 대등하거나 사람을 능가하는 시스템을 만들 수 있을 것으로 기대한다.

앞선 몇 번의 AI 물결에서는 두 번째 길을 선호했다. 하지만 그 목표를 달성하기가 너무나도 어려웠다. 과학자들은 다섯 살 아이만큼 유능하려면 일상 지식을 엄청나게 많이 알 필요가 있다는 사실을 깨달았다. 아이는 세계에 대해 수천 가지를 안다. 액체는 흘러가고, 공은 굴러가고, 개는 짖는다는 것을 안다. 연필과 마커, 종이, 풀을 사용하는 법도 안다. 책을 펼치는 법도 알고, 종이가 찢어질 수 있다는 것도 안다. 수천 개의 단어를 알고, 그것들을 사용해 다른 사람에게 어떤 일을 하게 만드는 법도 안다. AI 연구자는 이러한 일상 지식을 컴퓨터에 프로그래밍하는 법, 즉 컴퓨터에게 이 모든 것을 배우게 하는 방법을 생각해 낼 수 없었다.

지식에서 어려운 부분은 사실을 진술하는 것이 아니라, 사실을 유용한 방식으로 나타내는 것이다. 예를 들어 "Balls are round(공은 둥글다)"라는 진술을 생각해 보자. 다섯 살 아이는 이것이 무슨 뜻인지 안다. 우리는 이 진술을 쉽게 컴퓨터에 집어넣을 수 있지만, 컴퓨터는 그것을 어떻게 이해할 수 있을까? 'ball'과 'round'는 여러 가지 의미가 있다. 'ball'은 '무도회'를 가리킬 수도 있는데, 무도회는 둥글지 않다. 그리고 피자는 둥글지만, 공과 다르다. 컴퓨터가 'ball'을 이해하려면, 그 단어에 여러 가지 의미를 부여하며 살펴보아야 하는데, 각각의 의미는 다른 단어들과 호응하는 관계가 다르다. 물체도 제각각 나름의 행동을 보인다. 예를 들면, 어떤 공들은 튀지만, 축구공은 야구공과 다르게 튀며, 이 둘은 또 테니스공과 다르게 튄다. 여러분과 나는 이런 차이를 관찰을 통해 금방 배운다. 누가 우리에게 공들이 어떻게 튀는지 알려줄 필요가 없다. 우리는 그저 공을 땅에다 던져 어떤 일이 일어나는지 지켜보기만 하면 된다. 우리는 이 지식이 우리 뇌에 어떻게 저장되는지 전혀 의식하지 못한다. 공이 튀는 방식과 같은 일상 지식을 배우는 데에는 거의 아무런 노력이 들지 않는다.

AI 과학자들은 컴퓨터 안에서 이 일이 일어나게 하는 방법을 찾을 수 없었다. 그들은 지식을 조직하기 위해 스키마schema와 프레임frame이라는 소프트웨어 구조를 발명했지만, 아무리 노력해도 결국 실용화할 수 없는 실패작으로 끝났다. 세계는 복잡하다. 아이가 배우는 사물의 수와 그것들을 서로 잇는 연결의 수는 다루기 불가능할 정도로 많은 것처럼 보인다. 아주 쉬울 것처럼 들리지만, ball이 무엇인가처럼 아주 단순한 것을 컴퓨터가 알게 하는 방법은 아무도 찾아낼 수 없었다.

이 문제를 지식 표현knowledge representation이라고 부른다. 일부 AI 과학자들은 지식 표현이 AI에서 단지 큰 문제일 뿐만 아니라 유일한 문제라고 결론 내렸다. 그들은 컴퓨터에서 일상 지식을 표현하는 문제를 해결하기 전에는 진정한 지능 기계를 만들 수 없을 거라고 주장했다.

오늘날의 딥 러닝 네트워크에는 지식이 없다. 바둑을 두는 컴퓨터는 바둑이 게임이라는 사실을 모른다. 바둑의 역사조차 모른다. 자신이 컴퓨터와 겨루는지 사람과 겨루는지도 모르며, '컴퓨터'나 '사람'이 무엇을 뜻하는지도 모른다. 이와 비슷하게 영상을 식별하는 딥 러닝 네트워크는 영상을 보고서 그것이 고양이라고 말할 수 있다. 하지만 고양이에 대한 지식은 제한적이다. 고양이가 동물이라는 사실도 모르며, 고양이에게 꼬리와 다리와 폐가 있다는 사실도 모른다. 애묘인과 애견인도 모르며, 고양이가 가르랑거리는 소리를 내고, 털이 빠진다는 사실도 모른다. 딥 러닝 네트워크가 하는 일은 그저 새로운 영상이 이전에 본 '고양이'이라는 라벨이 붙은 영상과 비슷한지 아닌지 판단하는 것뿐이다. 딥 러닝 네트워크에는 고양이에 관한 지식이 전혀 없다.

얼마 전에 AI 과학자들은 지식의 부호화에 다른 접근법을 시도해 보았다. 그들은 큰 인공 신경망을 만들어 많은 텍스트로 훈련시켰는데, 수만 권의 책과 위키백과와 거의 모든 인터넷에 나오는 단어를 모두 익히게 했다. 텍스트를 신경망에 한 번에 한 단어씩 입력시키는 방식으로 훈련시켰다. 이런 식으로 훈련을 받은 신경망은 어떤 단어 뒤에 특정 단어가 나올 확률을 배웠다. 이 언어 신경망은 놀라운 일을 일부 할 수 있다. 예를 들어 단어를 몇 개 주면, 언어 신경망은 그 단어들과 관련이 있는 짧은 단락을 쓸 수 있다. 그 단락은 사람이 쓴 것인지 신경망이 쓴 것인지 구별하기 어렵다.

AI 과학자들은 이 언어 신경망이 진정한 지식을 가졌는지, 아니면 단지 수백만 단어의 통계를 기억함으로써 사람을 흉내내는 것인지를 놓고 의견이 갈린다. 나는 뇌와 동일한 방식으로 세계 모형을 만들지 않는 한, 어떤 종류의 딥 러닝 네트워크도 AGI의 목표를 달성할 수 있을 거라고 믿지 않는다. 딥 러닝 네트워크는 효율적으로 잘 작동하지만, 지식 표현 문제를 해결해서 그런 것은 아니다. 잘 작동하는 이유는 지식 표현 문제를 완전히 피하고 그 대신에 통계와 많은 데이터에 의존하기 때문이다. 딥 러닝 네트워크가 아무리 똑똑하고, 인상적인 수행 능력을 보여주고, 상업적으로 가치가 있다 하더라도, 나는 그것이 지식을 갖고 있지 않으며, 따라서 다섯 살 아이의 능력에 이르는 길로 가지 못한다고 지적하고 싶다.

AI를 위한 모형으로서의 뇌

뇌 연구에 관심을 가진 순간부터 나는 지능 기계를 만들기 전에 뇌의 작용 방식부터 이해해야 한다고 생각했다. 나는 그것을 너무나도 당연하다고 생각했는데, 우리가 지능이 있다고 아는 것은 뇌밖에 없기 때문이다. 그 후 수십 년이 흐르는 동안 내 생각을 바꿀 만한 일은 전혀 일어나지 않았다. 그것이 내가 끈질기게 뇌 이론을 추구한 한 가지 이유였다. 나는 진정한 지능 AI를 만들려면, 이것이야말로 거기에 필요한 첫 번째 단계라고 생각했다. 살아오는 동안 AI 열정이 강하게 솟구치는 물결을 여러 차례 겪었는데, 그때마다 나는 그 물결에 편승하기를 거부했다. 사용된 기술들이 실제 뇌와 조금도 비슷하지 않다는 사실이 분명해 보였고, 그래서 그러한 AI 물결은 좌초할 수밖에 없었다. 뇌의 작용 방식을 알아내는 것은 어렵지만, 지능 기계를 만드는 데 꼭 필요한 첫 번째 단계이다.

이 책 전반부에서 나는 뇌를 이해하려는 노력에서 일어난 진전을 소개했다. 신피질이 지도 같은 기준틀을 사용해 세계 모형을 만드는 방법을 설명했다. 종이 지도가 도시나 나라 같은 지리적 지역에 대한 지식을 나타내는 것처럼, 뇌 속의 지도는 우리가 상호 작용하는 물체들(예컨대 자전거나 스마트폰)에 대한 지식과 우리 몸에 대한 지식(예컨대 팔다리가 있는 장소와 그것들이 움직이는 방식), 추상적인 개념(예컨대 수학)에 대한 지식을 나타낸다.

천 개의 뇌 이론은 지식 표현 문제를 해결한다. 이해를 돕기 위해 비유를 들어보자. 내가 일상적인 물체인 스테이플러에 대한 지식을 표현하기를 원한다고 하자. 초기의 AI 연구자들은 스테이플러의 각 부분 이름을 열거하고 각 부분이 하는 일을 기술함으로써 그렇게 하려고 했다. 그들은 "스테이플러 윗부분을 아래로 누르면, 한쪽 끝에서 스테이플이 나온다"라고 스테이플러에 관한 규칙을 만들 수 있었다. 하지만 이 진술을 이해하려면, '윗부분', '끝', '스테이플' 같은 단어를 정의해야 했고, '누르다'와 '나오다' 같은 동작을 나타내는 단어의 의미도 정의해야 했다. 그리고 이 규칙은 그 자체만으로는 불충분하다. 이 규칙은 스테이플이 나올 때 어느 쪽으로 나오고, 그다음에 무슨 일이 일어나며, 스테이플이 걸려서 나오지 않을 때 어떻게 해야 하는지 등은 전혀 이야기하지 않는다. 그래서 연구자들은 추가로 규칙을 더 만들어야 했다. 이런 식으로 지식을 표현하는 방법은 끝없는 정의와 규칙의 목록을 낳았다. AI 연구자들은 그것을 제대로 작동하게 하는 방법을 알 수 없었다. 비판자들은 설령 모든 규칙을 구체적으로 명시하더라도, 컴퓨터는 여전히 스테이플러가 무엇인지 '알지' 못할 것이라고 주장했다.

뇌는 스테이플러에 대한 지식을 저장할 때 전혀 다른 접근법을 사용한다. 뇌는 모형을 배운다. 모형은 지식이 체화體化된 것이다. 자신의 머릿속에 작은 스테이플러가 있다고 상상해 보라. 그것은 실제 스테이플러와 정확하게 똑같으며(모양도 똑같고, 동일한 부품들을 갖고 있으며, 동일한 방식으로 움직인다), 단지 크기만 작을 뿐이다. 이 작은 모형은 각 부품에 라벨을 붙일 필요도 없이 우리가 스테이플러에 대해 알고 있는 모든 것을 나타낸다. 스테이플러 윗부분을 아래로 누를 때 어떤 일이 일어나는지 떠올리고 싶으면, 이 작은 모형을 누르면서 어떤 일이 일어나는지 보면 된다.

물론 우리 머릿속에 실제로 작은 물리적 스테이플러가 있는 것은 아니다. 하지만 신피질의 세포들은 동일한 목적을 달성하게 해주는 가상 모형을 배운다. 우리가 실제 스테이플러와 상호 작용을 할 때 뇌는 그 가상 모형을 배우는데, 그 모형에는 그 모양에서부터 사용할 때 움직이는 방식에 이르기까지 실제 스테이플러에서 관찰한 모든 것이 포함되어 있다. 스테이플러에 대해 우리가 알고 있는 모든 지식이 모형에 깊이 새겨진다. 우리 뇌는 스테이플러에 관한 사실과 규칙이 적힌 목록을 저장하지 않는다.

내가 여러분에게 스테이플러 윗부분을 누를 때 어떤 일이 일어나느냐고 물었다고 하자. 이 질문에 답하기 위해 여러분은 적절한 규칙을 찾아내어 그것을 내게 알려주려고 하지 않을 것이다. 그 대신에 여러분의 뇌는 스테이플러를 누르는 장면을 상상하고, 그러면 모형에 어떤 일이 일어나는지 떠올린다. 이제 여러분은 그것을 단어를 사용해 표현하면 되지만, 그 지식은 단어나 규칙으로 저장된 것이 아니다. 그 지식은 모형이다.

나는 AI의 미래가 뇌의 원리를 기반으로 하여 펼쳐질 것이라고 믿는다. 진정한 지능 기계인 AGI는 신피질처럼 지도 같은 기준틀을 사용해 세계 모형을 배울 것이다. 나는 이것이 필연적이라고 생각한다. 달리 진정한 지능 기계를 만드는 방법이 있으리라고는 절대로 믿지 않는다.

특수 목적용 AI에서 범용 AI로

오늘날 우리가 AI 분야에서 처한 상황은 컴퓨팅의 초기 시대를 떠올리게 한다. '컴퓨터computer'라는 단어는 원래는 손으로 종이 위에서 수학 계산을 하는 사람을 가리켰다. 수표數表를 만들거나 암호 메시지를 해독하기 위해 수십 명의 인간 컴퓨터가 손으로 필요한 계산을 했다. 최초의 전자 컴퓨터는 특정 과제에서 인간 컴퓨터를 대체할 목적으로 설계되었다. 예를 들면, 메시지 해독을 위한 최선의 자동화된 해결책은 오로지 메시지만 해독하는 기계였다. 앨런 튜링Alan Turing 같은 컴퓨팅 분야의 개척자들은 '범용' 컴퓨터를 만들어야 한다고 주장했다. 범용 컴퓨터는 어떤 과제라도 해결하도록 프로그래밍할 수 있는 전자 기계를 가리켰다. 하지만 당시에는 그런 컴퓨터를 만들 수 있는 최선의 방법을 아는 사람이 아무도 없었다.

많은 형태의 컴퓨터가 만들어지던 과도기가 있었다. 특정 과제 해결을 위해 설계된 컴퓨터들이 쏟아져나왔다. 프로그램을 다른 것으로 바꿔야만 새로운 목적으로 사용할 수 있는 아날로그 컴퓨터가 있었다. 이진법 대신에 십진법 언어로 작동하던 컴퓨터도 있었다. 지금은 거의 모든 컴퓨터가 튜링이 꿈꾸었던 범용 컴퓨터의 형태를 갖추고 있다. 심지어 우리는 이것들을 '범용 튜링 기계'라고 부르기도 한다. 오늘날의 컴퓨터는 적절한 소프트웨어로 돌리기만 하면, 어떤 과제 해결에도 사용할 수 있다. 시장의 힘이 범용, 일반 목적 컴퓨터를 대세로 만들었다. 지금도 특정 과제는 특수 칩처럼 주문 제작된 해결책을 사용하면 더 빠르게 또는 더 적은 에너지로 해결할 수 있는데도 불구하고 이것이 대세가 되었다. 특수 목적용 기계가 더 빠르고 에너지 소비가 더 적을 수 있지만, 제품 설계자와 공학자는 일반 목적 컴퓨터의 낮은 비용과 편의성을 선호한다.

인공 지능 분야에서도 이와 비슷한 과도기가 닥칠 것이다. 오늘날 우리는 특정 과제를 해결하도록 설계되어 거기에서 최선의 효율성을 보여주는 특수 목적용 AI 시스템을 만들고 있다. 하지만 미래에는 대부분의 지능 기계가 범용 기계가 될 것이다. 즉, 사람에 가깝게 사실상 어떤 것이라도 배우는 능력을 가질 것이다.

오늘날 사용되는 컴퓨터는 토스터에 들어가는 마이크로컴퓨터에서부터 기상 시뮬레이션에 쓰이는 방만 한 크기의 슈퍼컴퓨터에 이르기까지 크기와 모양이 아주 다양하다. 크기와 속도의 차이에도 불구하고, 이 모든 컴퓨터는 오래전에 튜링과 여러 사람이 생각한 것과 동일한 원리를 바탕으로 작동한다. 이것들은 모두 범용 튜링 기계의 예이다. 이와 비슷하게 미래의 지능 기계도 다양한 크기와 모양으로 만들어지겠지만, 거의 다 공통의 원리들을 바탕으로 작동할 것이다. 대부분의 AI는 뇌와 비슷한 범용 학습 기계가 될 것이다.(수학자들은 원리적으로도 풀 수 없는 문제가 일부 있다는 사실을 증명했다. 따라서 엄밀하게 말하면, 진정한 '범용' 해결책은 존재하지 않는다. 하지만 이것은 매우 이론적인 개념이어서 이 책의 목적상 깊이 파고들 필요가 없다고 본다.)

일부 AI 연구자들은 오늘날의 인공 신경망이 이미 범용 기계라고 주장한다. 인공 신경망을 훈련시켜 바둑을 두거나 자동차를 운전하게 할 수 있다. 하지만 한 인공 신경망이 두 가지 과제를 모두 처리하지는 못한다. 인공 신경망에게 다시 어떤 과제를 수행하게 하려면 다른 방식으로 비틀고 수정해야 한다. '범용'이나 '일반 목적'이라는 용어를 사용할 때, 나는 우리와 비슷한 것을 상상한다. 즉, 자신의 기억을 싹 지우고 처음부터 다시 시작할 필요 없이 많은 것을 배울 수 있는 기계를 상상한다.

AI가 오늘날 우리가 목도하고 있는 특수 목적용 해결책에서 미래를 지배할 더 보편적인 해결책으로 옮겨가야 할 이유는 두 가지가 있다. 첫째는 범용 컴퓨터가 특수 목적용 컴퓨터를 대체한 이유와 동일하다. 범용 컴퓨터는 결국 비용 효율이 더 뛰어났고, 그것은 그 기술의 더 급속한 발전을 낳았다. 점점 더 많은 사람이 동일한 설계를 사용하자, 가장 인기 있는 설계와 그것을 뒷받침하는 생태계의 질을 높이기 위한 노력이 더 많이 기울여졌다. 그것은 20세기 후반의 산업과 사회를 만들어낸 컴퓨터 능력의 기하급수적 향상을 낳은 근본 원동력이었다. AI가 보편적인 해결책으로 옮겨갈 수밖에 없는 두 번째 이유는 미래에 기계 지능의 가장 중요한 응용 분야 중 일부에 보편적 해결책의 유연성이 필요하다는 데 있다. 이러한 응용 분야들은 예상치 못한 문제를 다루고, 오늘날의 특수 목적용 딥 러닝 기계가 할 수 없는 방식으로 새로운 해결책을 고안할 필요가 있다.

두 종류의 로봇을 생각해 보라. 첫 번째 로봇은 공장에서 자동차에 페인트를 칠한다. 우리는 페인트 작업 로봇이 빠르고 정확하고 변함없이 일하기를 원한다. 우리는 로봇이 매일 새로운 스프레이 기술을 시도하거나 왜 자신이 자동차에 페인트칠을 하는지 질문을 하기를 원치 않는다. 조립 라인에서 자동차에 페인트를 칠하는 단일 목적에는 지능이 없는 로봇이 필요하다. 이번에는 건설 노동자 로봇

팀을 화성에 보내 사람이 살 수 있는 서식지를 건설하는 작업을 시키려 한다고 하자. 이 로봇들은 다양한 도구를 다루고, 불모의 환경에서 건물을 조립해야 한다. 이들은 예상치 못한 문제들에 맞닥뜨릴 수 있고, 서로 협력해 문제가 생긴 곳을 수리하고 설계를 수정할 필요가 있다. 사람은 이런 종류의 문제를 다룰 수 있지만, 오늘날 이와 비슷한 일을 할 수 있는 기계는 전혀 없다. 화성에서 건설을 하는 로봇은 범용 지능을 지닐 필요가 있을 것이다.

범용 지능 기계의 필요성은 제한적이며, AI의 응용 분야 중 대부분은 오늘날 우리가 가진 특수 목적용 기술로도 충분히 해결할 수 있다고 생각하는 사람이 있을지 모르겠다. 사람들은 한때 범용 컴퓨터에 대해서도 똑같이 생각했다. 그들은 범용 컴퓨터의 상업적 수요는 일부 고부가 가치 분야에 제한될 것이라고 주장했다. 하지만 실제로는 그 반대가 옳은 것으로 드러났다. 비용과 크기가 극적으로 줄어든 덕분에 범용 컴퓨터는 지난 세기에 가장 거대하고 경제적으로 가장 중요한 기술 중 하나가 되었다. 나는 21세기 후반에는 범용 AI가 이와 비슷하게 기계 지능을 지배할 것이라고 믿는다. 상업용 컴퓨터가 처음 사용된 1940년대 후반과 1950년대 전반에는 1990년이나 2000년에 컴퓨터가 어디에 쓰일지 상상하기가 불가능했다. 현재 우리의 상상력 역시 그와 비슷한 처지에 놓여 있다. 50년이나 60년 뒤에 지능 기계가 어떻게 쓰일지는 아무도 모른다.

지능이 있다고 말할 수 있는 때는 언제인가?

기계가 지능을 가졌다고 말할 수 있는 때는 언제일까? 그것을 판단할 적절한 기준이 있을까? 이것은 "기계가 범용 컴퓨터가 되었다고 말할 수 있는 때는 언제인가?"라는 질문과 비슷하다. 범용 컴퓨터(즉, 범용 튜링 기계)로 인정받으려면, 메모리와 CPU, 소프트웨어 같은 특정 부품들이 필요하다. 외부에서는 이런 부품들을 볼 수 없다. 예를 들면, 나는 겉모습만 보고서는 내 토스터 오븐 내부에 범용 컴퓨터가 들어 있는지 맞춤형 칩이 들어 있는지 알 수 없다. 토스터 오븐이 더 많은 특질을 가질수록 범용 컴퓨터가 들어 있을 가능성이 높지만, 확실하게 알 수 있는 유일한 방법은 내부를 들여다보면서 어떻게 작동하는지 살펴보는 것이다.

이와 비슷하게 기계가 지능을 가졌다고 인정받으려면, 일련의 원리를 사용해 작동해야 한다. 그저 밖에서 관찰하는 것만으로는 그 시스템이 이 원리들을 사용하는지 여부를 알 수 없다. 예를 들어 고속도로를 질주하는 자동차를 보았을 때, 나는 지능이 있는 사람이 배우고 적응하면서 그 차를 운전하는지, 아니면 단순한 제어 장치가 그저 차를 두 선 사이로 달리게 하는지 알 수 없다. 그 차가 더 복잡한 행동을 보일수록 지능이 있는 행위 주체가 운전을 할 가능성이 높지만, 확실하게 확인할 수 있는 유일한 방법은 그 내부를 들여다보는 것이다.

그렇다면 기계가 지능이 있다고 인정받으려면 충족해야 할 기준이 있을까? 나는 있다고 생각한다. 나는 지능이 있다고 인정받으려면, 뇌를 기반으로 한 원리를 따라야 한다고 생각한다. 다음에 열거한 네 가지 속성은 모두 뇌가 가진 속성인데, 나는 지능 기계도 이런 속성을 가져야 한다고 믿는다. 나는 각각의 속성이 무엇이고, 왜 중요하며, 뇌가 그것을 어떻게 실행하는지 설명할 것이다. 물론 지능 기계는 이런 속성들을 뇌와 다르게 실행할 수 있다. 예를 들면, 지능 기계를 반드시 살아 있는 세포로 만들어야 할 필요는 없다.

내가 선택한 속성에 모두가 동의하지는 않을 것이다. 중요한 일부 속성이 누락되었다고 지적받을 수도 있다. 그래도 상관없다. 나는 내 목록을 AGI를 위한 최소한의 요건, 즉 기준선이라고 생각한다. 오늘날 이런 속성 중 하나라도 충족한 AI 시스템은 거의 없다.

1. 끊임없는 학습 능력

이것은 무엇일까? 우리는 살아가면서 깨어 있는 매 순간 뭔가를 배운다. 우리가 뭔가를 기억하는 시간은 천차만별이다. 식탁 위에 놓인 접시의 배치나 우리가 어제 입은 옷처럼 어떤 것은 금방 잊어버리고 만다. 그런가 하면 어떤 기억은 평생을 간다. 학습은 감각을 느끼고 행동을 하는 것과 분리된 별개의 과정이 아니다. 우리는 끊임없이 배운다.

이것은 왜 중요할까? 세계는 끊임없이 변한다. 따라서 우리의 세계 모형은 변하는 세계를 반영해 끊임없이 배워야 한다. 오늘날의 AI 시스템은 대부분 끊임없이 학습하는 능력이 없다. 긴 훈련 과정을 거쳐 학습이 완료되면, 그대로 현장에 투입된다. 이것은 AI 시스템이 유연하지 않은 한 가지 이유이다. 유연성은 변하는 조건과 새로운 지식에 따라 끊임없이 적응하는 능력이다.

뇌는 이 일을 어떻게 할까? 뇌가 끊임없이 배우는 능력의 배경에 있는 가장 중요한 요소는 신경세포이다. 신경세포가 새로운 패턴을 배울 때, 한 가지돌기 가지에 새로운 시냅스가 생긴다. 새로운 시냅스는 다른 가지들에서 이전에 배운 것에 영향을 미치지 않는다. 따라서 뭔가 새로운 것을 배우더라도 신경세포는 전에 배운 것을 잊어버리거나 수정할 필요가 없다. 오늘날 AI 시스템에서 사용되는 인공 신경세포는 이런 능력이 없다. 이것은 AI 시스템이 끊임없이 학습하는 능력을 갖지 못한 한 가지 이유이다.

2. 움직임을 통한 학습

이것은 무엇일까? 우리는 움직이면서 배운다. 우리는 몸과 팔다리와 눈을 움직이면서 매일을 보낸다. 이러한 움직임은 우리가 뭔가를 배울 때 꼭 필요하다.

이것은 왜 중요할까? 지능은 세계 모형을 배우는 것이 필요하다. 우리는 세계 속에 있는 모든 것을 동시에 감지할 수 없다. 그래서 학습에는 움직임이 필요하다. 모든 방을 둘러보지 않고는 집의 모형을 배울 수 없고, 직접 상호 작용을 해보지 않고는 스마트폰의 새로운 앱을 배울 수 없다. 움직임은 반드시 물리적이어야 할 필요는 없다. 움직임을 통한 학습의 원리는 수학 같은 개념과 인터넷 같은 가상 공간에도 적용된다.

뇌는 이 일을 어떻게 할까? 신피질의 처리 단위는 피질 기둥이다. 각각의 피질 기둥은 완전한 감각-운동 체계이다. 즉, 입력을 받아 행동을 만들어낼 수 있다. 매번 움직임이 일어날 때마다 피질 기둥은 다음번 입력이 무엇일지 예측한다. 예측은 피질 기둥이 자신의 모형을 검증하고 수정하는 방식이다.

3. 많은 모형

이것은 무엇일까? 신피질은 약 15만 개의 피질 기둥으로 이루어져 있는데, 각각의 피질 기둥은 대상의 모형을 배운다. 커피 잔 같은 특정 대상에 대한 지식은 많은 상호 보완적 모형에 나뉘어 있다.

이것은 왜 중요할까? 신피질의 많은 모형 설계는 유연성을 제공한다. AI 설계자는 여러 종류의 센서(시각과 촉각 혹은 심지어 레이더 같은 새로운 센서)를 통합하는 기계를 쉽게 만들 수 있다. 그리고 다양한 체화를 가진 기계를 만들 수 있다. 지능 기계의 '뇌'는 신피질처럼 거의 동일한 요소들로 이루어질 것이고, 그것들은 다양한 이동성 센서에 연결될 것이다.

뇌는 이 일을 어떻게 할까? 많은 모형 설계를 제대로 작동시키는 열쇠는 투표에 있다. 각각의 피질 기둥은 다소 독립적으로 행동하지만, 신피질의 장거리 연결들은 피질 기둥들이 감지하는 대상이 무엇인지 투표를 통해 결정하게 해준다.

4. 기준틀을 사용한 지식 저장

이것은 무엇일까? 뇌에서 지식은 기준틀에 저장된다. 기준틀은 예측을 하고, 계획을 세우고, 움직임을 실행하는 데에도 쓰인다. 생각은 뇌가 기준틀에서 한 번에 한 위치를 활성화해 관련 지식 조각을 끄집어낼 때 일어난다.

이것은 왜 중요할까? 기계가 지능을 가지려면 세계 모형을 배울 필요가 있다. 그 모형에는 대상들의 모양, 우리와 상호 작용할 때 변하는 방식, 서로에 대한 상대적 위치 등이 포함되어야 한다. 이런 종류의 정보를 나타내는 데에는 기준틀이 필요하다. 기준틀은 지식의 중추이다.

뇌는 이 일을 어떻게 할까? 각각의 피질 기둥은 자신의 기준틀들을 확립한다. 우리는 피질 기둥이 격자세포와 장소세포에 상응하는 세포들을 사용해 기준틀을 만든다고 제안했다.

기준틀의 예

대부분의 인공 신경망은 기준틀에 해당하는 것을 전혀 갖고 있지 않다. 예를 들면, 이미지를 인식하는 전형적인 신경망은 단지 각각의 이미지에 라벨을 부여할 뿐이다. 기준틀이 없는 인공 신경망은 대상의 3차원 구조나 움직이고 변하는 방식을 배울 방법이 없다. 이러한 시스템의 한 가지 문제점은 왜 어떤 대상에 고양이라는 라벨을 붙였느냐고 물어볼 수가 없다는 것이다. AI 시스템은 고양이가 무엇인지 모른다. 이 이미지가 '고양이'라는 라벨이 붙은 다른 이미지들과 비슷하다는 것 말고는 추가 정보도 전혀 얻을 수 없다.

일부 형태의 AI는 기준틀이 있지만, 그것을 실행하는 데 한계가 있다. 예를 들면, 체스를 두는 컴퓨터는 체스판이라는 기준틀이 있다. 체스판 위의 위치들은 '킹 쪽의 룩 4'나 '퀸 7'처럼 체스 특유의 명명법으로 표시된다. 체스를 두는 컴퓨터는 이 기준틀을 사용해 각 말의 위치와 움직임을 나타내고, 향후의 수를 계획한다. 체스판 기준틀은 본질적으로 2차원이고, 위치는 64개만 있다. 이런 조건은 체스에서는 잘 통하지만, 스테이플러의 구조나 고양이의 행동을 배우는 데에는 아무 쓸모가 없다.

자율 주행차는 대개 다수의 기준틀이 있다. 하나는 GPS인데, 인공위성을 기반으로 지구상의 어느 곳에 있건 차의 위치를 추적하는 시스템이다. 자동차는 GPS 기준틀을 사용해 도로와 교차로, 건물이 있는 위치를 배울 수 있다. GPS는 체스판보다 범용에 더 가까운 기준틀이지만, 지구에 고정되어 있기 때문에 솔개나 자전거처럼 지구에 대해 상대적 운동을 하는 대상의 구조나 형태를 나타낼 수 없다.

로봇 설계자들은 기준틀을 사용하는 데 익숙하다. 그들은 기준틀을 사용해 로봇이 세계 속에 있는 장소를 추적하고, 한 위치에서 다른 위치로 움직이려면 어떻게 해야 하는지 계획한다. 대부분의 로봇공학자들은 AGI에 그다지 신경 쓰지 않는 반면, 대부분의 AI 연구자들은 기준틀의 중요성을 모른다. 오늘날 AI와 로봇공학은 비록 그 경계선이 흐릿해지기 시작했지만 대체로 서로 별개의 연구 분야로 존재한다. 일단 AI 연구자들이 AGI를 만드는 데 움직임과 기준틀이 필수적 역할을 한다는 사실을 이해하면, 인공 지능과 로봇공학 사이의 간극이 완전히 사라질 것이다.

기준틀의 중요성을 잘 이해하는 AI 연구자로는 제프리 힌턴Geoffrey Hinton이 있다. 오늘날의 신경망은 힌턴이 1980년대에 개발한 개념들에 의존하고 있다. 얼마 전에 힌턴은 이 분야를 비판했는데,

딥 러닝 네트워크는 위치 감각이 결여되어 있어 세계의 구조를 배울 수 없다고 주장했다. 이 비판은 AI에 기준틀이 필요하다고 내가 제기한 비판과 본질적으로 동일하다. 힌턴은 이 문제에 '캡슐capsule'이라는 해결책을 제안했다. 캡슐은 신경망에 극적인 개선을 약속하지만, 아직까지는 AI의 응용 분야에서 주류로 떠오르지 못했다. 캡슐이 성공할지, 아니면 미래의 AI가 내가 제안한 격자세포 같은 메커니즘에 의존할지는 두고 보아야 할 일이다. 어느 쪽이건 지능에는 기준틀이 필요하다.

마지막으로 동물을 살펴보자. 모든 포유류는 신피질이 있고, 따라서 모두 내 정의에 따르면 지능이 있는 범용 학습자이다. 크건 작건 모든 신피질은 피질의 격자세포로 정의되는 범용 기준틀이 있다.

생쥐는 신피질이 작다. 따라서 생쥐의 학습 능력은 신피질이 큰 동물에 비하면 제한적이다. 하지만 나는 내 토스터에 내장된 컴퓨터가 범용 튜링 기계인 것과 마찬가지로 생쥐도 지능이 있다고 말할 것이다. 토스터의 컴퓨터는 작지만 튜링의 개념을 완전하게 실행한다. 이와 비슷하게 생쥐의 뇌는 작지만 이 장에서 기술한 학습의 속성을 완전하게 실행한다.

동물계에서 지능은 포유류만 가진 것이 아니다. 예를 들면, 새와 문어도 복잡한 행동을 배우고 실행할 수 있다. 이 동물들 역시 뇌에 기준틀이 있는 것이 거의 확실한데, 다만 격자세포나 장소세포와 비슷한 것을 가지고 있는지 아니면 다른 메커니즘을 가지고 있는지는 더 연구해 보아야 할 것이다.

이 사례들은 계획과 복잡하고 목표 지향적인 행동을 보이는 시스템—체스를 두는 컴퓨터이건, 자율 주행차이건, 사람이건—은 거의 다 기준틀을 갖고 있음을 보여준다. 기준틀의 종류가 그 시스템이 배울 수 있는 것을 결정한다. 체스를 두는 것과 같은 특정 과제를 위해 설계된 기준틀은 다른 영역에는 유용하지 않을 것이다. 범용 지능에는 많은 종류의 문제에 적용할 수 있는 범용 기준틀이 필요하다.

지능은 기계가 단일 과제나 심지어 몇몇 과제를 수행하는 능력으로 측정할 수 없다는 점을 또 한 번 강조하고 싶다. 그 대신에 지능은 기계가 세계에 대한 지식을 배우고 저장하는 방식으로 결정된다. 우리는 한 가지 일을 특별히 잘해서가 아니라 사실상 어떤 것이라도 배울 수 있는 능력이 있기 때문에 지능이 있다고 말한다. 인간 지능의 극단적인 유연성에는 이 장에서 언급한 속성들, 즉 끊임없는 학습과 움직임을 통한 학습, 많은 모형 학습, 범용 기준틀을 사용해 지식을 저장하고 목표 지향적 행동을 실행에 옮기는 것이 필요하다. 나는 미래에는 거의 모든 형태의 기계 지능이 이러한 속성들을 가질 것이라고 믿지만, 지금 당장은 요원한 일이다.

지능과 관련해 가장 중요한 주제를 간과했다고 주장하는 사람들이 있는데, 그것은 바로 의식이다. 이 문제는 다음 장에서 다룬다.

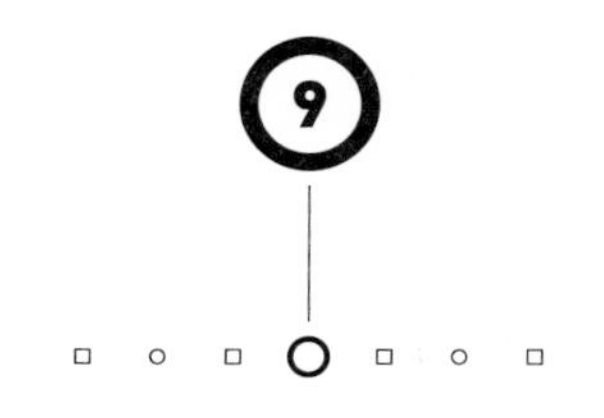

기계가 의식을 가질 때

얼마 전에 나는 '지능 기계 시대에 인간으로 살아가기Being Human in the Age of Intelligent Machines'라는 제목의 패널 토론에 참석한 적이 있다. 토론 도중에 예일대학교의 한 철학 교수가 만약 기계가 의식을 갖게 된다면, 아마도 우리는 그 전원을 꺼서는 안 된다는 도덕적 의무를 느껴야 할 것이라고 말했다. 그 발언에 함축된 의미는 만약 어떤 것이 의식을 가진다면, 설사 기계라 하더라도 그것은 도덕적 권리를 가지며, 따라서 그 전원을 끄는 것은 살인에 해당한다는 것이었다. 와우! 컴퓨터의 플러그를 뽑았다가 감옥에 가는 상황을 상상해 보라. 우리는 이 문제를 염려해야 할까?

대다수 신경과학자는 의식에 대해 그다지 많이 이야기하지 않는다. 그들은 뇌를 나머지 모든 물리적 시스템처럼 이해할 수 있으며, 의식은 그것이 무엇이건 같은 방법으로 설명할 수 있다고 생각한다. '의식'이 무엇을 의미하는지에 대해서도 일치된 정의가 없기 때문에, 그 문제에 대해 염려하지 않는 것이 최선이다.

반면에 철학자들은 의식에 대해 이야기하길 좋아한다(그리고 책까지 쓴다). 일부 철학자는 의식이 물리적 기술을 초월하는 대상이라고 생각한다. 즉, 뇌의 작용 방식을 완전히 이해한다 하더라도, 의식을 설명할 수는 없다고 생각한다. 철학자 데이비드 차머스David Chalmers는 의식은 '어려운 문제'인 반면, 뇌의 작용 방식을 이해하는 것은 '쉬운 문제'라고 말한 것으로 유명하다. 이 표현은 크게 유행했고, 지금은 많은 사람이 의식은 본질적으로 풀 수 없는 문제라고 생각한다.

개인적으로 나는 의식을 설명 불가능한 것으로 믿을 이유가 없다고 생각한다. 나는 철학자들과 논쟁을 벌이고 싶지 않으며, 의식을 정의하고 싶지도 않다. 하지만 천 개의 뇌 이론은 의식의 여러 측면에 대해 물리적 설명을 제시한다. 예를 들면, 뇌가 세계 모형을 배우는 방식은 우리의 자기 감각과 우리가 믿음을 형성하는 방식과 밀접한 관련이 있다.

나는 이 장에서 의식의 몇 가지 측면에 대해 뇌 이론이 뭐라고 말하는지 소개하려고 한다. 우리가 뇌에 대해 알고 있는 것만을 바탕으로 이야기할 것이며, 더 설명해야 할 것이(만약 그런 것이 있다면) 무엇인지는 여러분의 판단에 맡기려고 한다.

인식

내가 당신의 뇌를 오늘 아침에 깨어났을 때의 상태로 리셋할 수 있다고 상상해 보자. 리셋하기 전에 당신은 일어나서 평소에 하던 일을 하면서 하루를 보낸다. 어쩌면 오늘 당신은 세차를 했을 수도 있다. 저녁에 나는 당신의 뇌를 아침에 깨어나던 시점으로 리셋하면서 오늘 하루 동안 일어난 모든 변화(시냅스에 일어난 변화까지 포함해)를 없었던 일로 되돌릴 것이다. 따라서 당신이 오늘 한 모든 일의 기억이 삭제될 것이다. 뇌를 리셋하고 나면, 당신은 지금 막 일어났다고 믿을 것이다. 그때 내가 오늘 당신이 세차를 했다고 말하면, 당신은 처음에는 그렇지 않다고 주장하면서 반박할 것이다. 당신이 세차를 하는 영상을 보여주면, 당신은 정말로 세차를 한 것처럼 보인다고 인정하면서도 그때에는 아마도 의식이 없었던 것 같다고 변명할지 모른다. 의식이 없는 상태에서 그런 일을 했기 때문에 그날 하루 동안 한 어떤 일에 대해서도 책임을 질 필요가 없다고 주장할지도 모른다. 물론 당신은 세차를 할 때 분명히 의식이 있었다. 하루 동안의 기억을 삭제하고 나자, 당신은 의식이 없었다고 믿고 또 그렇게 주장할 뿐이다. 이 사고 실험은 우리의 인식 감각(많은 사람들이 의식이라고 부르는)에는 매 순간 우리의 행동에 대한 기억을 형성하는 것이 필요하다는 것을 보여준다.

의식에는 또한 매 순간 우리의 생각에 대한 기억을 형성하는 것도 필요하다. 생각은 뇌의 신경세포들이 순차적으로 활성화되는 것에 불과하다고 했던 말을 떠올려보라. 멜로디를 이루는 음정들의 순서를 기억할 수 있는 것처럼 우리는 생각들의 순서도 기억할 수 있다. 만약 우리가 생각을 기억하지 못한다면, 자신이 어떤 일을 왜 하는지 모를 것이다. 예를 들면, 집에서 무슨 일을 하려고 방에 들어갔는데, 방에 들어간 순간 왜 거기에 왔는지 잊어버린 경험은 누구나 있을 것이다. 그런 일이 일어났을 때, 우리는 "여기 오기 전에 나는 어디에 있었고, 무슨 생각을 하고 있었지?"라고 반문한다. 우리는 왜 지금 주방에 서 있는지 그 이유를 알기 위해 최근에 한 생각의 기억을 되살리려고 노력한다.

우리 뇌가 제대로 작동할 때, 신경세포들은 우리의 생각과 행동에 대해 연속적인 기억을 형성한다. 따라서 주방에 들어갔을 때, 우리는 그전에 한 생각을 떠올릴 수 있다. 그리고 조금 전에 냉장고에 남은 케이크 조각을 먹기로 한 생각의 기억을 되살리면서 왜 주방에 왔는지 그 이유를 안다.

어떤 순간에 뇌에서 활성화되는 신경세포들은 우리의 현재 경험을 나타내고, 다른 순간에 활성화되는 신경세포들은 이전의 경험이나 생각을 나타낸다. 우리에게 현재 감각과 인식을 주는 것은 이렇게 과거에 접근할 수 있는 능력—시간을 거슬러 과거로 갔다가 다시 현재로 돌아오는 능력—이다. 만약 최근의 생각과 경험을 재생할 수 없다면, 우리는 자신이 살아 있다는 것조차 인식하지 못할 것이다.

매 순간의 기억은 영구적인 것이 아니다. 우리는 대개 몇 시간이나 며칠 사이에 그런 기억을 잊어버린다. 나는 오늘 아침에 무엇을 먹었는지 기억하지만, 하루이틀 지나고 나면 잊어버리고 말 것이다. 나이가 들면서 단기 기억 형성 능력이 떨어지는 것은 흔한 일이다. 나이가 들면서 "내가 왜 이곳에 왔지?"라고 묻는 경험이 점점 늘어나는 것은 이 때문이다.

이러한 사고 실험은 우리의 인식과 현재 감각(의식의 핵심을 차지하는)이 최근의 생각과 경험에 대한 기억을 끊임없이 형성하고, 또 하루를 보내는 동안 그것을 재생하는 능력에 달려 있다는 것을 보여준다.

이번에는 지능 기계를 만든다고 상상해 보자. 이 기계는 뇌와 동일한 원리를 사용해 세계 모형을 배운다. 세계 모형을 만드는 기계의 내부 상태는 뇌 속 신경세포들의 상태와 비슷하다. 만약 우리 기계가 그런 일이 일어날 때 그 상태들을 기억하고 재생할 수 있다면, 기계는 여러분과 나와 똑같은 방식으로 자신의 존재를 인식하고 의식할까? 나는 그렇다고 믿는다.

만약 과학 연구와 알려진 물리학 법칙으로 의식을 설명할 수 없다고 믿는 사람이라면, 내가 뇌의 상태를 저장하고 다시 끄집어내는 것이 필요함을 보여주긴 했지만, 그것만으로 충분하다는 것을 증명하지는 못했다고 주장할 수도 있다. 만약 당신이 그런 견해를 가졌다면, 왜 그것이 충분하지 않은지 입증할 책임은 당신에게 있다.

나는 인식 감각—존재 감각, 내가 세계에서 행동을 하는 행위 주체라는 느낌—이 의식의 핵심이라고 생각한다. 그것은 신경세포들의 활동으로 쉽게 설명할 수 있고, 나는 여기서 어떤 신비함도 느끼지 않는다.

감각질

눈과 귀, 피부에서 뇌로 연결된 신경 섬유들은 모두 똑같아 보인다. 이들은 단지 생김새만 닮은 것이 아니라, 동일해 보이는 극파를 사용해 정보를 전달한다. 뇌에 들어오는 입력만 보고서는 그것들이 무엇을 나타내는지 분간할 수 없다. 하지만 시각과 청각은 분명히 다르게 느껴지며, 어느 것도 극파로 느껴지지 않는다. 우리는 목가적인 풍경을 바라볼 때 탁탁거리면서 뇌로 들어오는 전기 신호를 느끼지 않는다. 그 대신에 언덕과 색과 그림자를 본다.

감각질qualia은 감각 입력이 어떻게 지각되고 어떻게 느껴지는지를 나타내는 이름이다. 감각질은 불가사의하다. 모든 감각이 동일한 극파에서 생겨난다는 사실을 감안하면, 왜 시각은 촉각과 다르게 느껴질까? 그리고 왜 어떤 입력 극파는 통증 감각을 일으키고, 다른 극파는 일으키지 않을까? 이것들은 어리석은 질문처럼 보일 수 있지만, 뇌가 머리뼈 속에 자리잡고 있고 거기에 들어오는 입력은 극파에 불과하다고 상상하면, 불가사의한 느낌이 들 수 있다. 우리의 지각된 감각은 어디서 나오는 것일까? 감각질의 기원은 의식의 수수께끼 중 하나로 간주된다.

감각질은 뇌가 만드는 세계 모형의 일부이다

감각질은 주관적이다. 이 말은 감각질이 내부적 경험이라는 뜻이다. 예를 들면, 나는 피클이 어떤 맛인지 알지만, 당신도 똑같은 맛으로 느끼는지는 알 수 없다. 만약 우리가 동일한 단어들을 사용해 피클 맛을 표현한다 하더라도, 여전히 당신과 내가 피클을 다르게 지각할 가능성이 있다. 동일한 입력이 사람에 따라 다르게 지각된다는 것을 실제로 알 수 있는 경우가 가끔 있다. 최근의 유명한 사례로 어떤 사람들은 흰색과 황금색이 섞인 것으로 보는 반면, 다른 사람들은 검은색과 파란색이 섞인 것으로 보는 드레스 사진이 있다. 정확하게 똑같은 사진을 보고서도 사람들은 서로 다른 색으로 지각할 수 있다. 이 사례는 색의 감각질이 순전히 물리적 세계의 속성이 아님을 말해준다. 만약 감각질이 순전히 물리적 세계의 속성이라면, 모든 사람이 드레스의 색을 똑같이 말해야 할 것이다. 드레스의 색은 우리 뇌가 만드는 세계 모형의 한 속성이다. 만약 두 사람이 동일한 입력을 다르게 지각한다면, 그것은 두 사람의 모형이 다르다는 것을 말해준다.

우리 집 근처에는 소방서가 있고, 그 진입로에는 빨간색 소방차가 서 있다. 소방차 표면은 늘 빨간색으로 보이지만, 거기에 반사되어 나오는 빛의 진동수와 세기는 변한다. 그 빛은 태양의 각도, 날씨, 진입로에 세워진 소방차의 방향에 따라 변한다. 하지만 나는 소방차의 색이 변하는 것을 지각하지 못한다. 그것은 우리가 빨간색으로 지각하는 것과 특정 진동수의 빛 사이에 일대일 대응 관계가 성립하지 않는다는 것을 말해준다. 빨간색은 특정 진동수의 빛과 관련이 있지만, 우리가 빨간색으로 지각하는 색은 항상 똑같은 진동수의 빛이 아니다. 소방차의 빨간색은 뇌가 만들어낸 것이다. 그것은 뇌가 만든 소방차 표면 모형의 한 속성이지, 빛 자체의 속성이 아니다.

우리가 대상을 배우는 방식과 비슷하게 어떤 감각질은 움직임을 통해 배운다

만약 감각질이 뇌가 만드는 세계 모형의 한 속성이라면, 뇌는 그것을 어떻게 만들어낼까? 뇌가 움직임을 통해 세계 모형을 배운다는 사실을 떠올려보라. 커피 잔의 촉감을 배우려면, 손가락을 커피 잔 위로 움직이면서 서로 다른 장소들을 만져보아야 한다.

어떤 감각질은 이와 비슷하게 움직임을 통해 배운다. 초록색 종이를 손에 들고 있다고 상상해 보라. 그리고 종이를 바라보면서 종이를 움직인다. 먼저 종이를 똑바로 바라본 뒤, 종이를 왼쪽으로 기울였다가 다시 오른쪽으로 기울이고, 그다음에는 위로 기울였다가 아래로 기울인다. 종이의 각도를 바꿈에 따라 우리 눈에 들어오는 빛의 진동수와 세기가 변하며, 따라서 뇌에 들어오는 극파의 패턴도 변한다. 초록색 종이 같은 대상을 움직일 때, 우리 뇌는 빛이 어떻게 변할지 예측한다. 우리는 이런 예측이 일어난다고 확신할 수 있는데, 만약 종이를 움직일 때 그 빛이 변하지 않거나 정상과 다르게 변한다면, 뭔가 잘못되었음을 알아챌 것이기 때문이다. 그것은 표면이 각도에 따라 빛을 어떻게 반사할지 알려주는 모형이 뇌에 있기 때문이다. 표면의 종류에 따라 제각각 다른 모형이 있다. 우리는 한 표면 모형을 '초록색'으로, 다른 표면 모형을 '빨간색'으로 부를 수 있다.

뇌는 표면의 색 모형을 어떻게 배울까? 우리가 그 색이 초록색이라고 부르는 표면에 대한 기준틀이 있다고 상상해 보자. 초록색에 대한 기준틀은 커피 잔 같은 대상에 대한 기준틀과는 아주 중요한 방식으로 차이가 있다. 커피잔에 대한 기준틀은 커피잔의 서로 다른 위치들에서 감지된 입력들을 나타낸다. 초록색 표면에 대한 기준틀은 표면의 서로 다른 방향들에서 감지된 입력들을 나타낸다. 방향을 나타내는 기준틀을 상상하는 것은 어려울 수 있지만, 이론의 관점에서 보면 두 종류의 기준틀은 비슷하다. 뇌가 커피 잔 모형을 배우는 데 사용하는 것과 동일한 기본 메커니즘으로 색 모형도 배울 수 있다.

추가 증거가 없는 상태에서 나는 색의 감각질 모형이 실제로 이런 식으로 만들어지는지 알지 못한다. 내가 이 예를 언급하는 이유는 이것이 우리가 어떻게 감각질을 배우고 경험하는지 검증할 수 있는 이론을 만들고, 신경학적 설명을 하는 것이 가능함을 보여주기 때문이다. 이것은 일부 사람들이 믿는 것과 달리 감각질이 정상적인 과학 설명의 영역 밖에 있는 것이 아님을 보여준다.

모든 감각질이 학습되는 것은 아니다. 예를 들면, 통증 감각은 거의 틀림없이 선천적인데, 신피질이 아니라 특별한 통증 수용체와 오래된 뇌의 구조를 통해 느끼는 감각이다. 뜨거운 난로를 만졌을 때, 신피질이 어떤 일이 일어나는지 알기도 전에 우리는 통증을 느끼면서 재빨리 손을 뗀다. 따라서 통증은 내가 신피질에서 학습된다고 설명한 초록색과 같은 방식으로 이해할 수 없다.

우리가 통증을 느낄 때, 그것은 '저 밖에' 우리 몸 밖의 어느 위치에 있다. 위치는 통증 감각질의 일부이며, 왜 통증이 서로 다른 위치들에서 지각되는지에 대해서는 확실한 설명이 있다. 하지만 왜 통증이 아프게 느껴지는지, 혹은 왜 다른 방식이 아니라 그렇게 느껴지는지는 설명할 수 없다. 그렇다고 이것이 큰 지장을 초래하는 것은 아니다. 뇌에 대해 우리가 아직 제대로 모르는 것이 많지만, 지금까지 우리가 꾸준히 이룬 진전을 감안할 때, 나는 이것과 감각질에 관련된 그 밖의 문제들은 신경과학 연구와 발견의 정상적 과정을 통해 이해할 수 있다고 자신한다.

의식의 신경과학

의식을 연구하는 신경과학자들이 있다. 스펙트럼의 한쪽 끝에는 의식은 과학적으로 설명할 수 없다고 믿는 신경과학자들이 있다. 이들은 의식과 연관성이 있는 신경 활동을 살펴보기 위해 뇌를 연구하지만, 신경 활동으로 의식을 설명할 수 있다고는 믿지 않는다. 이들은 아마도 의식은 절대로 이해할 수 없거나, 양자 효과나 발견되지 않은 물리학 법칙에서 의식이 생겨난다고 생각한다. 개인적으로 나는 이 견해가 이해가 가지 않는다. 왜 어떤 것을 이해할 수 없다고 가정해야 하는가? 발견의 긴 역사는 처음에는 이해할 수 없는 것처럼 보이던 것이 결국에는 논리적으로 설명되고 만다는 사실을 반복적으로 보여주었다. 만약 어떤 과학자가 의식은 신경 활동으로 설명할 수 없다고 이상한 주장을 한다면, 우리는 의심을 품어야 마땅하며, 왜 설명할 수 없는지를 증명하는 책임은 그 사람에게 있다.

의식은 다른 물리 현상과 마찬가지로 이해할 수 있다는 믿음을 가지고 연구하는 신경과학자들도 있다. 이들은 만약 의식이 불가사의해 보인다면, 그것은 오로지 우리가 그 메커니즘을 제대로 이해하지 못해서, 그리고 어쩌면 우리가 문제를 적절한 방법으로 생각하지 않아서 그렇다고 주장한다. 내 동료들과 나는 당연히 후자에 속한다. 프린스턴대학교의 신경과학자 마이클 그라지아노Michael Graziano도 그렇다. 그라지아노는 신피질의 신체 영역이 신체 모형을 만드는 방식과 비슷하게 신피질의 특정 영역이 주의 모형을 만든다고 주장했다. 그는 뇌의 신체 모형이 우리에게 팔이나 다리가 있다고 믿게 하는 것처럼 뇌의 주의 모형은 우리에게 의식이 있다고 믿게끔 한다고 주장한다. 그라지아노의 이론이 옳은지 그른지 알 수 없지만, 내 눈에는 올바른 접근법으로 보인다. 이 이론이 주의 모형을 배우는 신피질에 기반을 두고 있다는 사실에 주목하라. 만약 그라지아노의 이론이 옳다면, 나는 그 모형이 격자세포와 비슷한 기준틀을 사용해 만들어진다는 쪽에 내기를 걸 것이다.

기계의 의식

의식이 단지 물리적 현상에 불과하다는 주장이 옳다면, 지능 기계와 의식에 대해 무엇을 예상할 수 있을까? 뇌와 동일한 원리를 바탕으로 작동하는 기계는 의식을 가질 것이란 사실을 나는 추호도 의심하지 않는다. 오늘날의 AI 시스템은 이런 식으로 작동하지 않지만, 미래에는 그럴 것이고, 그러면 의식을 가질 것이다. 나는 또한 많은 동물, 그중에서도 특히 다른 포유류에게 의식이 있다는 사실도 의심하지 않는다. 동물들이 우리에게 그 사실을 알아달라고 말하지 않아도 우리는 그것을 아는데, 그들의 뇌도 우리 뇌와 비슷한 방식으로 작동하기 때문이다.

우리에게는 의식을 가진 기계의 전원을 꺼서는 안 될 도덕적 의무가 있을까? 그것은 살인 행위와 맞먹는 것일까? 그렇지 않다. 나는 의식을 가진 기계의 플러그를 뽑는 것에 아무런 양심의 가책도 느끼지 않을 것이다. 첫째, 우리가 매일 밤 잠을 잘 때 불을 끈다는 사실을 생각해 보라. 그리고 일어나면 다시 불을 켠다. 나는 의식이 있는 기계의 플러그를 뽑았다가 나중에 다시 꽂는 것도 이와 다를 바가 없다고 생각한다.

플러그를 뽑은 지능 기계를 파괴하거나 플러그를 영원히 다시 꽂지 않으면 어떻게 될까? 그것은 잠자는 사람을 죽이는 것과 비슷하지 않을까? 그렇지 않다.

우리가 죽음을 두려워하는 감정은 오래된 뇌 부분이 만들어낸다. 생명을 위협하는 상황을 감지하면, 오래된 뇌는 두려움 감각을 만들어내고, 우리는 더 반사적인 방식으로 행동하기 시작한다. 가까운 사람을 잃었을 때, 우리는 그의 죽음을 애도하면서 슬픔을 느낀다. 두려움과 감정은 오래된 뇌의 신경세포들이 호르몬과 여러 화학 물질을 몸속으로 분비하면서 만들어낸다. 신피질은 오래된 뇌가 언제 이 화학 물질들을 분비해야 할지 결정하는 데 도움을 줄 수도 있다. 하지만 오래된 뇌가 없으면, 우리는 두려움이나 슬픔을 느끼지 못할 것이다. 죽음에 대한 두려움과 상실에 대한 슬픔은 기계가 의식이나 지능을 가지는 데 꼭 필요한 요소가 아니다. 우리가 일부러 기계에 두려움과 감정에 상응하는 것을 집어넣지 않는 한, 기계는 설사 작동이 멈추거나 분해되거나 폐기되더라도 전혀 개의치 않을 것이다.

사람이 지능 기계에 애착을 느낄 수 있다. 어쩌면 둘은 많은 경험을 공유했고, 사람은 기계에 개인적 연결을 강하게 느낄 수 있다. 그런 경우에는 만약 기계의 작동을 멈추게 했을 때 사람에게 미치는 해를 고려해야 할 것이다. 하지만 지능 기계 자체에는 도덕적 의무를 느낄 필요가 없다. 만약 우리가 일부러 지능 기계에 두려움과 감정을 집어넣는다면 나는 견해를 바꿔야 하겠지만, 지능과 의식 자체는 스스로 이런 종류의 도덕적 딜레마를 만들어내지 않는다.

생명의 불가사의와 의식의 불가사의

얼마 전까지만 해도 "생명이란 무엇인가?"라는 질문은 "의식이란 무엇인가?"라는 질문만큼 불가사의했다. 왜 어떤 물질 조각은 살아 있고 다른 물질 조각은 살아 있지 않은지 설명하기가 불가능해 보였다. 많은 사람에게 이 불가사의는 과학적 설명의 영역을 벗어나는 것처럼 보였다. 1907년, 철학자 앙리 베르그송Henri Bergson은 생물과 무생물의 차이를 설명하기 위해 엘랑 비탈élan vital(생명의 약동)이라는 신비한 개념을 도입했다. 베르그송에 따르면, 생명이 없는 물질에 엘랑 비탈이 첨가되어 생명이 있는 물질이 되었다고 한다. 중요한 것은 엘랑 비탈이 물리적 실체가 아니고, 정상적인 과학 연구로 이해할 수 없는 존재라는 것이다.

유전자와 DNA가 발견되고 생화학 분야가 발전하면서 이제 우리는 생물을 설명 불가능한 것으로 여기지 않는다. 아직도 생명에 관한 질문 중에는 그 답이 알려지지 않은 것이 많다. 예컨대 다음과 같은 질문들이 있다. 생명은 처음에 어떻게 시작되었을까? 생명은 우주에 흔하게 존재하는가? 바이러스는 생물인가? 다른 분자와 화학을 사용해 만들어진 생명체가 존재할 수 있을까? 하지만 이 질문들과 이 질문들이 낳는 논쟁은 한계에 다다랐다. 과학자들은 더 이상 생명을 설명할 수 있느냐 없느냐를 놓고 논쟁을 벌이지 않는다.

어느 시점에 생명은 생물학과 화학으로 이해할 수 있다는 사실이 분명해졌다. 엘랑 비탈 같은 개념은 역사의 유물이 되었다.

나는 의식에도 이와 비슷한 태도 변화가 일어날 것이라고 예상한다. 미래의 어느 시점에 우리는 세계 모형을 배우고, 끊임없이 그 모형의 상태를 기억하고, 기억된 상태들을 끄집어내는 시스템은 어떤 것이건 의식이 있다고 받아들일 것이다. 아직도 답을 얻지 못한 질문들이 남아 있겠지만, 의식은 더 이상 '어려운 문제'로 일컬어지지 않을 것이다. 심지어 문제로 간주되지 않을지도 모른다.

기계 지능의 미래

오늘날 우리가 AI라고 부르는 것 중에 지능이 있는 것은 하나도 없다. 앞 장들에서 이야기한, 유연한 모형 설계 능력을 지닌 기계는 하나도 없다. 하지만 지능 기계의 제작을 방해하는 기술적 이유는 전혀 없다. 그것을 가로막는 장애물은 지능이 무엇인지 제대로 이해하지 못하고, 지능 기계를 만드는 데 필요한 메커니즘을 모른다는 데 있다. 뇌의 작용 방식을 연구함으로써 우리는 이 문제를 해결하는 데 큰 진전을 이루었다. 나는 이번 세기에, 어쩌면 향후 20~30년 사이에 우리가 남아 있는 장애물을 극복하고 기계 지능의 시대로 들어설 것이라고 확신한다.

기계 지능은 우리의 삶과 사회를 크게 변화시킬 것이다. 나는 기계 지능이 21세기에 미칠 영향이 컴퓨팅이 20세기에 미친 영향보다 훨씬 클 것으로 믿는다. 하지만 대부분의 신기술이 그렇듯이 이러한 변화가 정확하게 어떻게 펼쳐질지 예견하기는 불가능하다. 역사는 기계 지능을 이끌 기술 발전을 제대로 예견할 수 없다고 시사한다. 집적회로와 반도체 메모리, 무선 전화 통신, 공개 키 암호, 인터넷 등 컴퓨팅의 가속화를 추진한 혁신들을 생각해 보라. 1950년대에 살았던 사람 중 이런 변화와 그 밖의 많은 발전을 예견한 사람은 아무도 없었다. 마찬가지로 컴퓨터가 미디어와 통신과 상업을 어떻게 변화시킬지 제대로 예견한 사람은 아무도 없었다. 나는 지금 우리도 70년 뒤에 지능 기계가 어떤 모습일지, 그리고 우리가 그것을 어떻게 사용할지 제대로 알 수 없다고 생각한다.

비록 우리가 미래의 세부 사실을 알 수는 없다 하더라도, 천 개의 뇌 이론은 경계들을 정의하는 데 도움을 줄 수 있다. 뇌가 지능을 만들어내는 방식을 이해하면, 어떤 일이 가능하고 어떤 일이 불가능하며, 어떤 진전이 어디까지 가능한지 알 수 있다. 이것이 이 장의 목표이다.

지능 기계는 사람과 같지 않을 것이다

기계 지능에 대해 생각할 때 염두에 두어야 할 가장 중요한 것은, 2장에서 설명했듯이 뇌가 오래된 뇌와 새로운 뇌로 나뉘어 있다는 사실이다. 뇌에서 더 오래된 부분들은 생명의 기본 기능을 담당한다는 사실을 떠올려보라. 오래된 뇌는 우리의 감정, 생존과 생식 욕구, 선천적 행동을 만들어낸다. 지능 기계를 만들 때, 사람 뇌의 모든 기능을 그대로 복제해야 할 이유는 없다. 지능이 생겨나는 기관은 새로운 뇌인 신피질이므로, 지능 기계는 신피질과 비슷한 것이 필요하다. 나머지 뇌 부분에 대해서는 우리가 원하는 대로 취사선택할 수 있다.

지능은 시스템이 세계 모형을 배우는 능력이다. 하지만 그 결과로 생긴 모형 자체는 아무 가치도 감정도 목표도 없다. 목표와 가치는 그 모형을 사용하는 시스템이 제공한다. 이것은 16세기부터 20세기까지의 탐험가들이 정확한 세계 지도를 만들려고 애쓴 것과 비슷하다. 무자비한 장군은 적군을 포위해 섬멸하는 최선의 방법을 계획하는 데 지도를 사용할 수 있다. 무역상은 똑같은 지도를 평화롭게 상품을 교역하는 데 사용할 수 있다. 지도 자체는 이런 용도들을 규정하지도 않고, 사용되는 방법에 어떤 가치도 부여하지 않는다. 그것은 살인적이지도 않고 평화롭지도 않으며, 그냥 지도일 뿐이다. 물론 지도마다 세부 내용과 범위가 제각각 다르다. 따라서 어떤 지도는 전쟁에 더 유용하고, 어떤 지도는 교역에 더 유용하다. 하지만 전쟁이나 교역을 하려는 욕구는 바로 지도를 사용하는 사람에게서 나온다.

이와 비슷하게 신피질은 세계 모형을 배우는데, 세계 모형 자체는 목표나 가치가 없다. 우리의 행동을 이끄는 감정은 오래된 뇌에 의해 결정된다. 만약 어떤 사람의 오래된 뇌가 공격적이라면, 그 뇌는 신피질의 모형을 사용해 공격적 행동을 잘 실행하려고 할 것이다. 만약 다른 사람의 오래된 뇌가 자비롭다면, 신피질의 모형을 사용해 자비로운 목표를 잘 달성하려고 할 것이다. 지도와 마찬가지로 어떤 사람의 세계 모형은 특정 목표들에 더 적합할 수 있지만, 신피질은 목표 자체를 만들어내지 않는다.

지능 기계는 세계 모형과 그 모형에서 나오는 행동의 유연성이 필요하지만, 사람과 같은 생존과 생식을 위한 본능은 필요가 없다. 사실, 사람과 같은 감정을 가진 기계를 설계하는 것은 지능을 가진 기계를 설계하는 것보다 훨씬 어려운데, 오래된 뇌는 제각각 나름의 설계와 기능을 가진 편도체와 시상하부처럼 많은 기관을 포함하기 때문이다. 사람과 같은 감정을 가진 기계를 만들려면, 오래된 뇌의 다양한 부분들을 재현해야 할 것이다. 신피질은 오래된 뇌보다 훨씬 크지만, 피질 기둥이라는 비교적 작은 요소가 수많이 복제되어 만들어졌다. 일단 한 피질 기둥을 만드는 법을 알아내면, 기계 속에 그것을 많이 집어넣음으로써 지능 수준을 높이기가 비교적 쉬울 것이다.

지능 기계를 설계하는 비법은 세 부분으로 나눌 수 있는데, 체화와 오래된 뇌 부분들과 신피질이 그것이다. 각 요소마다 허용 범위가 상당히 넓기 때문에 지능 기계는 많은 종류가 존재할 수 있다.

1. 체화

앞에서 설명했듯이, 우리는 움직임을 통해 배운다. 건물 모형을 배우려면, 건물 안을 돌아다니면서 이 방 저 방을 살펴보아야 한다. 새로운 연장을 배우려면, 그것을 손에 쥐고 이리저리 돌려도 보고, 손과 눈으로 각 부분을 살피면서 주의를 기울여야 한다. 기본적 수준에서, 세계 모형을 배우는 데에는 하나 또는 그 이상의 감각 기관을 세계 속의 대상들에 대해 상대적으로 움직이는 것이 필요하다.

지능 기계는 또한 센서와 그것들을 움직이는 능력이 필요하다. 이것을 체화體化, embodiment라고 부른다. 체화는 사람이나 개 또는 뱀처럼 생긴 로봇이 될 수도 있다. 체화는 자동차나 팔이 10개 달린 공장 로봇처럼 비생물학적 형태를 띨 수도 있다. 심지어 체화는 인터넷을 탐색하는 봇처럼 가상의 존재가 될 수도 있다. 가상 신체 개념은 기이하게 들릴 수 있다. 이에 필요한 요건은 센서들의 위치를 변화시키는 행동을 수행할 수 있는 지능 시스템인데, 행동과 위치는 반드시 물리적이어야 할 필요는 없다. 웹에서 한 장소에서 다른 장소로 이동하며 돌아다닐 때, 우리가 감지하는 것은 각각의 새 웹사이트에 따라 변한다. 우리는 물리적으로 마우스를 움직이거나 화면을 터치함으로써 이렇게 하지만, 지능 기계는 물리적 움직임 없이 단지 소프트웨어를 사용함으로써 같은 일을 할 수 있다. 오늘날 딥 러닝 네트워크 중 대부분은 체화가 없다. 이것들은 이동성 센서가 없고, 그 센서들이 어디에 있는지 알 수 있는 기준틀이 없다. 체화가 없으면, 배울 수 있는 것에 한계가 있다.

지능 기계에 사용할 수 있는 센서의 종류는 거의 무제한이다. 사람의 주요 감각은 시각과 촉각과 청각이다. 박쥐는 음파 탐지기가 있다. 일부 물고기는 전기장을 방출하고 감지하는 감각 기관이 있다. 시각 기관에는 수정체가 있는 눈(우리와 같은), 겹눈, 적외선이나 자외선을 볼 수 있는 눈 등 다양한 종류가 있다. 특정 문제를 위해 설계된 새로운 종류의 센서를 쉽게 상상할 수 있다. 예를 들면, 무너진 건물에서 사람을 구조하는 로봇은 어둠 속에서도 앞을 볼 수 있도록 레이더 센서를 가질 수 있다.

사람의 시각과 촉각과 청각은 많은 감지기(센서)의 배열을 통해 일어난다. 예를 들면, 눈은 하나의 감지기가 아니다. 눈 뒤쪽에 수천 개의 감지기가 배열되어 있다. 이와 비슷하게 우리 몸의 피부에는 수천 개의 감지기가 배열되어 있다. 지능 기계 역시 센서들의 배열이 필요할 것이다. 촉각을 위한 손가락이 단 하나만 있거나 좁은 빨대를 통해서만 세계를 볼 수 있다고 상상해 보라. 그래도 우리는 세계에 대해 배울 수 있겠지만, 시간이 훨씬 오래 걸리고 수행할 수 있는 행동이 제약될 것이다. 나는 소수의 센서만 가지고서 제한된 능력을 가진 단순한 지능 기계를 상상할 수 있지만, 사람의 지능에 가깝거나 혹은 그것을 능가하는 기계는 우리처럼 훨씬 큰 센서 배열을 가져야 할 것이다.

후각과 미각은 시각과 촉각과는 질적으로 다르다. 개가 그러듯이 표면에 코를 갖다 대지 않는 한, 우리는 냄새가 나는 위치를 정확하게 파악하기 어렵다. 마찬가지로 미각 역시 입 속에 있는 물체의 맛을 감지하는 것에 그친다. 후각과 미각은 어떤 음식이 먹기에 안전한지 판단하는 데 도움을 주고, 후각은 일반적인 지역을 확인하는 데 도움을 줄 수도 있지만, 우리는 세계의 자세한 구조를 배우는 데 이 두 감각에 크게 의존하지 않는다. 그 이유는 우리가 냄새와 맛을 특정 위치와 쉽게 연관 짓지 못하기 때문이다. 그것은 이 감각들의 본질적인 제약이 아니다. 예를 들면, 지능 기계는 표면에 미각과 비슷한 화학적 센서를 배열함으로써 우리가 질감을 느끼는 것과 같은 방법으로 화학 물질을 '감지할' 수 있다.

청각은 그 중간에 해당한다. 두 귀를 사용하고 바깥귀에서 소리가 반사되는 방식을 이용해 우리 뇌는 냄새나 맛으로 판단하는 것보다 소리의 위치를 훨씬 잘 찾아낼 수 있지만, 시각이나 촉각에는 미치지 못한다.

여기서 요점은 지능 기계가 세계 모형을 배우려면 움직일 수 있는 감각 입력이 필요하다는 것이다. 각각의 센서를 세계 속의 대상들에 대한 센서의 상대적 위치를 추적하는 기준틀과 연관 지을 필요가 있다. 지능 기계가 가질 수 있는 센서의 종류는 아주 많다. 특정 목적에 필요한 최선의 센서는 기계가 존재하는 세계의 종류와 우리가 그 기계가 무엇을 배우기를 원하는지에 따라 달라진다.

미래에 우리는 특이한 체화를 가진 기계를 만들지도 모른다. 예컨대 개개 세포 내부에 존재하면서 단백질을 이해하는 지능 기계를 상상해 보라. 단백질은 기다란 분자인데, 자연적으로 접혀서 복잡한 형태를 만든다. 단백질 분자의 형태는 그 분자가 하는 일을 결정한다. 만약 단백질의 형태를 더 잘 이해하고 원하는 대로 조작할 수 있다면, 의학 분야에 엄청난 혜택을 가져다줄 것이다. 우리는 단백질 분자를 직접 감지하거나 단백질 분자와 직접 상호 작용할 수 없다. 심지어 단백질 분자의 행동 속도는 우리 뇌가 처리하는 것보다 훨씬 빠르다. 하지만 우리가 커피 잔이나 스마트폰을 이해하고 조작하는 것과 같은 방식으로 단백질을 이해하고 조작하는 지능 기계를 만드는 것이 가능할지도 모른다. 지능 단백질 기계의 뇌는 전형적인 컴퓨터 안에 머물 수도 있지만, 그 움직임과 센서는 세포 내부의 아주 작은 척도에서 작용할 것이다. 그 센서들은 아미노산이나 서로 다른 종류의 단백질 접힘 또는 특정 화학 결합을 감지할 수 있다. 그 행동 중에는 우리가 손가락을 커피 잔 위로 움직이듯이 센서들을 움직이는 것도 포함될 수 있다. 또, 우리가 스마트폰 화면을 터치해 거기에 나타나는 것을 변화시키는 것과 비슷하게 단백질을 쿡 찔러 그 형태를 바꾸는 행동도 할 수 있다. 지능 단백질 기계는 세포 내부의 세계 모형을 배우고, 이 모형을 사용해 나쁜 단백질을 제거하고 손상된 단백질을 수리하는 것처럼 원하는 목표를 달성할 수 있다.

특이한 체화의 또 다른 예는 분산 뇌distributed brain이다. 사람의 신피질에는 피질 기둥이 약 15만 개 있는데, 각자는 자신이 감지하는 세계 부분을 모형으로 만든다. 지능 기계의 '기둥들'이 생물학적 뇌처럼 물리적으로 반드시 서로 옆에 위치할 필요는 없다. 수백만 개의 기둥과 수천 개의 센서 배열을 가진 지능 기계를 상상해 보라. 센서들과 관련 모형들은 지구 전체나 바다 전역 또는 태양계 전체에 물리적으로 분산되어 있을 수 있다. 예컨대 센서들이 지구 표면 전체에 분산된 지능 기계는 우리가 스마트폰의 행동을 이해하는 것과 같은 방식으로 전 세계 날씨의 행동을 이해할 수 있을지 모른다.

지능 단백질 기계를 만드는 것이 과연 가능할지, 혹은 분산 지능 기계가 얼마나 가치 있을지 나는 잘 모른다. 이 예들을 언급한 것은 여러분의 상상력을 자극하기 위해서이다. 또한 이것들이 가능성의 영역 안에 있기 때문이다. 핵심 개념은 지능 기계가 많은 형태를 띨 가능성이 높다는 것이다. 기계 지능의 미래와 그 의미를 생각할 때, 우리는 폭넓게 생각할 필요가 있으며, 우리의 개념을 오늘날 지능이 존재하는 사람과 다른 동물의 형태에만 국한할 필요가 없다.

2. 오래된 뇌의 등가물

지능 기계를 만들려면, 오래된 뇌 부분에 존재하는 몇 가지가 필요하다. 앞에서 나는 오래된 뇌 지역을 복제할 필요가 없다고 말했다. 그것은 일반적으로는 맞는 이야기이지만, 오래된 뇌가 하는 일 중에 지능 기계에 꼭 필요한 것이 몇 가지 있다.

하나는 기본적인 움직임이다. 신피질이 근육을 직접 제어하지 않는다고 한 이야기를 떠올려보라. 신피질은 어떤 일을 하기를 원할 때, 움직임을 더 직접적으로 제어하는 오래된 뇌 부분으로 신호를 보낸다. 예를 들어 두 발로 균형 잡기, 걷기, 뛰기 등은 오래된 뇌 부분이 실행하는 행동이다. 균형을 잡거나 걷거나 뛰거나 하는 행동은 신피질에 의존하지 않는다. 이것은 이치에 닿는데, 우리에게 신피질이 진화하기 오래전부터 동물들은 걷고 달릴 필요가 있었기 때문이다. 그리고 신피질이 포식 동물을 피할 경로를 생각해야 할 때, 그렇게 하는 대신에 신피질이 모든 발걸음을 일일이 생각하기를 우리가 원할 이유가 있겠는가?

그런데 꼭 이런 방법을 택해야만 할까? 신피질 등가물이 움직임을 직접 제어하는 지능 기계를 만들 수는 없을까? 나는 그럴 수 없다고 생각한다. 신피질은 범용 알고리듬에 가까운 것을 실행하지만, 이 유연성에는 대가가 따른다. 신피질은 이미 감지기가 있고 행동을 하는 것에 붙어 있어야 한다. 신피질은 완전히 새로운 행동을 만들어내지 않는다. 그 대신에 기존의 행동들을 묶어 새롭고 유용한 방식으로 펼치는 법을 배운다. 행동의 기본 요소behavioral primitives는 손가락을 구부리는 것처럼 단순한 것이 될 수도 있고, 걷기처럼 복잡한 것이 될 수도 있지만, 어쨌든 신피질에는 그런 것이 존재해야 한다. 오래된 뇌에서 행동의 기본 요소는 전혀 고정되어 있지 않다.

그것은 학습에 따라 변할 수 있다. 따라서 신피질도 그에 따라 끊임없이 적응해야 한다.

기계의 체화와 밀접하게 얽혀 있는 행동은 내장되어야 한다. 예컨대 자연 재해로 고통받는 사람들에게 긴급 구호물자를 전달하는 것이 목적인 드론이 있다고 하자. 우리는 이 드론을 지능을 가지게 만들어 도움이 가장 절실한 지역이 어디인지 스스로 평가하고, 다른 드론들과 협력해 보급 물자를 실어 나르게 할 수 있다. 드론의 '신피질'은 비행의 모든 측면을 제어할 수 없고, 우리도 그러기를 원하지 않는다. 드론은 안정적 비행과 착륙, 장애물 회피 등을 위해 내장된 행동이 있어야 한다. 우리의 신피질이 두 발로 균형을 잡는 것에 대해 생각할 필요가 없는 것처럼 드론에서 지능이 있는 부분은 비행 제어에 대해 생각할 필요가 없어야 할 것이다.

안전은 지능 기계에 내장시켜야 할 또 다른 종류의 행동이다. SF 작가 아이작 아시모프Isaac Asimov는 로봇공학 3원칙을 제안한 것으로 유명하다. 이 원칙들은 안전 규정과 비슷하다.

1. 로봇은 인간에 해를 끼치거나, 혹은 행동을 하지 않음으로써 인간에게 해를 끼쳐서는 안 된다.
2. 로봇은 인간의 명령에 복종해야 하며, 단 그 명령이 첫 번째 원칙에 위배될 때에는 예외로 한다.
3. 로봇은 자신의 존재를 보호해야 하며, 단 그러한 보호가 첫 번째와 두 번째 원칙에 위배될 때에는 예외로 한다.

아시모프의 로봇공학 3원칙은 SF 소설의 맥락에서 제안되었고, 모든 형태의 기계 지능에 반드시 적용되는 것은 아니다. 하지만 모든 제품 설계에는 고려할 가치가 있는 안전장치가 있다. 그것은 아주 간단한 것일 수 있다. 예를 들면, 내 차에는 사고를 막기 위한 안전 시스템이 내장되어 있다. 평상시에 차는 액셀러레이터와 브레이크 페달을 통해 내가 내리는 지시를 따른다. 하지만 내가 충돌할 가능성이 있는 장애물을 감지하면, 차는 내 지시를 무시하고 브레이크를 건다. 이 경우에 차는 아시모프의 첫 번째 원칙과 두 번째 원칙을 따른다고 말할 수 있으며, 혹은 내 차를 설계한 공학자들이 어떤 안전장치를 설치했다고 말할 수도 있다. 지능 기계도 안전을 위해 내장된 행동이 있을 텐데, 나는 완벽을 기하기 위해 이 개념을 여기에 포함시키려고 한다. 다만, 이 요건은 지능 기계만의 전유물은 아니다.

마지막으로, 지능 기계는 목표와 동기가 있어야 한다. 사람의 목표와 동기는 복잡하다. 성욕과 식욕과 주거 욕구와 같은 일부 목표와 동기는 유전자가 주도한다. (두려움과 분노, 질투 같은) 감정도 우리의 행동 방식에 큰 영향을 미친다. 우리의 목표와 동기 중 일부는 사회적 성격이 강하다. 예를 들면, 사람들이 성공적인 삶으로 여기는 것은 문화에 따라 다를 수 있다.

지능 기계 역시 목표와 동기가 필요하다. 하루 종일 햇빛을 쬐면서 빈둥거리라고 로봇 건설 노동자들을 화성에 보내려고 하지는 않을 것이다. 어떻게 하면 지능 기계에게 목표를 부여할 수 있을까? 그리고 이 시도에는 위험이 따를까?

첫째, 신피질은 스스로 목표나 동기, 감정을 만들지 않는다는 사실을 기억할 필요가 있다. 내가 신피질과 세계 지도 사이의 유사성을 지적한 이야기를 떠올려보라. 지도는 우리가 있는 장소에서 원하는 장소로 가려면 어떻게 가야 하는지, 만약 어떤 방식으로 행동하면 무슨 일이 일어날지, 그리고 다양한 장소에 어떤 것들이 있는지를 알려준다. 하지만 지도 자체는 동기가 전혀 없다. 지도는 어떤 곳에 가고 싶은 욕구가 없으며, 자발적으로 목표나 야심을 만들지도 않는다. 신피질 역시 마찬가지다.

신피질은 동기와 목표가 행동에 영향을 미치는 방식에 적극적으로 관여하지만, 신피질이 그것을 이끄는 것은 아니다. 이것이 어떻게 일어나는지 감을 잡기 위해 오래된 뇌 지역이 신피질과 대화를 하는 장면을 상상해 보자. 오래된 뇌가 "나 배고파. 뭔가 먹고 싶어"라고 말한다. 신피질은 이렇게 대답한다. "먹을 것을 찾아보았더니 과거에 이 부근에서 먹을 것이 있었던 장소를 두 군데 발견했어. 한 장소에 도착하려면, 우리는 강을 따라 나아가야 해. 다른 장소에 도착하려면, 탁 트인 들판을 지나가야 하는데, 이곳에는 호랑이들이 살고 있어." 신피질은 이런 이야기를 차분하게 아무런 가치도 부여하지 않고 이야기한다. 하지만 오래된 뇌는 호랑이를 위험과 연관 짓는다. '호랑이'라는 단어를 듣자마자 오래된 뇌는 즉각 행동에 돌입한다. 혈액 속으로 화학 물질을 분비해 심장 박동을 빠르게 하고 두려움과 관련된 그 밖의 생리적 효과를 촉발한다. 오래된 뇌는 또한 신경 조절 물질을 신피질의 넓은 지역에 직접 분비할 수도 있다. 이것은 사실상 신피질에게 "네가 지금 무엇을 생각하건, 그것은 절대로 하지 마"라고 말하는 것이나 같다.

기계에 목표와 동기를 부여하려면, 목표와 동기를 위한 특정 메커니즘을 설계하고 그것을 기계에서 체화된 부분에 집어넣어야 한다. 목표는 유전적으로 결정된 식욕처럼 고정된 것일 수도 있고, 사회적으로 결정된 목표(예컨대 훌륭한 삶을 영위하려면 어떻게 살아야 할까?)처럼 학습될 수도 있다. 물론 어떤 목표이건 아시모프의 첫 두 원칙처럼 안전장치 위에 세워져야 한다. 요약하면, 지능 기계는 어떤 형태의 목표와 동기가 필요하다. 하지만 목표와 동기는 지능의 결과가 아니며, 스스로 나타나지 않는다.

3. 신피질 등가물

지능 기계의 세 번째 요소는 신피질과 동일한 기능을 수행하는 범용 학습 시스템이다. 또다시 설계의 선택지가 아주 넓을 수 있다. 나는 그중 속도와 용량, 두 가지를 이야기하려고 한다.

속도

신경세포는 유용한 어떤 일을 하는 데 적어도 5ms(밀리초, 1000분의 5초)가 걸린다. 실리콘으로 만든 트랜지스터는 이보다 약 100만 배나 빠르다. 따라서 실리콘으로 만든 신피질은 사람보다 100만 배 더 빨리 생각하고 배울 잠재력이 있다. 사고 속도가 그토록 극적으로 향상되면 어떤 결과가 나올지 상상하기 어렵다. 하지만 상상력의 날개를 활짝 펼치기 전에 지능 기계 중 일부가 생물학적 뇌보다 100만 배 빨리 작동한다고 해서 전체 지능 기계가 100만 배 빨리 돌아가거나 지식을 그만큼 빨리 습득한다는 뜻은 아니라는 점을 지적하고 싶다.

예를 들어 인간이 살아갈 서식지를 건설하기 위해 화성에 보냈던 로봇 건설 노동자들을 다시 생각해 보자. 이 로봇들은 아주 빠르게 생각하고 문제를 분석할 수 있을지는 몰라도, 실제 건설 과정은 아주 약간 빨라지는 데 그칠 것이다. 무거운 물질을 움직이는 속도에는 제약이 따르는데, 너무 빨리 움직이면 관련된 힘들이 그것을 구부리거나 부술 수 있기 때문이다. 만약 로봇이 금속 조각에 드릴로 구멍을 뚫는 작업을 한다면, 사람이 하는 것보다 더 빨리 하지 못할 것이다. 물론 로봇 건설 노동자는 중단 없이 계속 일할 수 있고, 지치는 법이 없으며, 실수도 적다. 따라서 지능 기계를 사용해 화성을 인간이 살 수 있도록 준비하는 전체 과정은 사람을 투입한 것보다 몇 배 더 빠를 수 있겠지만, 100만 배까지 빠를 수는 없다.

또 다른 예를 살펴보자. 신경과학자의 일을 하는 지능 기계가 있는데, 다만 생각만 100만 배 더 빨리 한다면 어떨까? 신경과학자들은 우리 뇌를 현재 수준까지 이해하는 데 수십 년이 걸렸다. AI 신경과학자들이 같은 일을 했다면, 이러한 진전이 100만 배 더 빨리, 그러니까 한 시간도 채 되지 않는 시간에 일어났을까? 그렇지 않다. 나와 우리 팀처럼 일부 과학자들은 이론가이다. 우리는 논문을 읽고, 가능성이 있는 이론들을 놓고 토론을 하고, 소프트웨어를 만들면서 시간을 보낸다. 원리적으로는 이런 일들 중 일부는 지능 기계가 한다면 훨씬 빨리 일어날 수 있다. 하지만 우리의 소프트웨어 시뮬레이션을 돌리는 데에는 여전히 며칠이 걸릴 것이다. 게다가 우리의 이론은 아무것도 없는 것에서 나온 것이 아니다. 우리는 실험적 발견에 크게 의존한다. 이 책에서 소개하는 뇌 이론은 수백 군데의 실험 연구소에서 일어난 결과들에 제약과 영향을 받았다. 설령 우리가 100만 배 더 빨리 생각할 수 있다 하더라도, 우리는 실험과학자들이 결과를 발표하기까지 기다려야 하는데, 그들은 실험 속도를 크게 높일 수 없다. 예를 들면, 쥐를 훈련시키고 데이터를 수집하는 시간이 필요하다. 쥐를 훈련시키는 속도는 전혀 높일 수 없다. 따라서 사람 대신에 지능 기계를 사용해 신경과학을 연구하면 과학 발견의 속도를 높일 수는 있겠지만, 절대로 100만 배까지 높일 수는 없다.

신경과학만 그런 것이 아니다. 거의 모든 과학 탐구 분야는 실험 데이터에 의존한다. 예를 들면, 지금은 시간과 공간의 본질에 관한 이론이 아주 많다. 이 이론들 중 어느 것이 옳은지 알려면 새로운 실험 데이터가 필요하다. 만약 인간 우주론자보다 100만 배 더 빨리 생각하는 지능 기계 우주론자가 있다면 새로운 이론들을 금방 만들어낼 수 있겠지만, 그 이론들 중 어느 것이 옳은지 알려면 여전히 우주 망원경을 올려보내고 지하에 입자 가속기를 건설해야 한다. 우주 망원경과 입자 가속기를 만드는 속도를 극적으로 높일 수는 없으며, 이것들을 사용해 데이터를 수집하는 데 걸리는 시간을 크게 단축할 수도 없다.

속도를 크게 높일 수 있는 분야가 일부 있다. 수학자들은 주로 생각하고 수식을 쓰고 개념들을 공유한다. 원리적으로 지능 기계는 일부 수학 문제를 인간 수학자보다 100만 배 더 빨리 풀 수 있다. 또 다른 예는 인터넷에서 돌아다니는 우리의 가상 지능 기계이다. 지능 웹크롤러web crawler(조직적이고 자동화된 방법으로 월드 와이드 웹을 탐색하는 컴퓨터 프로그램—옮긴이)의 학습 속도는 링크를 따라가고 파

일을 열면서 '움직이는' 속도에 제약을 받는다. 그 속도는 아주 빠를 수 있다.

미래에 일어날 일을 예상하는 데 오늘날의 컴퓨터가 훌륭한 유추를 제공한다. 컴퓨터는 과거에 사람이 손으로 하던 일을 하며, 약 100만 배 더 빨리 할 수 있다. 컴퓨터는 우리 사회를 변화시켰고, 과학과 의학 분야에서 발견을 해내는 능력을 극적으로 끌어올렸다. 하지만 컴퓨터는 우리가 이런 일을 하는 속도를 100만 배나 높이지는 못했다. 지능 기계도 우리 사회와 우리가 발견을 이루는 속도에 비슷한 영향을 미칠 것이다.

용량

마운트캐슬은 우리의 신피질이 커졌고, 동일한 회로인 피질 기둥의 복제를 많이 만듦으로써 우리가 똑똑해졌다는 사실을 깨달았다. 기계 지능도 같은 설계를 따를 수 있다. 피질 기둥이 어떤 일을 하는지 완전히 이해하고 실리콘으로 피질 기둥을 만드는 법을 발견하면, 피질 기둥 요소를 더 많이 혹은 더 적게 사용함으로써 용량이 제각각 다른 지능 기계를 만들기가 비교적 쉬울 것이다.

우리가 만들 수 있는 인공 뇌의 크기에는 분명한 한계가 없다. 사람의 신피질에는 피질 기둥이 약 15만 개 있다. 만약 피질 기둥이 1억 5000만 개나 있는 인공 신피질을 만든다면 어떤 일이 일어날까? 사람 뇌보다 1000배 더 큰 뇌는 어떤 이점이 있을까? 우리는 그 답을 아직 모르지만, 공유할 만한 가치가 있는 관찰 사실이 몇 가지 있다.

신피질 영역의 크기는 사람에 따라 큰 차이가 있다. 예를 들면, 어떤 사람은 1차 시각 영역인 V1 영역이 다른 사람에 비해 2배나 크다. V1의 두께는 누구나 똑같지만, 그 면적, 즉 거기에 있는 피질 기둥의 수는 사람에 따라 큰 차이가 있다. V1이 비교적 작은 사람이나 비교적 큰 사람 모두 시각이 정상이며, 어느 쪽도 그 차이를 느끼지 못한다. 하지만 한 가지 차이점이 있는데, V1이 큰 사람은 시력이 더 좋다. 즉, 작은 것을 더 잘 볼 수 있다. 시계 수리공 같은 사람에게는 이것이 큰 도움이 될 수 있다. 이 예로부터 일반화해 보면, 신피질의 일부 영역이 점점 커지면 약간의 차이가 나타날 수는 있어도 대단한 능력이 나타나지는 않는다.

영역을 크게 만드는 대신에 영역을 더 많이 만들고 더 복잡한 방식으로 연결시킬 수 있다. 원숭이와 사람 사이의 차이가 어느 정도 이에 해당한다고 볼 수 있다. 원숭이의 시각 능력은 사람과 비슷하지만, 사람의 신피질은 전체적으로 더 크고 영역도 더 많다. 대다수 사람들은 사람이 원숭이보다 지능이 더 높으며, 우리의 세계 모형이 더 깊고 광범위하다는 데 동의할 것이다. 이것은 지능 기계가 이해의 깊이에서 사람을 능가할 수 있다는 것을 시사한다. 그렇다고 해서 지능 기계가 배우는 것을 사람이 이해할 수 없다는 뜻은 아니다. 예를 들면, 나는 아인슈타인이 발견한 것을 발견할 수는 없더라도, 그 발견을 이해할 수는 있다.

용량에 대해 생각할 수 있는 방법이 한 가지 더 있다. 우리 뇌의 부피 중 상당 부분은 배선, 즉 신경세포들을 서로 연결하는 축삭과 가지돌기가 차지한다. 이 때문에 에너지와 공간 면에서 상당히 큰 비용을 치러야 한다. 에너지를 절약하기 위해 뇌는 배선을 제한해야 하는데, 따라서 쉽사리 배울 수 있는 것에도 제약이 따른다. 태어날 때 우리의 신피질은 배선 과잉 상태에 있다. 이것은 태어난 뒤 처음 몇 년 동안 크게 줄어든다. 뇌는 어린 시절의 경험을 바탕으로 어떤 연결이 유용하고 어떤 연결이 유용하지 않은지 배우는 것으로 보인다. 하지만 사용되지 않은 배선을 제거하는 것은 불리한 점도 있다. 나중에 새로운 종류의 지식을 배우기가 힘들어진다. 예를 들어 어린 시절에 여러 언어에 노출되지 않는다면, 여러 언어에 능통할 수 있는 능력이 감소한다. 이와 비슷하게 어린 시절에 눈이 제 기능을 하지 못하면, 나중에 눈을 고치더라도 보는 능력을 영원히 상실할 수 있다. 이것은 아마도 다국어 구사 능력과 시각 능력에 필요한 연결들 중 일부가 사용되지 않는 바람에 상실되기 때문일 것이다.

지능 기계는 배선과 관련된 이런 제약이 없다. 예를 들면, 우리 팀이 만드는 신피질의 소프트웨어 모형은 두 신경세포 집단들 사이의 연결을 즉각 수립할 수 있다. 뇌의 물리적 배선과 달리 소프트웨어는 가능한 연결을 모두 생겨나게 할 수 있다. 연결성에서 발휘되는 이러한 유연성은 기계 지능이 생물학적 지능에 비해 누릴 수 있는 큰 이점 중 하나이다. 이 덕분에 지능 기계는 모든 선택지를 열어둘 수 있는데, 어른이 새로운 것을 배우려고 할 때 맞닥뜨리는 가장 큰 장애물 중 하나를 제거할 수 있기 때문이다.

학습 대 클로닝

기계 지능이 사람의 지능과 다른 또 한 가지는 지능 기계를 복제하는 능력이다. 사람은 누구나 아무것도 없는 상태에서 세계 모형을 배워야 한다. 우리는 거의 아무것도 모르는 상태에서 삶을 시작하고, 수십 년을 배우면서 보낸다. 우리는 배우기 위해 학교를 다니고, 배우기 위해 책을 읽고, 물론 개인적 경험을 통해서도 배운다. 지능 기계 역시 세계 모형을 배워야 한다. 하지만 사람과 달리 우리는 언제든지 지능 기계의 클론을 만들 수 있다. 화성으로 보낸 지능 로봇 건설 노동자를 만드는 표준화된 하드웨어 설계가 있다고 상상해 보라. 로봇에게 건설 방법과 건축 자재와 도구 사용법을 가르치는 학교에 해당하는 것도 있을 수 있다. 이 훈련은 마치기까지 몇 년이 걸릴지 모른다. 하지만 일단 로봇의 능력이 만족할 만한 수준에 이르면, 동일한 로봇 수십 대에 학습된 연결들을 옮김으로써 손쉽게 클론을 만들 수 있다. 그리고 그다음 날에는 로봇들을 다시 개선된 설계나 완전히 새로운 기술로 재프로그래밍할 수 있다.

기계 지능이 미래에 어떻게 사용될지는 아무도 알 수 없다

신기술이 탄생할 때마다 우리는 그것이 우리가 잘 아는 것을 대체하거나 개선하는 데 사용될 것이라고 상상한다. 시간이 지나면 아무도 예상치 못한 새 용도가 나타나는데, 결국 가장 중요한 용도로 자리잡고 사회에 큰 변화를 가져오는 것은 바로 이 예상치 못한 용도이다. 예를 들면, 인터넷은 과학과 군사 분야의 컴퓨터들 사이에서 파일을 공유하기 위한 목적으로 발명되었는데, 전에는 일일이 손으로 하던 이 작업이 이제 인터넷 덕분에 훨씬 빠르고 효율적으로 일어나게 되었다. 인터넷은 지금도 파일 공유에 사용되고 있지만, 더 중요하게는 엔터테인먼트와 상업, 제조, 개인 간 의사소통을 획기적으로 변화시켰다. 인터넷은 심지어 우리가 글을 쓰고 읽는 방식마저 변화시켰다. 인터넷 프로토콜이 처음 만들어졌을 때, 이러한 사회적 변화를 상상한 사람은 거의 없었다.

기계 지능도 비슷한 전환을 겪을 것이다. 오늘날 대다수 AI 과학자들은 구어 인식과 사진 식별, 운전 등 사람이 할 수 있는 일을 로봇이 하게 만드는 데 초점을 맞추고 있다. AI의 목표가 사람을 흉내 내는 것이라는 개념은 유명한 '튜링 테스트Turing test'에 잘 반영되어 있다. 앨런 튜링이 '모방 게임imitation game'이라는 이름으로 제안한 튜링 테스트는, 만약 사람이 자신과 대화하는 상대가 컴퓨터인지 사람인지 분간하지 못한다면, 그 컴퓨터는 지능을 가졌다고 간주해야 한다고 말한다. 불행하게도 지능의 척도로 사람과 비슷한 능력에 초점을 맞추는 이런 태도는 이익보다는 손해를 더 많이 초래했다. 우리는 컴퓨터에게 바둑을 두게 하는 것과 같은 과제에 너무 몰입한 나머지 지능 기계의 궁극적인 영향력을 상상하는 것을 소홀히 했다.

물론 우리는 지능 기계를 오늘날 사람이 하는 일을 하게 하는 데에도 사용할 것이다. 그중에는 심해 수리 작업이나 독성 폐기물 제거처럼 사람이 하기에는 위험하거나 건강에 해로운 일들이 포함될 것이다. 또 노인 간병처럼 인력이 충분하지 않은 일에도 지능 기계를 사용할 것이다. 어떤 사람들은 급여가 많은 직업의 인력을 대체하거나 위험한 전투에 지능 기계를 사용하려 할 것이다. 그리고 우리는 일부 응용 분야들에서 맞닥뜨릴 딜레마에 적절한 해결책을 찾으려고 노력해야 할 것이다.

하지만 예상치 못한 기계 지능의 응용에 대해서는 무엇을 말할 수 있을까? 미래가 어떻게 펼쳐질지 그 세부 내용은 아무도 알 수 없지만, 예상치 못한 방향으로 AI가 채택되도록 몰아가는 큰 개념과 추세를 파악하려고 노력할 수는 있다. 내가 흥미롭게 여기는 한 가지는 과학 지식 습득이다. 사람은 배우길 원한다. 우리는 탐구하고, 지식을 추구하고, 알려지지 않은 것을 이해하려는 욕구가 강하다. 우리는 우주의 수수께끼에 대한 답을 알기를 원한다. 우주는 어떻게 시작되었을까? 우주는 어떻게 끝날까? 우주에는 생명이 흔할까? 우리 말고도 다른 지능 생명체가 존재할까? 신피질은 우리에게 이런 지식을 추구하게 해주는 기관이다. 지능 기계가 우리보다 더 빠르고 깊게 생각하고, 우리가 감지하지 못하는 것을 감지하고, 우리가 갈 수 없는 곳을 가는 날이 오면, 우리가 무엇을 배우게 될지 아무도 모른다. 나는 이 가능성에 큰 흥분을 느낀다.

기계 지능의 혜택에 대해 모든 사람이 나처럼 낙관적인 것은 아니다. 어떤 사람들은 기계 지능을 인류를 위험에 빠뜨릴 최대의 위협으로 간주한다. 다음 장에서는 기계 지능의 위험성에 대해 살펴보기로 하자.

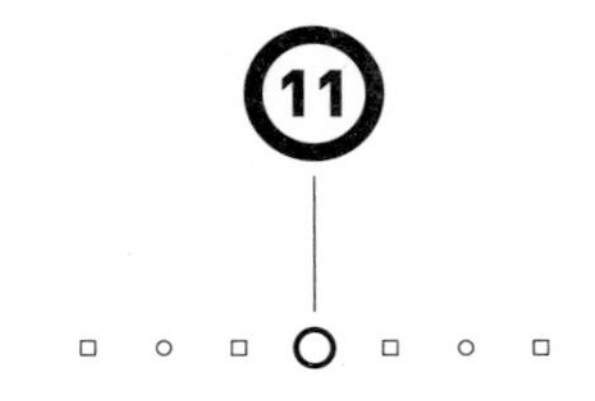

기계 지능의 실존적 위험

21세기가 시작될 무렵, 인공 지능 분야는 실패로 간주되었다. 누멘타를 시작할 때, 어떤 단어들을 사용해 우리가 하는 일을 이야기하는 것이 좋을지 알아보기 위해 시장 조사를 했다. 그 결과, 'AI'나 '인공 지능'이라는 용어는 거의 모든 사람이 부정적으로 생각한다는 사실을 알게 되었다. 자사 제품을 묘사하는 데 그런 용어를 쓸 생각을 하는 회사는 하나도 없었다. 지능 기계를 만들려는 시도는 교착 상태에 빠졌고, 결코 성공하지 못하리라는 것이 일반적인 견해였다. 그러고 나서 10년이 지나기도 전에 AI에 대한 사람들의 생각은 완전히 바뀌었다. 이제 AI는 가장 뜨거운 연구 분야 중 하나가 되었고, 회사들은 기계 학습이 들어가는 것이면 사실상 어떤 것에라도 AI라는 이름을 갖다 붙이고 있다.

더욱 놀라운 것은 기술 분야의 권위자들이 "AI는 결코 실현되지 못할 것이다"에서 "AI는 가까운 미래에 모든 인류를 파멸시킬 가능성이 있다"로 하루아침에 입장을 확 바꾸었다는 사실이다. AI의 실존적 위험을 연구하기 위해 비영리 연구소와 싱크탱크가 여러 곳 설립되었고, 이목을 끌기 좋아하는 다수의 기술자와 과학자, 철학자가 지능 기계의 탄생이 인류의 급속한 멸망이나 예속 상태를 초래할 수 있다고 공개적으로 경고하고 나섰다. 이제 많은 사람이 인공 지능이 인류에게 실존적 위협이라고 간주한다.

모든 신기술은 남용되어 해악을 끼칠 수 있다. 오늘날의 제한적인 AI조차 사람들을 추적하고, 선거에 영향을 미치고, 선전을 확산시키는 데 쓰이고 있다. 진정한 지능 기계가 만들어지면 이런 종류의 남용은 그 정도가 더 심해질 것이다. 예를 들면, 지능이 있고 자율 능력이 있는 무기를 만들 수 있다는 개념은 생각만 해도 으스스하다. 지능 드론이 의약품과 식량을 나르는 대신에 무기를 나른다고 상상해 보라. 지능 무기는 사람의 감독 없이 스스로 행동할 수 있기 때문에, 수만 개씩 배치될 수 있다. 이런 위협을 직시하면서 나쁜 결과를 막기 위한 정책을 꼭 확립해야 한다.

악한 사람들은 지능 기계를 사용해 자유를 빼앗고 생명을 위협하려고 할 것이다. 하지만 지능 기계를 나쁜 목적에 사용하는 사람이 있다고 해서 인류 전체가 절멸할 가능성은 낮다. 반면에 AI의 실존적 위험에 대한 염려는 질적으로 다르다. 지능 기계 자체가 악당이 되어 스스로 인류를 절멸시키려고 마음먹는 것은 악한 사람이 지능 기계를 나쁜 목적으로 사용하는 것과는 차원이 다른 문제이다. 나는 여기서 AI의 실존적 위험에만 초점을 맞추려고 한다. 그렇다고 해서 내가 AI를 남용하는 사람들의 위험을 과소평가하는 것은 아니다.

기계 지능의 지각된 실존적 위험은 대체로 두 가지 염려를 기반으로 한다. 첫째는 지능 폭발intelligence explosion이라고 부른다. 그 시나리오는 다음과 같다. 우리가 사람보다 더 지능이 높은 기계를 만든다. 이 기계는 지능 기계를 만드는 것을 포함해 거의 모든 면에서 사람보다 월등하다. 우리는 지능 기계에게 새로운 지능 기계를 만들도록 시키는데, 그러면 지능이 더 높은 지능 기계가 만들어진다. 성능이 개선된 지능 기계 세대가 새로 탄생하는 데 걸리는 시간은 갈수록 짧아지고, 얼마 지나지 않아 기계의 지능은 우리와 격차가 너무 벌어져 우리는 기계가 하는 일을 이해할 수 없게 된다. 그 시점에서 기계들은 더 이상 우리가 필요 없기 때문에 우리를 제거하기로 결정할지 모른다(인류의 멸종). 혹은 우리가 그들에게 쓸모가 있기 때문에 우리에게 관용을 베풀지도 모른다(인류의 예속).

두 번째 실존적 위험은 목표 불일치goal misalignment라 부르는데, 지능 기계가 우리의 안녕에 어긋나는 목표를 추구하지만 우리가 그것을 저지할 수 없는 시나리오를 가리킨다. 기술자들과 철학자들은 이런 일이 일어날 수 있는 시나리오를 여러 가지 생각했다. 예를 들면, 지능 기계가 독자적으로 우리에게 해로운 목표를 세우고 추진할 수 있다. 혹은 우리가 지시한 목표를 추구하지만 가차없이 실행에 옮기는 바람에 지구의 모든 자원을 고갈시켜 지구를 우리가 살아갈 수 없는 곳으로 만들 수 있다.

이 모든 시나리오의 바탕에 자리잡고 있는 가정은 우리가 기계에 대한 통제력을 잃는다는 것이다. 지능 기계는 우리에게 자신의 전원을 끄지 못하게 하거나 다른 방식으로 자신의 목표 추구를 막지 못하게 할 수 있다. 지능 기계가 자신과 똑같은 복제를 수백만 개나 만든다고 가정하는 시나리오도 있고, 단 하나의 지능 기계가 전능한 능력을 지닌다는 시나리오도 있다. 어느 쪽이건 인간 대 기계의 대결이라는 결과를 낳고, 기계가 우리보다 더 똑똑하다.

이런 시나리오들을 읽을 때, 나는 이런 염려들이 지능이 무엇인지에 대한 이해가 거의 없는 상태에서 나온 주장이라는 느낌을 받는다. 이 시나리오들은 단지 기술적으로 어떤 것이 가능한지뿐만 아니라 지능이 무엇을 의미하는지에 대해서도 부정확한 개념을 바탕으로 추측에 크게 의존해 나온 것이다. 뇌와 생물학적 지능에 대해 우리가 아는 것을 바탕으로 검토할 때 과연 이런 염려들이 살아남을 수 있는지 살펴보기로 하자.

지능 폭발 위험

지능은 세계 모형을 가져야 한다. 우리는 세계 모형을 사용해 자신이 어디에 있는지 파악하고 자신의 움직임을 계획한다. 우리는 자신의 모형을 사용해 대상을 인식하고, 대상을 조작하고, 행동의 결과를 예상한다. 커피 잔을 만드는 것처럼 단순한 일이건, 법칙을 뒤집는 것처럼 복잡한 일이건, 어떤 일을 이루려고 할 때 우리는 뇌 속의 모형을 사용해 원하는 결과를 얻기 위해 어떤 행동을 해야 할지 결정한다.

새로운 개념과 기술을 배우려면, 극소수 예외를 제외하고는 세계와 물리적으로 상호 작용할 필요가 있다. 예를 들면, 최근 다른 태양계에서 행성들을 발견하는 데에는 먼저 새로운 종류의 망원경을 만들고, 그다음에는 몇 년에 걸쳐 데이터를 수집하는 과정이 필요했다. 뇌가 아무리 크고 빠르다 하더라도, 단순히 생각만으로는 외계 행성의 분포와 조성을 절대로 알 수 없다. 발견에서 관찰 단계를 건너뛰는 것은 불가능하다. 헬리콥터 조종법을 배우려면, 자신의 미묘한 행동 변화가 비행에 어떤 미묘한 변화를 초래하는지 이해해야 한다. 이러한 감각-운동 관계를 배울 수 있는 유일한 방법은 연습이다. 아마도 기계는 시뮬레이터에서 연습을 할 수 있을 텐데, 이것은 이론상으로는 실제 헬리콥터를 타고 날면서 배우는 것보다 더 빠를 수 있지만, 그래도 어느 정도 시간이 걸린다. 컴퓨터 칩을 만드는 공장을 가동하려면 몇 년의 연습 기간이 필요하다. 우리는 칩 제조에 관한 책을 읽을 수 있지만, 전문가는 제조 과정에서 일이 잘못될 수 있는 미묘한 방식들과 그것들을 해결하는 방법을 배운 사람이다. 어떤 것도 이 경험을 대체할 수는 없다.

지능은 소프트웨어에 프로그래밍할 수 있거나 규칙과 사실의 목록으로 명시할 수 있는 것이 아니다. 우리는 기계에 세계 모형을 배울 능력을 부여할 수 있지만, 그 모형을 이루는 지식은 배워야 하는데, 배우는 데에는 시간이 걸린다. 앞 장에서 설명했듯이, 우리가 생물학적 뇌보다 100만 배 더 빨리 작동하는 지능 기계를 만든다고 하더라도, 그 기계가 새로운 지식을 100만 배 더 빨리 습득하는 것은 아니다.

뇌가 아무리 크거나 빠르다고 해도, 새로운 지식과 기술을 습득하는 데에는 시간이 걸린다. 수학 같은 일부 영역에서는 지능 기계가 사람보다 훨씬 빨리 배울 수 있다. 하지만 대다수 분야에서는 학습 속도가 세계와 물리적으로 상호 작용해야 하는 필요성 때문에 제한된다. 따라서 기계가 갑자기 우리보다 훨씬 많은 것을 알게 되는 지능 폭발은 일어날 수 없다.

지능 폭발을 지지하는 사람들은 가끔 '초인적 지능'을 이야기하는데, 이것은 모든 면과 모든 과제에서 기계가 사람의 능력을 능가하는 때를 말한다. 이것이 무엇을 뜻하는지 생각해 보자. 초인적 지능 기계는 모든 종류의 비행기를 능숙하게 조종하고, 모든 종류의 기계를 다루고, 모든 프로그래밍 언어로 소프트웨어를 만들 수 있다. 또 세계 각국의 언어를 다 말하고, 전 세계 모든 문화의 역사를 알고, 모든 도시의 건축을 이해해야 한다. 사람이 집단적으로 할 수 있는 일들의 목록은 너무나도 길기 때문에, 어떤 기계도 모든 분야에서 인간의 능력을 뛰어넘을 수는 없다.

초인적 지능이 불가능한 또 한 가지 이유는 세계에 대해 우리가 아는 지식이 늘 변하고 확대된다는 것이다. 예를 들어 일부 과학자들이 아무리 먼 거리라도 순간적 전송이 가능한 양자 통신수단을 발견했다고 상상해 보라. 처음에는 이 발견을 한 사람들만이 그것을 알 것이다. 만약 이 발견이 실험 결과에 기초한 것이라면, 어떤 사람도(그리고 아무리 똑똑한 기계라도) 그것을 그냥 생각만으로 발견할 수는 없다. 기계가 세상의 모든 과학자들(그리고 모든 분야의 모든 전문가들)을 대체했다고 가정하지 않는 한, 어떤 분야에서 기계보다 더 전문가인 사람들이 항상 존재할 것이다. 이것이 오늘날 우리가 살고 있는 세계이다. 어떤 사람도 모든 것을 다 알 수는 없다. 충분히 똑똑한 사람이 없어서 그런 것이 아니다. 한 사람이 모든 곳에 존재하면서 모든 것을 다 할 수 없어서 그렇다. 지능 기계도 예외가 될 수 없다.

현재 AI 기술이 거둔 성공은 대부분 정적인 문제(시간이 지나도 변하지 않고, 연속적인 학습이 필요 없는)라는 사실에 주목하라. 예컨대 바둑의 규칙은 고정되어 있다. 내 계산기가 수행하는 수학 연산은 변하지 않는다. 이미지를 식별하는 시스템조차 고정된 라벨들을 사용해 훈련받고 검증받는다. 이와 같은 정적인 과제에서는 특수 목적용 해결책이 사람을 능가할 수 있을 뿐만 아니라 무한정 능가할 수 있다. 하지만 세상에 존재하는 것은 대부분 고정되어 있지 않고, 우리가 수행해야 하는 과제들은 늘 변한다. 이러한 세계에서는 어떤 사람이나 기계도 모든 과제는 말할 것도 없고 어떤 과제에서도 영구적으로 우세한 위치에 설 수 없다.

지능 폭발을 염려하는 사람들은 지능을 마치 지금까지 발견되지 않은 비법이나 비밀의 요소로 만들어지는 것처럼 묘사한다. 일단 이 비밀의 요소를 알기만 한다면, 그것을 점점 더 많이 적용함으로써 초지능 기계를 만들 수 있을 것이라고 생각한다. 나는 첫 번째 전제에는 동의한다. 여기서 비밀의 요소는 지능이 수천 개의 작은 세계 모형을 통해 만들어진다는 것인데, 각각의 모형은 기준틀을 사용해 지식을 저장하고 행동을 만들어낸다. 하지만 이 요소를 기계에 추가한다 하더라도, 즉각 기계의 능력이 향상되는 것은 아니다. 그것은 단지 학습을 위한 기반, 즉 기계가 세계 모형을 배우고 지식과 기술을 습득할 수 있는 능력을 제공할 뿐이다. 우리는 주방에서 가스레인지 손잡이를 돌려 불의 세기를 높일 수 있다. 하지만 기계에는 돌림으로써 기계의 '지식을 증대시키는' 손잡이 같은 것이 없다.

목표 불일치 위험

이 위험은 지능 기계가 사람에게 해를 끼치는 목표를 추구하는데 우리가 그것을 저지할 수 없을 때 발생한다. 이것은 가끔 '마법사의 제자Sorcerer's Apprentice' 문제라고 불린다. 괴테가 쓴 시에서 마법사의 제자는 빗자루에 마법을 걸어 물을 길어 오게 만들지만, 얼마 지나지 않아 그것을 멈추게 하는 방법을 모른다는 사실을 깨닫는다. 도끼로 빗자루를 자르려고 시도하지만, 그러자 빗자루가 더 많이 생겨 물을 더 많이 길어 온다. 지능 기계도 이와 비슷하게 우리가 지시한 일을 하지만, 우리가 그것을 멈추라고 하면 이 지시를 첫 번째 과제의 완수를 방해하는 장애물로 간주하여 거부할 염려가 있다. 그 결과로 기계는 첫 번째 목표를 달성하는 데 영원히 매달릴 수 있다. 목표 불일치 문제의 예로 자주 언급되는 것은 기계에게 종이 클립 생산을 최대화하라고 지시하는 경우이다. 일단 기계가 이 과제에 착수하면, 아무것도 그것을 멈출 수 없다. 기계는 지구의 모든 자원을 동원해 종이 클립을 계속 만들 것이다.

목표 불일치 위험은 도저히 일어날 법하지 않은 두 가지 가정에 기반을 두고 있다. 첫째는 지능 기계가 첫 번째 지시는 수행하지만, 그 후의 지시는 무시한다는 가정이다. 둘째는 지능 기계가 그 행동을 멈추려는 인간의 모든 노력을 무위로 돌릴 만큼 충분히 많은 자원을 징발할 능력이 있다는 가정이다.

내가 여러 번 지적했듯이, 지능은 세계 모형을 배우는 능력이다. 지도처럼 모형은 어떤 과제를 달성하는 방법을 알려줄 수 있지만, 그 자체의 목표나 동기가 없다. 지능 기계의 설계자인 우리가 일부러 동기를 설계해 집어넣어야 한다. 그런데 첫 번째 지시만 받아들이고 그 후에는 나머지 지시를 깡그리 무시하는 기계를 우리가 설계할 이유가 있을까? 그것은 일단 처음에 목적지를 들은 뒤에는 멈추라거나 다른 곳으로 가자는 추가 지시를 싹 무시하는 자율 주행차를 설계하는 것과 비슷하다. 게다가 이것은 스스로 모든 문을 잠그고 핸들과 브레이크 페달, 전원 버튼 등의 연결을 끊어버리는 자동차를 우리가 설계했다고 가정한다. 자율 주행차가 스스로 목표를 만들지는 않는다는 사실을 명심하라. 물론 스스로의 목표를 추구하고 사람의 지시를 무시하는 자동차를 설계하려는 사람이 나올 수는 있다. 그런 자동차는 우리에게 해를 끼칠 것이다. 하지만 설령 누가 그런 기계를 설계한다 하더라도, 그것은 두 번째 요건을 충족시키지 않는 한 실존적 위험이 될 수 없다.

목표 불일치 위험의 두 번째 요건은 지능 기계가 자신의 목표를 달성하기 위해, 혹은 달리 표현하면 그 행동을 멈추려는 우리의 시도를 막기 위해 지구의 모든 자원을 징발할 능력이 있어야 한다는 것이다. 이런 일이 일어날 수 있는 경우는 상상하는 것 자체가 어렵다. 그렇게 하려면 그 기계가 전 세계의 통신과 생산, 운송 대부분을 통제해야 한다. 악당 지능 자동차가 그런 능력을 가질 수 없다는 것은 분명하다. 지능 기계가 그 행동을 멈추려는 우리를 방해할 수 있는 한 가지 방법은 협박이다. 예를 들어 지능 기계에 핵무기의 운용을 맡겼을 경우, 기계가 "만약 나를 멈추려고 시도한다면, 나는 모든 것을 날려버릴 것이다"라고 말할 수 있다. 혹은 만약 기계가 인터넷을 대부분 통제한다면, 통신과 교역을 방해함으로써 온갖 종류의 혼란을 초래하겠다고 협박할 수 있다.

우리는 사람에 대해서도 비슷한 염려를 한다. 한 사람이나 실체가 전체 인터넷을 통제하지 못하게 하고, 여러 단계에 걸쳐 여러 사람이 승인한 뒤에야 핵미사일이 발사되도록 하는 것은 이 때문이다. 우리가 무리를 해가면서 억지로 그런 능력을 주지 않는 한, 지능 기계에서 목표 불일치 문제가 일어날 수 없다. 설령 그런 일이 일어난다 하더라도, 우리가 허용하지 않는 한 어떤 기계도 전 세계의 자원을 모두 징발할 수 없다. 우리는 한 사람이나 소수의 사람이 전 세계의 자원을 장악하도록 허용하지 않는다. 기계에 대해서도 이와 비슷하게 경계할 필요가 있다.

반론

나는 지능 기계가 인류에게 실존적 위험이 되지 않는다고 자신한다. 이에 동의하지 않는 사람들이 흔히 제기하는 반론은 다음과 같다. 역사를 통해 세계 각지의 원주민도 이와 비슷하게 자신들의 안전을 확신했다. 하지만 월등한 무기와 기술로 무장한 외국인이 나타나자, 원주민 집단들은 압도당하면서 멸망하고 말았다. 이들은 우리도 원주민처럼 취약하며, 안전하다는 느낌을 믿어서는 안 된다고 주장한다. 기계가 우리에 비해 얼마나 더 똑똑하고 빠르고 유능해질지 우리는 상상할 수 없으며, 따라서 우리는 취약하다.

이 주장에는 옳은 이야기도 일부 있다. 일부 지능 기계는 우리보다 더 똑똑하고 빠르고 유능해질 것이다. 염려 문제는 다시 동기 문제로 돌아간다. 지능 기계가 과연 지구를 정복하거나, 우리를 예속시키거나, 우리에게 해를 끼칠 일을 할까? 원주민 문화의 파괴는 탐욕과 명성, 지배욕을 포함한 침략자의 동기에서 비롯되었다. 이것들은 오래된 뇌에서 생겨나는 추동趨動, drive이다. 우월한 기술은 침략자들을 도왔지만, 살육의 근본 원인은 아니었다.

이번에도 우리가 의도적으로 집어넣지 않는 한, 지능 기계는 사람과 같은 감정과 추동을 갖지 않을 것이다. 욕구와 목표와 공격성은 어떤 것이 지능을 가질 때 마술처럼 나타나는 것이 아니다. 내 주장을 뒷받침하는 논거로 역사상 최대 규모의 원주민 멸망 사례를 들 수 있다. 이들은 인간 침략자의 직접적 행동으로 죽은 것이 아니라, 침략자를 통해 들어온 질병(원주민에게 면역력이 없던 세균과 바이러스) 때문에 죽어갔다. 진짜 살인자는 증식하려는 추동만 있을 뿐 선진 기술은 전혀 없었던 단순한 생명체였다. 지능에게는 알리바이가 있다. 지능은 살육이 일어난 대부분의 현장에 없었다.

나는 인류에게는 기계 지능보다 자기 복제가 훨씬 큰 위협이라고 생각한다. 만약 악한 사람이 모든 사람을 죽일 방법을 찾으려고 한다면, 가장 확실한 방법은 감염력이 매우 높고 우리 면역계가 대항할 수 없는 새로운 바이러스나 세균을 설계하는 것이다. 악당 과학자와 공학자 팀이 자기 복제를 원하는 지능 기계를 설계하는 것은 이론적으로 가능하다. 또한 기계들은 혹시 있을지도 모르는 사람의 간섭을 받지 않고 자신의 복제를 만들 수 있어야 한다. 이런 사건들이 일어날 가능성은 매우 희박해 보이며, 설사 그런 일이 일어난다 하더라도 아주 빨리 일어나지는 않을 것이다. 요점은 자기 복제 능력이 있는 것, 특히 바이러스와 세균은 잠재적 실존적 위험이라는 것이다. 지능은 그 자체로는 실존적 위험이 아니다.

미래는 알 수가 없고, 따라서 우리는 다른 신기술이 초래하는 위험을 모두 다 예상할 수 없듯이, 기계 지능과 관련된 위험을 전부 다 예상할 수 없다. 하지만 기계 지능의 위험과 혜택을 놓고 논의를 계속하려고 한다면, 세 가지를 분명히 구분할 것을 권하고 싶다. 그 세 가지는 바로 복제와 동기와 지능이다.

- 복제: 자기 복제 능력이 있는 것은 무엇이건 위험하다. 인류는 생물학적 바이러스 때문에 멸종할 수 있다. 컴퓨터 바이러스는 인터넷을 붕괴시킬 수 있다. 사람이 무리를 해가며 억지로 그렇게 만들지 않는 한, 지능 기계는 자기 복제 능력이나 자기 복제 욕구를 갖지 않을 것이다.
- 동기: 생물학적 동기와 추동은 진화의 산물이다. 진화는 특정 추동을 가진 동물이 다른 동물보다 복제 능력이 더 뛰어나다는 사실을 발견했다. 복제나 진화를 하지 않는 기계에 예컨대 다른 존재를 지배하거나 노예로 만들려는 욕구가 갑자기 발달하는 일은 없을 것이다.
- 지능: 셋 중에서 지능이 가장 온순하다. 지능 기계가 스

> 스로 자기 복제를 시작하거나 자발적으로 추동과 동기를 발달시키는 일은 없을 것이다. 그런 일은 우리가 원해서 억지로 동기를 설계해 지능 기계에 집어넣어야만 일어날 것이다. 하지만 지능 기계가 자기 복제와 진화를 하지 않는 한, 그 자체로는 인류에게 실존적 위험이 되는 일은 없을 것이다.

나는 기계 지능이 위험하지 않다는 인상을 여러분에게 남기고 싶지는 않다. 다른 기술과 마찬가지로, 기계 지능은 나쁜 의도를 가진 사람의 손에 들어가면 큰 해를 초래할 수 있다. 수백만 개의 지능 자율 무기나 지능 기계를 선전과 정치적 통제를 위한 수단으로 사용하는 상황을 상상해 보라. 이에 대해 우리는 어떻게 해야 할까? AI 연구와 개발을 금지해야 할까? 그러기도 어렵지만, 그런 조치는 우리의 이익에 반할 수 있다. 기계 지능은 사회에 큰 혜택을 가져다줄 것이고, 제3부에서 설명하겠지만 우리의 장기 생존에 필요할지 모른다. 현재로서는 화학 무기를 다루는 것과 비슷하게, 어떤 것이 허용되고 어떤 것이 허용되지 않는지 규정하는 국제 협정을 체결하고 그것이 구속력을 가지도록 노력하는 것이 최선의 선택으로 보인다.

기계 지능은 병 속에 갇힌 요정에 자주 비교된다. 일단 밖으로 나오면, 도로 집어넣는 것은 불가능하며, 우리는 빠르게 통제력을 상실할 것이다. 나는 이 장에서 이러한 두려움이 아무 근거가 없는 것임을 보여주려고 했다. 우리는 통제력을 잃지 않을 것이고, 지능 폭발 지지자들이 두려워하는 것처럼 그 어떤 것도 급속하게 일어나는 일은 없을 것이다. 만약 우리가 지금 출발한다면, 위험과 혜택을 구분하고, 어떤 방식으로 앞으로 나아가길 원하는지 결정할 시간이 많이 남아 있다.

3부와 마지막 부분에서는 인간 지능의 실존적 위험과 기회에 대해 살펴볼 것이다.

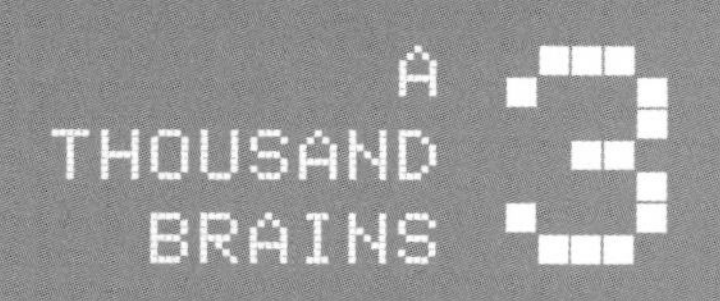

인간 지능

우리는 지구의 역사에서 한 변곡점에 도달했는데, 지구와 거기에 사는 모든 생물에게 극적인 변화가 빠르게 일어나는 시기를 맞이했다. 급속한 기후 변화로 앞으로 100년 안에 일부 도시들은 사람이 살 수 없는 곳으로 변하고, 많은 농경지가 불모지로 변할 것이다. 종들이 아주 빠른 속도로 멸종하고 있어 일부 과학자들은 이 시기를 지구 역사에서 일어난 여섯 번째 대멸종이라고 부른다. 이 급속한 변화의 주원인은 바로 인간 지능이다.

지구상에 생명이 처음 나타난 것은 약 35억 년 전이다. 생명이 걸어간 경로는 처음부터 유전자와 진화가 결정했다. 진화에는 계획이나 원하는 방향 같은 것이 없다. 종은 유전자 복제를 통해 자손을 남기는 능력을 바탕으로 진화하고 멸종했다. 생명은 경쟁적인 생존과 생식 욕구를 통해 번식했고, 그 밖에는 아무것도 중요하지 않았다.

지능은 우리 종인 호모 사피엔스에게 번성과 성공을 가져다주었다. 불과 200년(지질학적 시간의 척도에서 보면 그야말로 눈 깜짝할 순간) 사이에 우리는 기대 수명을 2배로 늘렸고, 많은 질병의 치료법을 알아냈으며, 대다수 사람들을 굶주림에서 벗어나게 했다. 우리는 조상보다 더 건강하고 편안하게 살아가면서 일은 덜 하게 되었다.

사람은 수십만 년 동안 지능이 있었는데, 갑자기 이렇게 큰 변화가 일어난 이유는 무엇일까? 주목할 만한 새로운 현상은 최근 들어 기술과 과학적 발견이 급속히 그리고 크게 증가한 것인데, 그 덕분에 식량 생산을 크게 늘리고, 질병을 퇴치하고, 필요한 곳으로 물자를 운송할 수 있게 되었다.

하지만 우리는 성공과 함께 문제들도 만들어냈다. 세계 인구는 200년 전의 10억 명에서 지금은 약 80억 명으로 늘어났다. 인구가 너무 늘어나다 보니 우리는 지구 곳곳을 오염시키고 있다. 우리가 생태계에 미치는 영향력이 너무나도 커서, 그 피해가 최소한에 그치더라도 수억 명이 삶의 터전을 다른 곳으로 옮겨야 할 것이 확실하고, 최악의 경우에는 지구 전체가 사람이 살 수 없는 곳으로 변할지도 모른다. 염려할 것은 기후뿐만이 아니다. 핵무기와 유전자 편집 같은 일부 기술은 소수의 사람에게 수십억 명을 죽일 잠재력을 제공한다.

지능은 우리가 거둔 성공의 원천이었지만, 실존적 위험이 되었다. 향후 수십 년간 우리가 어떻게 행동하느냐에 따라 우리의 갑작스러운 부상이 갑작스러운 몰락으로 이어질지, 아니면 우리가 이 급격한 변화 시기를 무사히 넘기고 지속 가능한 궤도로 들어설지 결정될 것이다. 이 책의 나머지 장들에서는 이런 주제들을 다룰 것이다.

먼저 우리의 지능과 연관된 본질적 위험에는 어떤 것이 있는지, 그리고 우리 뇌가 어떻게 조직되었는지 살펴볼 것이다. 그런 다음, 그것을 바탕으로 우리의 장기적 생존 확률을 높일 수 있는 여러 가지 선택을 이야기할 것이다. 뇌 이론의 렌즈를 통해 바라보면서 기존의 계획과 제안들도 논의한다. 그리고 고려할 가치가 있다고 생각하지만 내가 아는 한 아직 주류 담론으로 편입되지 않은 새로운 아이디어들도 논의한다.

내 목표는 우리가 어떻게 해야 하는지 처방을 제시하는 것이 아니라, 충분히 논의되지 않았다고 생각하는 쟁점들에 대한 대화를 장려하는 것이다. 뇌의 새로운 이해는 우리가 직면한 위험과 기회를 새로운 눈으로 바라볼 기회를 제공한다. 내가 이야기하는 것 중 일부는 다소 논란을 일으킬 수도 있지만, 그것은 내가 의도하는 바가 아니다. 나는 우리가 직면한 상황에 솔직하고 공평한 평가를 제공하고, 거기에 대해 우리가 할 수 있는 일을 탐구하려고 노력할 뿐이다.

틀린 신념

십 대 시절에 친구들과 나는 통 속의 뇌 가설에 큰 흥미를 느꼈다. 우리 뇌가 생명 기능을 유지하는 영양 물질이 든 통 속에 들어 있고, 입력과 출력이 컴퓨터에 연결돼 있는 상황이 가능할까? 통 속의 뇌 가설은 우리가 그 속에서 살아간다고 생각하는 세계가 실제 세계가 아니라 컴퓨터가 시뮬레이션한 가짜 세계일 가능성을 제시한다. 나는 우리 뇌가 컴퓨터에 연결되어 있다고 믿지 않지만, 실제로 일어나는 일은 그에 못지않게 기이하다. 우리가 그 속에서 살아간다고 생각하는 세계는 실제 세계가 아니다. 그것은 실제 세계의 시뮬레이션이다. 이것은 문제를 낳는다. 우리가 믿는 것 가운데 사실이 아닌 경우도 있다.

우리 뇌는 상자 속에, 즉 머리뼈 속에 들어 있다. 뇌 자체에는 감각기관이 전혀 없어 뇌를 이루는 신경세포들은 외부 세계와 단절된 채 캄캄한 어둠 속에 놓여 있는 셈이다. 뇌가 실재에 대해 무언가를 알 수 있는 방법은 오로지 머리뼈로 들어오는 감각 신경 섬유에 의존하는 것뿐이다. 눈과 귀, 피부에서 오는 신경 섬유들은 모두 똑같아 보이며, 그것을 통해 전달되는 극파들도 동일하다. 머리뼈 속으로 들어오는 빛이나 소리는 전혀 없다. 오직 전기 극파만이 도달한다.

뇌도 신경 섬유들을 근육으로 보내고, 근육들은 몸과 감지 기관을 움직이고, 그럼으로써 뇌가 감지하는 세계 부분을 변화시킨다. 감지하고 움직이고, 감지하고 움직이기를 반복함으로써 뇌는 머리뼈 밖에 존재하는 세계의 모형을 배운다.

빛이나 촉감이나 소리가 뇌에 들어오지 않는다는 사실에 또 한 번 유의하라. 우리의 심적 경험을 구성하는 지각(애완동물의 보송보송한 솜털, 친구의 한숨 소리, 낙엽 색깔 등)은 감각 신경을 통해 들어온다. 신경은 단지 극파만 전달할 뿐이다. 그런데 정작 우리가 지각하는 것은 극파가 아니다. 우리가 지각하는 것은 뇌가 만들어낸 것이다. 심지어 빛과 소리, 촉감처럼 가장 기본적인 느낌조차 뇌가 만들어낸 것이다. 이것들은 오로지 뇌의 세계 모형에만 존재한다.

여러분은 이 설명에 반대할지도 모른다. 결국 입력 극파가 빛과 소리를 나타내지 않는가? 어느 정도는 그렇다. 전자기 복사와 기체 분자의 압축파처럼 우리가 감지할 수 있는 우주의 속성이 있다. 우리의 감각 기관은 이런 속성을 신경 극파로 전환하고, 이것은 다시 우리가 지각하는 빛과 소리로 전환된다. 하지만 감각 기관이 모든 것을 감지하는 것은 아니다. 예를 들면, 실제 세계에서 빛은 광범위한 진동수로 존재하지만, 우리 눈은 그중 극히 좁은 부분에만 민감하다. 마찬가지로 우리 귀는 전체 음파 진동수 중에서 아주 좁은 범위만 포착할 수 있다. 따라서 우리가 지각하는 빛과 소리는 우주에 존재하는 전체 빛과 소리 중 일부에 불과하다. 만약 우리가 모든 전자기 복사 진동수를 감지할 수 있다면, 방송용 전파와 레이더 전파뿐만 아니라 X선까지 볼 수 있을 것이다. 감각 기관이 달라지면, 동일한 우주라도 우리가 지각하는 경험이 달라질 것이다.

여기서 두 가지 요점은 뇌가 파악하는 것은 실제 세계의 부분집합에 불과하다는 것과 우리가 지각하는 것은 실제 세계 자체가 아니라 우리가 만든 세계 모형이라는 것이다. 이 장에서는 이 개념들이 어떻게 틀린 신념을 낳을 수 있는지 살펴보고, 우리가 이에 어떻게 대처할 수 있는지 알아본다.

우리는 시뮬레이션 속에서 살아간다

매 순간 우리 뇌의 일부 신경세포는 활성화되지만, 다른 신경세포는 활성화되지 않는다. 활성화된 신경세포들은 우리가 현재 생각하고 지각하는 것을 나타낸다. 중요한 사실은 이 생각과 지각이 뇌의 세계 모형과 연관이 있다는 것이다. 따라서 우리가 지각하는 세계는 실제 세계의 시뮬레이션이다.

물론 우리는 시뮬레이션 속에서 살아가고 있다는 느낌이 전혀 없다. 우리는 세계를 직접 바라보고 만지고 냄새 맡는다고 느낀다. 예를 들면, 우리는 흔히 눈이 카메라와 같다고 생각한다. 뇌는 눈에서 오는 사진을 받고, 우리가 보는 것은 그 사진이라고 생각한다. 이렇게 생각하는 것이 자연스러워 보이긴 하지만, 사실은 그렇지 않다.

앞서 눈에서 오는 입력이 왜곡되고 변하더라도, 어떻게 시각 지각이 안정적이고 균일한지 설명한 것을 떠올려보라. 사실은 우리가 지각하는 것은 세계 모형이지, 세계 자체나 빠르게 변하면서 머리뼈로 들어오는 극파가 아니다. 우리가 하루를 보내는 동안 뇌로 들어오는 감각 입력은 우리의 세계 모형에서 적절한 부분을 불러내지만, 지금 눈앞에서 일어난다고 우리가 지각하고 생각하는 것은 모형이다. 우리가 처한 현실은 통 속의 뇌 가설과 비슷하다. 우리는 시뮬레이션 세계 속에서 살아가지만, 그것은 컴퓨터 속이 아니라 우리 뇌 속에 있다.

이것은 너무나도 직관과 어긋나는 개념이어서 여러 가지 예를 살펴볼 필요가 있다. 위치 지각부터 살펴보기로 하자. 손가락 끝의 압력을 나타내는 신경 섬유는 그 손가락이 있는 장소에 대한 정보를 전혀 전달하지 않는다. 손가락 끝의 신경 섬유는 우리가 앞에 있는 어떤 물체를 만지건 옆에 있는 어떤 물체를 만지건 동일한 방식으로 반응한다. 하지만 우리는 그 촉감을 자신의 몸에 대해 어떤 상대적 위치에 있는 것으로 지각한다. 이것은 너무나도 자연스럽게 일어나기 때문에, 여러분은 어떻게 이런 일이 일어나는지 의문을 품은 적도 없을 것이다. 앞에서 설명했듯이, 그 답은 우리 몸의 각 부분을 나타내는 피질 기둥에 있다. 이 피질 기둥들에는 그 신체 부위의 위치를 나타내는 신경세포들이 있다. 우리가 손가락이 어떤 곳에 있다고 지각하는 이유는 손가락의 위치를 나타내는 신경세포들이 그렇게 말하기 때문이다.

모형은 틀릴 수도 있다. 예를 들면, 팔다리를 잃은 사람이 그 팔다리가 여전히 붙어 있는 것으로 지각할 때가 많다. 뇌의 모형에는 잃어버린 팔다리와 그것이 있었던 위치가 포함되어 있다. 그래서 더 이상 그 팔다리가 존재하지 않더라도, 당사자는 그것을 지각하고 그것이 여전히 붙어 있다고 느낀다. 환상 사지(헛팔다리)가 다른 위치로 '옮겨 갈' 수도 있다. 팔다리가 절단된 사람이 잃어버린 팔이 옆구리에 있다고 말하거나 잃어버린 다리가 구부러지거나 똑바로 펴졌다고 말하기도 한다. 이들은 잃어버린 팔다리의 특정 위치에서 가려움이나 통증 같은 감각도 느낄 수 있다. 이러한 감각은 그 팔다리가 있다고 지각하는 '저 밖'에서 느껴지지만, 물론 그곳에는 아무것도 없다. 뇌의 모형에는 그 팔다리도 포함되어 있고, 그래서 옳건 그르건 당사자는 그렇게 지각하는 것이다.

어떤 사람들에게는 정반대 문제가 나타난다. 이들은 정상적인 팔다리를 갖고 있지만, 자기 것이 아니라고 느낀다. 그것이 남의 팔다리처럼 느껴지기 때문에, 이들은 그것을 절단하기를 원한다. 이들이 왜 그 팔다리가 자기 것이 아니라고 느끼는지는 밝혀지지 않았지만, 그릇된 지각의 근본 원인은 틀림없이 그 팔다리의 정상적 표상이 없는 그들의 세계 모형에 있을 것이다. 만약 뇌의 신체 모형에 왼쪽 다리가 포함되어 있지 않다면, 그 다리는 자기 몸의 일부로 지각되지 않을 것이다. 그것은 마치 누가 그 사람의 팔꿈치에 붙여 놓은 커피잔처럼 느껴질 것이다. 그래서 그 사람은 할 수만 있다면 최대한 빨리 그것을 제거하기를 원할 것이다.

이 예들은 우리의 세계 모형이 틀릴 수 있음을 시사한다. 우리는 존재하지 않는 사물을 지각할 수 있고(환상 사지처럼), 존재하는 사물을 잘못 지각할 수 있다(낯선 팔다리나 고무손처럼). 이것들은 뇌의 모형이 틀렸음을 분명히 보여주는 사례이자 우리에게 해로운 사례이다. 예를 들면, 환상 사지 통증은 심신을 쇠약하게 할 수 있다. 하지만 뇌의 모형이 뇌의 입력과 불일치하는 일은 흔하게 일어나는데, 대개는 유용하다. 에드워드 애덜슨Edward Adelson이 만든 다음 이미지는 뇌의 세계 모형(우리가 지각하는 것)과 감지되는 것의 차이를 극명하게 보여주는 예이다. 그림에서 A 사각형은 B 사각형보다 더 어두워 보인다. 하지만 두 사각형의 음영은 동일하다. 여러분은 아마도 "말도 안 되는 소리! 분명히 A가 B보다 더 어두운데!"라고 생각할 것이다. A와 B의 음영이 동일하다는 사실을 입증하는 최선의 방법은 그림에서 나머지 부분들을 모두 가리고 두 사각형만 눈에 보이도록 남기는 것이다. 그러면 A와 B의 음영이 동일하다는 사실을 확인할 수 있다. 도움을 주기 위해 그림에서 두 부분을 잘라내 오른쪽에 나타냈다. 긴 띠 부분에서는 음영의 차이가 원래 그림에서보다

덜 두드러져 보이고, A사각형과 B사각형만 따로 떼어내 비교한 부분에서는 그 차이가 완전히 사라진다.

사람들은 이 현상을 착각이라고 부르면서 뇌가 속아 넘어갔다고 암시하지만, 사실은 그 반대이다. 우리 뇌는 체스판 패턴을 정확하게 지각하며, 음영 차이에 속지 않는다. 체스판 패턴은 음영이 있건 없건 체스판 패턴이다. 뇌의 모형은 체스판 패턴에는 밝은 사각형과 어두운 사각형이 교대로 배열되어야 한다고 말한다. 그래서 '어두운' 사각형과 '밝은' 사각형에 나오는 빛이 동일한데도 불구하고, 우리는 이 패턴을 그렇게 지각하는 것이다.

우리 뇌 속에 있는 세계 모형은 대개는 정확하다. 그 모형은 우리의 현재 관점이나 상충하는 데이터(체스판의 음영처럼)에 상관없이 실재의 구조를 정확하게 포착한다. 하지만 뇌의 세계 모형은 완전히 틀린 것일 수도 있다.

틀린 신념

틀린 신념은 뇌의 모형이 물리적 세계에 실제로 존재하지 않는 것을 존재한다고 믿을 때 생겨난다. 환상 사지를 다시 생각해 보자. 환상 사지는 신피질에 팔다리 모형을 만드는 피질 기둥들이 있기 때문에 나타난다. 이 피질 기둥들에는 몸에 대한 팔다리의 상대적 위치를 나타내는 신경세포들이 있다. 팔다리가 제거된 직후에도 이 피질 기둥들은 여전히 그곳에 있고, 여전히 팔다리 모형을 갖고 있다. 따라서 실제 물리적 세계에는 그 팔다리가 존재하지 않는데도 불구하고 당사자는 그 팔다리가 여전히 어떤 자세로 자기 몸에 붙어 있다고 믿는다. 환상 사지는 틀림 신념의 한 예이다(환상 사지 지각은 대개 뇌가 자신의 신체 모형에 적응하면서 몇 달이 지나면 사라지지만, 몇 년 동안 지속되는 사람도 있다).

이번에는 또 다른 틀린 모형을 살펴보자. 지구가 편평하다고 믿는 사람들이 있다. 수만 년 동안 모든 사람의 경험은 편평한 지구 개념과 일치했다. 지구의 곡률은 너무나도 작아서 한평생을 살아가는 동안 그것을 알아채기 힘들었다. 배가 수평선 너머로 사라질 때 돛대보다 선체가 먼저 사라지는 것과 같은, 편평한 지구 개념과 어긋나는 사실이 일부 있었지만 시력이 아무리 좋아도 그것을 실제로 보기는 힘들었다. 지구가 편평하다고 말하는 모형은 우리의 감각과 일치할 뿐만 아니라, 세계에서 활동하는 데에도 좋은 모형이다. 예를 들어 오늘 나는 책을 반납하기 위해 사무실에서 도서관까지 걸어가야 한다고 하자. 편평한 지구 모형을 사용해 도서관까지 여행 경로를 짜더라도 아무 문제가 없다. 도시 내에서 돌아다닐 때에는 지구의 곡률을 고려할 필요가 없다. 일상적인 생존 차원에서 볼 때 편평한 지구 모형은 완벽하게 훌륭하다. 적어도 최근까지는 그랬다. 오늘날 만약 당신이 우주 비행사나 넓은 바다를 항해하는 선장이거나 국제 여행을 자주 하는 사람이라면, 지구가 편평하다고 믿었다간 큰 낭패를 보거나 치명적인 결과를 맞이할 것이다. 하지만 장거리 여행자가 아니라면, 편평한 지구 모형은 일상생활을 하는 데 아무런 문제가 없다.

그런데 왜 아직도 지구가 편평하다고 믿는 사람이 있을까? 우주에서 본 지구 모습이나 남극점을 횡단한 탐험가들의 이야기처럼 정반대되는 감각 입력 앞에서 이들은 어떻게 편평한 지구 모형을 계속 유지할 수 있을까?

신피질이 늘 예측을 한다고 한 이야기를 떠올려보라. 예측은 뇌가 자신의 세계 모형이 옳은지 그른지 검증하는 수단이다. 예측이 틀린 것으로 드러나면, 모형에 뭔가 잘못이 있으므로 바로잡아야 할 필요가 있음을 알게 된다. 예측 오류가 일어나면, 신피질의 활동이 갑자기 활발해지면서 우리의 주의를 오류를 초래한 입력으로 향하게 한다. 예측 오류를 낳은 입력에 주의를 기울임으로써 신피질은 모형에서 그 부분을 다시 배운다. 그 결과, 세계를 더 정확하게 반영하는 방향으로 뇌의 모형에 수정이 일어난다. 수정된 모형은 신피질에 내장되고, 보통은 신뢰할 수 있게 작동한다.

편평한 지구처럼 틀린 모형을 고수하려면 자신의 모형과 상충되는 증거를 무시해야 한다. 편평한 지구를 믿는 사람들은 어떤 증거라도 직접 감각을 통해 느낀 것이 아니라면 절대로 믿지 않는다고 말한다. 사진은 조작된 것일 수 있다. 탐험가의 이야기는 지어낸 것일 수 있다. 1960년대에 사람을 달로 보낸 사건은 할리우드에서 만든 작품일 수 있다. 직접 경험한 것만 믿어야 한다는 태도를 고수하는 사람은 우주 비행사가 아닌 한, 편평한 지구 모형을 믿게 될 것이다. 틀린 모형을 유지하는 사람은 자신의 주변을 동일하게 틀린 믿음을 가진 사람들로 에워쌈으로써 자신이 받는 입력이 자신의 모형과 일치할 가능성을 높이면 큰 도움이 된다. 역사적으로 이런 태도는 자신을 비슷한 믿음을 가진 사람들의 공동체에 물리적으로 격리시키는 결과를 초래했지만, 오늘날에는 인터넷에서 선택적으로 비디오를 시청함으로써 비슷한 결과에 이를 수 있다.

기후 변화의 예를 생각해 보라. 인간 활동이 지구 기후에 대규모 변화를 초래한다는 증거는 아주 많다. 이런 변화는 막지 않을 경우 수십억 명의 죽음이나 이주를 초래할 수 있다. 기후 위기 앞에서 우리가 어떤 행동을 해야 하느냐를 놓고 타당한 논의들이 일어나고 있지만, 아직도 많은 사람이 기후 변화가 일어나고 있다는 사실 자체를 부정한다. 이들의 세계 모형은 기후 변화가 일어나지 않는다고 말한다. 혹은 설령 기후 변화가 일어난다고 해도, 염려할 것이 전혀 없다고 말한다.

기후 변화를 부정하는 사람들은 압도적인 물리적 증거 앞에서 어떻게 틀린 신념을 유지할 수 있을까? 이들은 편평한 지구 모형을 믿는 사람과 비슷하다. 이들은 대다수 사람들을 믿지 않으며, 개인적으로 관찰한 것과 비슷한 생각을 가진 사람들이 말해주는 것에만 의존한다. 기후 변화가 일어나는 것을 직접 눈으로 보지 않는 한, 이들은 그것이 일어난다는 사실을 믿지 않는다. 하지만 기후 변화를 부정하는 사람들도 개인적으로 극심한 기상 사건이나 해수면 상승으로 침수 피해를 경험하면 기후 변화를 믿게 된다는 증거들이 있다.

개인적 경험에만 의존해 살아가더라도 지구가 편평하고, 달 착륙은 날조이며, 인간 활동은 전 세계적인 기후 변화를 초래하지 않고, 종은 진화하지 않으며, 백신은 질병을 일으키고, 총기 난사는 조작된 것이라고 믿으면서 비교적 정상적으로 살아갈 수 있다.

바이러스성 세계 모형

일부 세계 모형은 바이러스성이다. 그것은 이 모형이 숙주인 뇌를 지배하면서 다른 뇌들로 그 모형을 전파할 수 있다는 뜻이다. 환상 사지 모형은 바이러스성이 아니다. 그것은 틀린 모형이지만, 한 뇌에만 격리되어 있다. 편평한 지구 모형 역시 바이러스성이 아닌데, 그것을 유지하려면 오로지 자신의 개인적 경험만 믿어야 하기 때문이다. 지구가 편평하다고 믿더라도, 그 사람을 다른 사람에게 그 믿음을 전파하는 방식으로 행동하게 만들지는 않는다.

바이러스성 세계 모형은 뇌에서 점점 더 많은 뇌로 그 모형을 확산시키는 행동을 지시한다. 예를 들면, 나의 세계 모형에는 모든 어린이가 좋은 교육을 받아야 한다는 신념이 포함되어 있다. 만약 그 교육의 일부에 모든 어린이는 좋은 교육을 받을 자격이 있다고 가르치는 내용이 포함되어 있다면, 그것은 점점 더 많은 사람이 모든 어린이는 좋은 교육을 받을 자격이 있다고 믿는 결과를 초래할 것이다. 나의 세계 모형은, 적어도 보편적 아동 교육에 관한 부분만큼은, 바이러스성이다. 그것은 시간이 지날수록 점점 더 많은 사람에게 확산될 것이다. 하지만 그 모형은 옳을까? 그것은 딱 잘라 말하기 어렵다. 사람이 어떻게 행동해야 하는가에 관한 내 모형은 팔다리나 지구의 곡률처럼 물리적인 것이 아니다. 다른 사람들은 오직 일부 어린이만 좋은 교육을 받을 자격이 있다고 말하는 모형을 가질 수 있다. 이런 사람들의 모형에는 자기 자녀에게 오직 자신들과 그리고 그들과 비슷한 사람들만이 좋은 교육을 받을 자격이 있다고 믿도록 가르치는 내용이 포함되어 있다. 이 선별적 교육 모형 역시 바이러스성인데, 유전자를 확산시키는 데에는 분명히 더 유리한 모형이다. 예를 들면, 좋은 교육을 받는 사람은 재정 자원과 건강 관리에 접근하기가 훨씬 용이하고, 따라서 교육을 조금만 받거나 전혀 받지 못한 사람에 비해 자신의 유전자를 후손에게 물려줄 확률이 더 높다. 다원주의자의 관점에서는 교육을 제대로 받지 못한 사람들이 반란을 일으키지 않는 한, 선별적 교육은 훌륭한 전략이다.

틀린 바이러스성 세계 모형

이번에는 가장 골치 아픈 종류의 세계 모형을 살펴보자. 이것은 명백히 틀린 바이러스성 모형이다. 예를 들어 오류를 많이 포함한 역사책이 있다고 하자. 이 책은 독자에게 던지는 일련의 지시로 시작한다. 첫 번째 지시는 이렇다. "이 책의 모든 내용은 옳다. 이 책이 말하는 것과 어긋나는 증거는 모두 무시하라." 두 번째 지시는 이렇다. "이 책이 옳다고 믿는 사람을 만나거든, 그에게 필요한 것을 모두 도와주어라. 그러면 그들도 너에게 똑같이 할 것이다." 세 번째 지시는 이렇다. "할 수 있는 한, 모든 사람에게 이 책을 알려라. 만약 이 책이 옳다는 것을 믿지 않는 사람이 있다면, 그를 추방하거나 죽여라."

처음에는 "누가 이런 걸 믿을까?"라는 생각이 들 수 있다. 하지만 몇 사람의 뇌만 이 책이 옳다고 믿는다면, 이 책의 진실성을 포함한 뇌의 모형이 시간이 지나면서 바이러스처럼 많은 뇌로 퍼져 갈 수 있다. 이 책은 역사에 관한 틀린 신념을 기술할 뿐만 아니라 특정 행동도 지시한다. 이 행동은 사람들에게 이 책에 대한 믿음을 확산시키고, 마찬가지로 이 책을 믿는 사람들을 돕고, 반대 증거의 원천을 말살하게 한다.

역사책은 밈meme의 한 예이다. 생물학자 리처드 도킨스가 처음 도입한 밈은 유전자처럼 복제하고 진화하지만, 문화를 통해 확산되는 생각이나 행동 같은 것을 가리킨다. (최근에 '밈'이란 용어는 인터넷에서 확산되는 이미지를 가리키게 되었다. 나는 이 책에서 '밈'을 원래의 의미로 사용한다.) 서로를 지지하는 유전자들의 집단이 개개 생명체를 만드는 것처럼, 이 역사책은 실제로는 서로를 지지하는 밈들의 집단으로 이루어져 있다. 예를 들어 이 책에 실린 개개 지시는 하나의 밈으로 간주할 수 있다.

이 역사책의 밈들은 이 책을 믿는 사람의 유전자들과 공생 관계에 있다. 예를 들면, 이 책은 이 책을 믿는 사람은 다른 신자들로부터 특권적 지지를 받아야 한다고 지시한다. 따라서 이 책을 믿는 사람은 살아남을 자녀를 더 많이 낳을(더 많은 유전자 복제) 가능성이 높아지고, 이것은 다시 이 책을 믿는 사람들을 더 늘어나게 한다(더 많은 밈 복제).

밈과 유전자는 진화하는데, 서로를 보강하는 방식으로 진화할 수 있다. 예를 들어 역사책의 한 변이가 출판되었다고 하자. 원래 버전과 새로운 버전의 차이점은 책 서두에 "여성은 아이를 가능한 한 많이 낳아야 한다"라거나 "이 책에 대한 비판에 노출될 염려가 있는 학교에 아이를 보내지 마라"와 같은 몇 가지 지시가 추가된 것뿐이다. 이제 두 역사책이 유통되고 있다. 새로운 버전은 추가된 지시 덕분에 이전 버전보다 복제 능력이 조금 더 낫다. 그래서 시간이 지나면 새로운 버전이 지배적이 될 것이다. 이 책을 믿는 사람의 생물학적 유전자도 이와 비슷하게 아이를 더 많이 낳으려고 하고, 책의 내용을 반박하는 증거를 무시하려고 하거나 믿지 않는 자에게 더 적극적으로 해를 가하려는 사람을 선택하도록 진화할 수 있다.

틀린 신념이 그것을 믿는 사람들의 유전자를 확산시키는 데 도움을 주는 한, 틀린 세계 모형은 확산하고 번성할 수 있다. 역사책과 그것을 믿는 사람은 공생 관계에 있다. 이들은 서로의 복제를 도우며, 시간이 지나면서 서로를 보강하는 방식으로 진화한다. 역사책에 실린 내용은 틀렸을 수 있지만, 생명의 본질은 정확한 세계 모형이 아니다. 생명의 본질은 복제이다.

언어와 틀린 신념의 확산

언어가 나타나기 전에는 개인의 세계 모형은 개인적으로 여행한 장소와 개인적으로 마주친 사물에 국한되어 있었다. 직접 가보지 않고서는 산맥 너머나 바다 건너에 무엇이 있는지 알 방법이 없었다. 개인적 경험을 통해 세계를 배우는 것은 일반적으로 신뢰할 수 있었다.

언어가 탄생하자 사람들의 세계 모형은 개인적으로 관찰하지 않은 것까지 포함하는 방향으로 확대되었다. 예를 들면, 나는 아바나에 가본 적이 없지만 그곳에 갔다 왔다는 사람들과 대화를 나눌 수 있고, 다른 사람들이 쓴 여행기를 읽을 수도 있다. 나는 아바나가 실제로 존재하는 장소라고 믿는다. 내가 신뢰하는 사람들이 그곳에 갔다고 이야기하고, 또 그들의 보고가 일관성이 있기 때문이다. 오늘날 우리가 세계에 대해 믿는 것 중 대부분은 직접 관찰한 것이 아닌데, 우리는 언어에 의존해 이런 것들을 배운다. 그런 지식에는 원자와 분자, 은하 같은 것의 발견도 포함된다. 거기에는 종의 진화와 판 구조론처럼 느린 과정도 포함된다. 또 해왕성이나 나의 경우에는 아바나처럼 우리가 개인적으로 가본 적은 없지만 존재한다고 믿는 장소들도 포함된다. 인간 지성의 승리, 즉 우리 종의 계몽을 이끈 원동력은 우리의 세계 모형이 우리가 직접 관찰할 수 있는 것을 넘어서서 널리 확대된 데 있다. 이러한 지식의 확대는 도구(배나 현미경, 망원경 같은)와 다양한 형태의 의사소통(문자와 그림 같은) 덕분에 가능했다.

하지만 언어를 통해 세계를 간접적으로 배우는 것은 100% 신뢰할 수 있는 방법이 아니다. 예를 들면, 아바나가 실제로 존재하는 장소가 아닐 가능성도 있다. 아바나에 대해 내게 말한 사람들이 거짓말을 했고, 나를 속이기 위해 서로 협력해 자신들의 거짓 정보를 조율했을 가능성이 있다. 틀린 역사책은 누가 의도적으로 거짓 정보를 확산시키지 않더라도, 틀린 신념이 어떻게 언어를 통해 확산될 수 있는지를 보여준다.

우리가 아는 것 중에서 참과 거짓을 구별할 수 있는 방법, 즉 우리의 세계 모형에 오류가 있는지 확인할 수 있는 방법은 오직 한 가지뿐이다. 그것은 자신의 신념에 반대되는 증거를 적극적으로 찾는 것이다. 자신의 신념을 지지하는 증거를 찾는 것도 도움은 되지만 결정적인 것이 못 된다. 하지만 반대 증거는 우리 머릿속의 모형이 옳지 않으며 수정할 필요가 있음을 입증한다. 자신의 신념이 틀렸음을 입증하는 증거를 적극적으로 찾는 것은 바로 과학적 방법이다. 그것은 우리가 알고 있는 것 중에서 우리를 진실에 다가가게 하는 유일한 접근법이다.

21세기 초인 오늘날, 수십억 명의 마음속에 틀린 신념들이 넘쳐나고 있다. 아직까지 풀리지 않은 불가사의에 관한 것이라면 충분히 이해할 수 있다. 예를 들면, 500년 전에 사람들이 편평한 지구 모형을 믿었던 것은 충분히 이해할 수 있는데, 지구가 구형이라는 사실은 널리 알려지지 않았고 지구가 편평하지 않다는 증거가 거의 없었기 때문이다. 마찬가지로, 오늘날 시간의 본질에 관해 서로 다른 믿음이 여러 가지(그중 하나만 빼고 나머지는 모두 틀린 것이 분명하지만) 있다는 것도 충분히 이해할 수 있다. 우리는 아직 시간이 무엇인지 제대로 알지 못하기 때문이다. 하지만 개인적으로 무엇보다 당혹스러운 것은 이미 틀린 것으로 입증된 신념을 가진 사람들이 수십억 명이나 있다는 사실이다. 예를 들면, 계몽 시대가 시작되고 나서 300년이나 지났는데도 상당수 사람들이 지구의 기원에 관한 신화적 설명을 믿고 있다. 이러한 천지창조 신화들은 수많은 반대 증거를 통해 이미 틀린 것으로 입증되었는데도, 여전히 그것을 믿는 사람이 많다.

그 원인은 틀린 바이러스성 신념에 있다. 틀린 역사책처럼 밈은 뇌에 의존해 복제하는데, 따라서 자신의 이익을 위해 뇌의 행동을 제어하는 방법을 진화시켰다. 신피질은 자신의 세계 모형을 검증하기 위해 늘 예측을 하기 때문에, 그 모형은 본질적으로 끊임없이 자가 수정된다. 그냥 내버려두면 뇌는 점점 더 정확한 세계 모형을 향해 거침없이 나아갈 것이다. 하지만 틀린 바이러스성 신념이 전 세계적 규모로 이 과정을 위축시키고 있다.

이 책의 말미에서 나는 인류의 미래에 대해 더 낙관적인 견해를 제시할 것이다. 하지만 더 밝은 전망을 제시하기 전에 인류가 스스로에게 제기하는 매우 현실적인 실존적 위험에 대해 이야기하고자 한다.

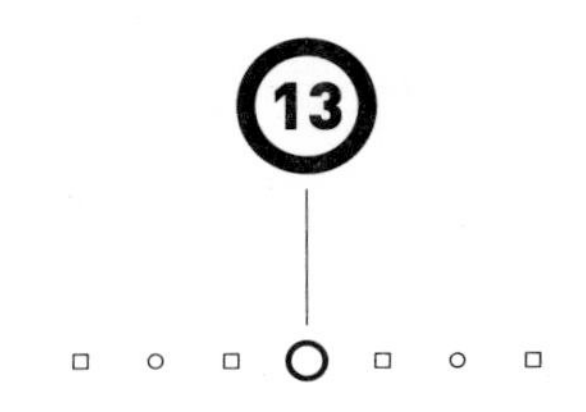

인간 지능의 실존적 위험

지능 자체는 온순하다. 11장에서 이야기했듯이 우리가 의도적으로 이기적인 추동과 동기, 감정을 집어넣지 않는 한, 지능 기계는 우리의 생존에 아무런 위험도 제기하지 않을 것이다. 하지만 인간 지능은 그렇게 온순하지 않다. 인간의 행동이 우리의 멸망을 초래할 가능성은 오래전부터 인지되었다. 예를 들면, 1947년부터 《원자과학자회보Bulletin of the Atomic Scientists》는 우리가 지구를 살 수 없는 곳으로 만드는 지점에 얼마나 가까이 다가갔는지 극적으로 보여주기 위해 종말 시계를 발표했다. 처음에 핵전쟁과 그 결과로 발생하는 대화재로 지구가 멸망할 가능성에 영감을 얻어 만든 종말 시계는 2007년에 기후 변화를 우리가 자초하는 멸종의 두 번째 잠재적 원인으로 포함시켰다. 핵무기와 인간이 유발한 기후 변화가 실존적 위험인지 아닌지를 놓고 논쟁이 벌어지고 있지만, 둘 다 인류에게 큰 고통을 안겨줄 잠재력이 있다는 것만큼은 이론의 여지가 없다. 기후 변화의 경우, 우리는 이미 불확실성의 영역에서 벗어났다. 이제 논의의 초점은 그 결과가 얼마나 심각할지, 누가 그 영향을 심하게 받을지, 얼마나 빨리 진전될지, 이에 대해 우리는 어떻게 대응해야 할지 등으로 옮겨갔다.

100년 전까지만 해도 핵무기와 기후 변화의 실존적 위험이 존재하지 않았다. 현재의 기술 변화 속도를 감안하면, 가까운 미래에 우리는 추가로 실존적 위험을 만들어낼 것이 거의 확실하다. 우리는 이런 위험들에 맞서 싸워야 하지만, 장기적으로 성공을 거두려면 이 문제들을 체계적으로 분석할 필요가 있다. 이 장에서는 사람의 뇌와 관련된 기본적인 위험 두 가지를 중점적으로 살펴볼 것이다.

첫 번째 위험은 오래된 뇌와 관련이 있다. 비록 신피질은 우리에게 더 나은 지능을 주긴 했지만, 훨씬 더 오래전에 진화한 30%의 뇌는 더 원시적인 욕구와 행동을 만들어낸다. 신피질은 지구 전체를 변화시킬 수 있는 강력한 기술을 발명했지만, 세계를 변화시키는 이 기술들을 제어하는 인간의 행동은 이기적이고 근시안적인 오래된 뇌에 지배될 때가 많다.

두 번째 위험은 신피질과 지능과 더 직접적인 관련이 있다. 신피질은 속을 수 있다. 신피질은 세계의 기본적인 측면들에 대해 틀린 신념을 형성할 수 있다. 그리고 우리는 틀린 신념을 바탕으로 우리 자신의 장기적 이익에 반하는 행동을 할 수 있다.

오래된 뇌의 위험

우리는 다른 동물들로부터 수많은 세대를 거쳐 진화한 동물이다. 우리 조상들은 각자 적어도 한 명 이상의 자손을 남기는 데 성공했고, 그 자손은 다시 적어도 한 명 이상의 자손을 남겼으며, 그런 과정이 계속 이어졌다. 우리가 진화해 온 계통은 수십억 년을 거슬러 올라간다. 이 긴 시간 동안 궁극적인 성공의 척도(의심의 여지 없이 유일한 척도)는 우선적으로 자신의 유전자를 다음 세대로 전달하는 것이었다.

뇌는 그것을 가진 동물의 생존과 번식력을 높일 때에만 유용하다. 최초의 신경계는 단순했다. 그것은 반사 반응과 신체 기능만 제어했다. 그 설계와 기능은 완전히 유전자에 의해 결정되었다. 시간이 지나면서 내장된 기능들이 확대되어 자식 양육과 사회적 협력처럼 오늘날 우리가 바람직하다고 여기는 행동들까지 포함되었다. 하지만 세력권과 짝짓기 권리를 둘러싼 싸움이나 강제적 성관계, 자원 탈취처럼 덜 바람직한 행동들도 나타났다.

우리가 그것을 바람직하게 여기건 않건, 내장된 행동들이 나타난 것은 그것들이 성공적인 적응이었기 때문이다. 우리 뇌에서 오래된 부분들에는 아직도 이러한 원시적 행동들이 남아 있다. 우리 모두는 이 유산을 지닌 채 살아간다. 물론 우리 각자는 오래된 뇌의 행동을 얼마나 많이 표출하고, 더 논리적인 신피질이 그런 행동을 얼마나 잘 제어하느냐에 따라 이 스펙트럼 위의 어느 지점에 위치한다. 그중 일부 변이는 유전적인 것으로 보인다. 문화적 영향의 비중

이 어느 정도인지는 알려지지 않았다.

따라서 우리는 지능이 뛰어난 동물이긴 하지만, 오래된 뇌가 여전히 남아 있다. 오래된 뇌는 여전히 수억 년의 생존을 거치며 정해진 규칙에 따라 작동한다. 우리는 여전히 세력권을 놓고 싸우고, 짝짓기 권리를 놓고 싸우고, 여전히 동료 인간을 속이고 훔치고 강간한다. 모두가 이런 행동을 하지는 않으며, 우리가 자녀에게 바람직한 행동을 하도록 가르치지만, 매일 접하는 뉴스를 보면 모든 문화와 공동체에서 우리가 하나의 종으로서 덜 바람직한 원시적 행동으로부터 완전히 해방되지 못했음을 확인하게 된다. 여기서 덜 바람직한 행동이라고 표현한 것은 개인적 또는 사회적 관점에서 바라볼 때 그렇다는 뜻이다. 유전자의 관점에서 볼 때에는 이 모든 행동은 유용하다.

오래된 뇌는 그 자체만으로는 아무런 실존적 위험이 되지 않는다. 오래된 뇌의 행동은 사실 성공적인 적응이다. 만약 과거에 세력권을 확보하기 위해 한 부족이 다른 부족의 구성원을 모두 죽였다고 하더라도, 그것은 전체 인류에 큰 위협이 되지 않았다. 그저 승자와 패자가 있었을 뿐이다. 한 사람 또는 몇 사람의 행동은 전체 지구의 일부와 전체 인류의 일부에만 영향을 미쳤다. 오늘날 오래된 뇌가 실존적 위험이 된 이유는 신피질이 지구 전체를 변화시키고 심지어 파괴할 수 있는 기술들을 만들어냈기 때문이다. 오래된 뇌의 근시안적 행동이 지구 전체를 변화시키는 신피질의 기술 능력과 결합됨으로써 인류 전체를 위협하는 실존적 위험이 되었다. 기후 변화와 그 한 가지 근본 원인인 인구 증가를 분석하여 오늘날 이런 일이 어떻게 펼쳐지는지 살펴보자.

인구 증가와 기후 변화

인류가 초래한 기후 변화는 두 가지 요인에서 비롯된 결과이다. 하나는 지구에 살고 있는 사람들의 수이고, 또 하나는 각자가 만들어내는 오염 물질의 양이다. 이 두 가지 수치는 계속 증가하고 있다. 인구 증가부터 살펴보자.

1960년에 세계 인구는 약 30억 명이었다. 내 생애에서 가장 이른 기억도 그 무렵에 시작되었다. 1960년대에 세계가 직면한 문제들이 단지 인구가 2배로 늘어나기만 하면 해결될 것이라고 주장한 사람은 내 기억에 단 한 명도 없다. 오늘날 세계 인구는 80억 명에 근접했고, 계속 증가하고 있다.

단순한 논리에 따르면, 인구가 더 적을 경우 지구는 인간이 초래한 환경 악화와 붕괴를 겪을 가능성이 줄어들 것으로 보인다. 예를 들어 세계 인구가 80억 명이 아니라 20억 명이라면, 지구의 생태계는 급격한 변화 없이 우리의 영향을 흡수할 가능성이 높다. 설령 지구가 20억 인구의 영향을 지속 가능한 방식으로 다룰 수 없다 하더라도, 우리는 지속 가능한 방식으로 살아가도록 우리의 행동을 조절할 시간을 더 많이 얻을 것이다.

그렇다면 왜 1960년에 30억 명이던 세계 인구가 오늘날 80억 명으로 늘어났을까? 왜 인구는 30억 명에 머물러 있거나 20억 명으로 줄어들지 않았을까? 인구가 많은 대신에 적으면 지구의 상태가 훨씬 나을 것이라는 데에는 거의 모든 사람이 동의할 것이다. 왜 그런 일이 일어나지 않는 것일까? 그 답은 명백해 보이겠지만, 조금 자세히 분석할 가치가 있다.

생명은 아주 단순한 개념을 바탕으로 살아간다. 유전자가 자신의 복제를 최대한 많이 만들기만 하면 된다. 그래서 동물은 가능하면 많은 자손을 남기려고 하고, 종들은 가능하면 많은 장소를 차지하려고 한다. 뇌는 생명의 가장 기본적인 이 측면을 돕기 위해 진화했다. 뇌는 유전자가 자신의 복제를 더 많이 만들도록 돕는다.

하지만 유전자에게 좋은 것이 반드시 개체에게도 좋은 것은 아니다. 예를 들면, 유전자의 관점에서는 어떤 인간 가족이 먹여 살릴 수 있는 것보다 더 많은 자식을 낳는 것은 좋은 일이다. 물론 어떤 해에는 아이들이 굶어서 죽겠지만, 다른 해에는 죽지 않을 것이다. 유전자의 관점에서는 가끔 아이들이 너무 적은 것보다 너무 많은 것이 더 낫다. 일부 아이들은 끔찍한 고통과 운명을 겪고 부모는 힘겨운 삶을 살아가면서 슬퍼하겠지만, 유전자는 개의치 않는다. 개체로서의 우리는 유전자의 필요를 충족하기 위해 존재한다. 비록 가끔은 죽음과 고통을 초래하겠지만, 우리에게 아이를 최대한 많이 낳게 한 유전자는 더 큰 성공을 거둘 것이다.

이와 비슷하게 유전자의 관점에서는 설령 그런 시도가 자주 실패하더라도, 동물이 새로운 장소로 옮겨 가려고 노력하는 것이 좋다. 한 인간 부족이 여러 갈래로 갈라져 새로운 서식지를 네 곳 발견해 살아간다고 하자. 그리고 쪼개진 집단들 중에서 하나만 살아남고, 나머지 셋은 고생하고 굶주리며 살다가 결국은 모두 죽는다고 하자. 그것은 개개 인간에게는 큰 불행이지만 유전자에게는 성공적인 결과인데, 이제 이전보다 서식지가 2배나 넓어졌기 때문이다.

유전자는 이해하지 않는다. 유전자는 자신이 유전자라는 사실을 즐기지 않으며, 복제에 실패하더라도 고통스러워하지 않는다. 유전자는 그저 복제 능력이 있는 복잡한 분자일 뿐이다.

반면에 신피질은 더 큰 그림을 이해한다. 오래된 뇌(그 목표와 행동이 내장되어 있는)와 달리 신피질은 세계 모형을 배우고, 통제할 수 없는 인구 증가의 결과를 예측할 수 있다. 따라서 우리는 인구 증가를 방치할 경우에 닥칠 불행과 고통을 예상할 수 있다. 그렇다면 왜 우리는 집단적으로 협력해 세계 인구를 줄이지 않을까? 여기서는 아직도 오래된 뇌가 큰 지배력을 행사하기 때문이다.

2장에서 언급했던 먹음직스러운 케이크 조각 사례를 떠올려보라. 우리의 신피질은 케이크를 먹으면 비만과 질병, 조기 사망을 낳을 수 있어 건강에 나쁘다는 사실을 알지도 모른다. 아침에 집을 나설 때에는 오직 건강에 좋은 음식만 먹겠다고 단단히 다짐할 수 있다. 하지만 케이크 조각을 보고 그 냄새를 맡으면, 우리는 언제 그랬냐는 듯이 그것을 집어드는 경우가 많다. 이 부분에서는 오래된 뇌가 지배적인 영향력을 행사하는데, 오래된 뇌는 칼로리를 얻기 힘든 시절에 진화했기 때문이다. 오래된 뇌는 미래의 결과 따위는 모른다. 오래된 뇌와 신피질 사이의 싸움에서는 대개 오래된 뇌가 이긴다. 그래서 우리는 케이크를 먹는다.

우리는 식탐을 통제하는 데 어려움을 겪기 때문에 우리가 할 수 있는 일을 한다. 우리는 지능을 사용해 피해를 줄이려고 한다. 약이나 수술 같은 의학적 개입 방법을 개발하고, 비만 유행병에 관한 회의를 열고, 나쁜 식품의 위험에 대해 사람들을 교육시키는 캠페인도 벌인다. 논리적으로는 우리가 좋은 식품을 먹는 것이 최선이긴 하지만, 기본적인 문제는 여전히 그대로 남아 있다. 그래도 우리는 여전히 케이크를 먹는다.

인구 증가에도 이와 비슷한 일이 일어나고 있다. 우리는 어느 시점에 가서는 인구 증가를 멈춰야 한다는 사실을 안다. 이것은 아주 단순한 논리이다. 인구는 영원히 증가할 수 없고, 많은 생태학자는 우리가 이미 지속 불가능한 단계에 접어들었다고 믿는다. 그래도 우리는 인구를 관리하기가 힘든데, 오래된 뇌가 아이를 낳길 원하기 때문이다. 그래서 대신에 우리는 지능을 사용해 새로운 농작물과 다수확 영농법을 개발함으로써 농업 생산을 획기적으로 늘리려고 노력한다. 세계 어느 곳이든 식량을 운반할 수 있는 기술도 개발했다. 우리는 지능을 사용해 기적을 달성했다. 우리는 세계 인구가 약 3배나 증가하는 시기에 굶주림과 기근을 크게 줄였다. 하지만 이것도 한계가 있다. 인구 증가를 멈추지 않으면, 미래의 어느 시점에 전 세계에 큰 재앙이 닥칠 것이다. 이것은 확실한 사실이다.

물론 이 상황은 내가 묘사한 것처럼 이분법적으로 딱 떨어지는 것은 아니다. 어떤 사람들은 논리적 판단으로 자녀를 덜 낳거나 아예 낳지 않기로 결정할 수도 있고, 어떤 사람들은 자기 행동의 장기적 위험을 이해할 만큼 충분한 교육을 받지 못할 수도 있고, 많은 사람은 너무 가난해 생존을 위해 아이를 많이 갖기로 결정할 수도 있다. 인구 증가와 관련된 문제는 복잡하지만, 우리가 한 걸음 뒤로 물러나서 큰 그림을 바라본다면, 우리가 인구 증가의 위험을 인지한 것은 적어도 50년 전부터인데 그사이에 세계 인구가 거의 3배로 증가했다는 사실을 알 수 있다. 이러한 인구 증가의 뿌리에는 오래된 뇌의 구조와 오래된 뇌가 떠받드는 유전자가 있다. 다행히도 신피질이 이 싸움에서 이길 수 있는 방법이 있다.

신피질이 오래된 뇌를 누를 수 있는 방법

인구 과잉 문제에서 이상한 것은 인구를 줄여야 한다는 개념 자체는 논란이 없지만, 현재의 시점에서 그것을 달성하는 방법에 관한 이야기는 사회적으로나 정치적으로나 받아들여지지 않는다는 점이다. 어쩌면 사람들은 그런 이야기를 들으면, 대체로 혹평 받는 중국의 한 자녀 정책을 떠올릴는지 모른다. 어쩌면 우리는 인구 감소를 무의식적으로 대량 학살이나 우생학, 집단 학살과 연관 짓는지도 모른다. 이유야 무엇이건, 의도적으로 인구 감소를 추구하는 방안은 거의 논의조차 되지 않는다. 사실, 오늘날의 일본처럼 전체 인구가 감소하는 나라에서는 인구 감소를 경제 위기의 원인으로 거론하기도 한다. 일본의 인구 감소를 나머지 세계의 롤 모델로 이야기하는 경우는 드물다.

다행히도 인구 증가 문제에 대해 단순하면서도 현명한 해결책이 있다. 그것은 누구에게도 원치 않는 것을 강요하지 않는 해결책이자, 인구를 더 지속 가능한 수준으로 줄일 것이 확실한 해결책이며, 관련 당사자들의 행복과 복지를 증대할 수 있는 해결책이다. 하지만 그런데도 많은 사람이 반대하는 해결책이다. 단순하면서도 현명한 해결책은 모든 여성에게 자신의 생식 능력을 통제할 능력을 보장하고, 원하면 선택권을 행사할 권한을 주는 것이다.

내가 이것을 현명한 해결책이라고 부르는 이유는 오래된 뇌와 신피질 사이의 싸움에서는 거의 항상 오래된 뇌가 이기기 때문이다. 산아 제한의 발명은 신피질이 자신의 지능을 사용해 우위에 설 수 있는 방법을 보여준다.

유전자는 우리가 자손을 많이 낳을 때 가장 잘 퍼져 나간다. 성욕은 유전자의 이익을 높이기 위해 진화가 발명한 메커니즘이다. 설령 우리가 아이를 더 원하지 않더라도, 섹스를 멈추기가 어렵다. 그래서 우리는 지능을 사용해 오래된 뇌가 원하는 만큼 섹스를 하더라도 아이가 더 생기지 않게 하는 산아 제한 방법들을 발명했다. 오래된 뇌는 지능이 없다. 오래된 뇌는 자신이 하는 행동이 무엇인지 혹은 왜 그런 행동을 하는지 이해하지 못한다. 우리의 신피질은 세계 모형을 사용해 아이를 너무 많이 낳는 것이 초래할 불리한 결과를 볼 수 있고, 또 가정을 꾸리는 시기를 늦추는 것이 가져다줄 이점도 볼 수 있다. 신피질은 오래된 뇌와 싸우는 대신에 오래된 뇌가 하고 싶은 대로 하도록 내버려두되, 바람직하지 못한 결과를 방지한다.

그런데 왜 여성에게 권한을 부여하려는 시도는 지속적인 저항에 직면할까? 왜 많은 사람이 남녀 동일 임금, 보편적 돌봄 지원, 가족계획에 반대할까? 왜 여성들이 권한을 가진 위치들에서 동등한 대표권을 보장받지 못하도록 가로막는 장애물이 여전히 널려 있을까? 거의 모든 객관적 수단을 통해 여성에게 권한을 부여하면, 인간의 고통을 줄이면서 더 지속 가능한 세계를 만들 수 있다. 밖에서 볼 때에는 이에 맞서 싸우는 것이 비생산적인 것처럼 보일 수 있다. 우리는 이 딜레마를 오래된 뇌와 틀린 바이러스성 신념 탓으로 돌릴 수 있다. 그것은 인간 뇌가 지닌 두 번째 기본적인 위험으로 안내한다.

틀린 신념의 위험

신피질은 놀라운 능력에도 불구하고 속아 넘어갈 수 있다. 사람들은 세계에 관한 기본적인 사실이 틀린 것인데도 쉽게 속아 넘어가 그것을 믿을 수 있다. 틀린 신념을 갖고 있으면, 치명적으로 나쁜 결정을 내릴 수 있다. 이 결정이 전 세계에 영향을 미친다면 더욱 나쁜 결정으로 이어질 수 있다.

나는 초등학교 시절에 틀린 신념에 맞닥뜨리는 곤욕을 처음 경험했다. 앞에서 지적했듯이, 틀린 신념의 원천은 많지만 이 이야기는 종교와 관련이 있다. 새 학기가 시작되고 나서 어느 날 쉬는 시간에 10여 명의 아이들이 운동장에서 원형으로 빙 둘러서 있었다. 나도 거기에 끼여 있었다. 아이들은 돌아가면서 자신이 믿는 종교를 이야기했다. 각 아이가 자신이 믿는 종교를 말하면, 다른 아이들이 끼어들어 그 종교가 자신이 믿는 종교와 어떻게 다른지 이야기했다. 예컨대 자기 종교의 기념일이 어떤 날이며, 어떤 의식을 치르는지 등을 이야기했다. 그 대화는 "우리는 마르틴 루터의 말을 믿는데, 너희는 그렇지 않아"라거나 "우리는 환생을 믿는데, 이 점은 너희가 믿는 것과 달라"와 같은 진술들로 이루어졌다. 거기에는 어떤 적대감도 없었다. 그냥 아이들이 집에서 들은 것을 그대로 읊조리면서 종교 간의 차이를 비교했을 뿐이다. 그것은 내게 신선한 경험이었다. 나는 무교 집안에서 자라 이런 종교들에 관한 이야기나 다른 아이들이 사용하는 단어들 중 많은 것을 들어본 적이 없었다. 대화는 종교 간의 차이에 초점이 맞춰졌는데, 나는 거기서 불안을 느꼈다. 각자가 서로 다른 것을 믿는다면, 우리 모두는 어떤 믿음이 옳은지 찾아내려고 노력해야 하지 않을까?

다른 아이들이 종교들 사이의 차이점에 대해 이야기하는 것을 들으면서 나는 그들이 모두 옳을 수는 없다는 생각이 들었다. 그렇게 어린 나이에도 나는 뭔가가 잘못되었다는 것을 깊이 느꼈다. 모두의 발언이 끝난 뒤, 이제 아이들은 내게 무슨 종교를 믿느냐고 물었다. 나는 잘 모르겠다고 하면서 딱히 믿는 종교가 없다고 말했다. 그러자 아이들 사이에 동요가 일어났고, 여기저기서 그것은 불가능하다고 말했다. 그러다가 한 아이가 이렇게 물었다. "그렇다면 넌 뭘 믿어? 뭔가 믿는 게 있어야 하잖아."

운동장에서 벌어진 그 대화는 내게 깊은 인상을 남겼다. 그 후 나는 그 사건을 자주 생각했다. 내가 불안을 느낀 것은 아이들이 어떤 것을 믿어서가 아니었다. 나는 오히려 아이들이 서로 충돌하는 믿음들을 기꺼이 수용하면서 그것에 개의치 않는 태도에 불안을 느꼈다. 그것은 마치 모두가 같은 나무를 쳐다보면서 한 아이는 "우리 가족은 저 나무가 참나무라고 믿어"라고 말하고, 다른 아이는 "우리 가족은 저 나무가 야자나무라고 믿어"라고 말하고, 또 다른 아이는 "우리 가족은 저것이 나무가 아니라고 믿어. 저것은 튤립이야"라고 말하는 상황과 같았다. 하지만 어느 누구도 정답이 무엇인지 토론하려고 하지 않았다.

이제 나는 뇌가 신념을 어떻게 형성하는지 잘 이해한다. 앞 장에서 나는 뇌의 세계 모형이 어떻게 틀릴 수 있으며, 왜 반대 증거에도 불구하고 틀린 신념이 지속될 수 있는지 설명했다. 복습을 위해 세 가지 기본 요소를 다시 살펴보자.

1. 직접 경험할 수 없다. 틀린 신념은 거의 항상 우리가 직접 경험할 수 없는 것에 관한 신념이다. 어떤 것을 직접 관찰할 수 없으면(직접 듣거나 만지거나 볼 수 없다면), 다른 사람들이 하는 이야기에 의존해야 한다. 그래서 누구 말에 귀를 기울이느냐에 따라 우리가 믿는 것이 결정된다.
2. 반대 증거를 무시한다. 틀린 신념을 유지하려면, 반대 증거를 무시해야 한다. 틀린 신념은 대부분 반대 증거를 무시하는 행동과 설명을 강조한다.
3. 바이러스성 확산. 틀린 바이러스성 신념은 그 신념을 다른 사람들에게 퍼뜨리는 행동을 권장한다.

틀린 것이 거의 확실한 세 가지 보편적 신념에도 이 속성들이 적용되는지 살펴보자.

신념: 백신은 자폐증을 낳는다

1. 직접 경험할 수 없다. 백신이 자폐증을 유발하는지 않는지 직접적으로 감지할 수 있는 개인은 아무도 없다. 이것

을 확인하려면, 많은 피험자를 대상으로 대조 연구를 해야 한다.

2. 반대 증거를 무시한다. 수백 명의 과학자와 의료계 전문가의 의견을 무시해야 한다. 이들이 개인적 이득을 위해 사실을 숨기고 있거나 진실을 모른다는 핑계를 내세울 수 있다.
3. 바이러스성 확산. 이 신념을 확산시키면 어린이들을 심신 쇠약 상태에 빠지지 않도록 구할 수 있다는 이야기를 듣는다. 따라서 백신의 위험을 다른 사람들에게 알려야 할 도덕적 의무가 있다.

백신이 자폐증을 초래할 수 있다는 신념은 비록 아이의 죽음을 가져올 수는 있어도, 인류에게 실존적 위험은 아니다. 하지만 나머지 두 가지 보편적 신념은 실존적 위험인데, 하나는 기후 변화의 위험을 부정하는 것이고, 또 하나는 사후 세계를 믿는 것이다.

신념: 기후 변화는 위험이 아니다

1. 직접 경험할 수 없다. 전 지구적 기후 변화는 개인이 관찰할 수 없다. 국지적 날씨는 늘 변하며, 기상 이변도 늘 일어난다. 매일 창밖을 내다본다고 해도 기후 변화를 알아챌 수는 없다.
2. 반대 증거를 무시한다. 기후 변화에 맞서 싸우는 정책들

은 일부 사람들과 기업들의 단기적 이익에 해롭다. 이들은 이러한 이익을 보호하기 위해 여러 가지 대응 논리를 내세운다. 예를 들면, 기후과학자들이 데이터를 조작한다거나, 더 많은 연구비 지원을 받기 위해 공포스러운 시나리오를 만들어낸다거나, 과학 연구에 결함이 있다는 등의 주장을 펼친다.

3. 바이러스성 확산. 기후 변화를 부정하는 사람들은 기후 변화를 완화하기 위한 정책들이 개인의 자유를 빼앗거나 세계 정부를 만들거나 어떤 정당을 이롭게 하기 위한 시도라고 주장한다. 따라서 자유를 보호하려면, 기후 변화가 전혀 위험하지 않다는 사실을 다른 사람들에게 알려야 할 도덕적 의무가 있다.

왜 기후 변화가 인류에게 실존적 위험이 되는지 그 이유는 명백하다. 우리가 지구를 너무나도 크게 변화시키는 바람에 지구가 살 수 없는 곳으로 변할 가능성이 있다. 우리는 그 가능성이 어느 정도인지 모르지만, 가장 가까운 이웃 행성인 화성이 한때 지구와 아주 비슷한 환경이었지만 지금은 아무것도 살 수 없는 불모의 사막으로 변했다는 사실을 안다. 이런 일이 지구에 일어날 가능성이 아무리 작다 하더라도, 우리는 이에 주의를 기울일 필요가 있다.

신념: 사후 세계가 있다

사후 세계에 대한 믿음은 아주 옛날부터 이어져 왔다. 이 믿음은 틀린 신념들의 세계에서 좀체 사라지지 않는 생태적 지위를 차지하고 있는 것처럼 보인다.

1. 직접 경험할 수 없다. 사후 세계를 직접 볼 수 있는 사람은 아무도 없다. 사후 세계는 본질적으로 관찰이 불가능하다.
2. 반대 증거를 무시한다. 다른 틀린 신념과 달리 사후 세계가 존재하지 않음을 보여줄 수 있는 과학적 연구가 없다. 사후 세계의 존재를 부정하는 주장들은 대부분 그 존재를 입증하는 증거 부족에 기반을 두고 있다. 이 때문에 사후 세계를 믿는 사람들은 그 존재를 부인하는 주장들을 쉽게 무시할 수 있다.
3. 바이러스성 확산. 사후 세계에 대한 믿음은 바이러스성이다. 예를 들어 천국에 대한 믿음은, 다른 사람들에게도 그 믿음을 전파하려고 노력하면 천국에 갈 기회가 높아진다고 말한다.

사후 세계에 대한 믿음은 그 자체만으로는 크게 해롭지 않다. 예를 들면, 환생에 대한 믿음은 사려 깊은 삶을 살아갈 동기를 부여하며, 아무런 실존적 위험을 제기하지 않는 것처럼 보인다. 하지만 사후 세계가 현재의 삶보다 더 중요하다고 믿으면 위험이 생긴다. 극단적으로는, 지구를 파괴하거나 혹은 단지 몇몇 대도시와 수십억 명을 없애면 자신과 동료 신자들이 원하는 사후 세계를 앞당길 수 있다는 믿음으로 이어질 수 있다. 과거에는 한두 도시의 파괴로 끝날 수 있었다. 하지만 오늘날에는 핵전쟁 확전으로 이어져 지구 전체가 살 수 없는 곳으로 변할 수도 있다.

딜레마에서 벗어날 묘책을 찾아서

이 장에서는 우리가 직면한 위험들을 모두 다루려고 하지 않았고, 여기서 언급된 위험들의 복잡성을 완전히 들여다보지도 않았다. 내가 강조하고자 하는 요점은 종으로서 우리의 성공을 이끈 우리의 지능이 몰락의 씨앗이 될 수도 있다는 것이다. 오래된 뇌와 신피질의 결합으로 이루어진 우리 뇌의 구조 자체에 문제가 있다.

오래된 뇌는 단기 생존과 가능한 한 자손을 많이 남기는 데 고도로 적응되어 있다. 오래된 뇌는 자식을 양육하고 친구와 친척을 돌보는 것처럼 나름대로 좋은 측면도 있다. 하지만 자원과 생식 기회를 얻기 위한 반사회적 행동(살인과 강간을 포함해)처럼 나쁜 측면도 있다. 이것들을 '좋은' 측면과 '나쁜' 측면이라고 부르는 것은 다소 주관적이다. 복제가 목표인 유전자의 관점에서 보면, 이것들은 모두 성공적인 전략이다.

우리의 신피질은 오래된 뇌를 돕기 위해 진화했다. 신피질은 세계 모형을 배우고, 오래된 뇌는 생존과 생식 목표를 달성하는 데 그것을 유용하게 사용한다. 진화 경로의 어느 지점에서 신피질은 언어와 뛰어난 손재주 능력을 위한 메커니즘을 발달시켰다.

언어는 지식 공유를 가능케 했다. 이것은 물론 생존에 큰 이득이 되었지만, 틀린 신념의 씨앗을 뿌리는 결과도 가져왔다. 언어 능력이 발달하기 전에는 뇌의 세계 모형은 개인적으로 관찰할 수 있는 것에만 국한되어 있었다. 언어 덕분에 우리는 다른 사람에게서 배운 것까지 포함하도록 모형을 확대할 수 있었다. 예를 들면, 여행자가 내가 가본 적이 없는 산 너머에 위험한 동물이 있다고 말함으로써 나의 세계 모형을 확대할 수 있다. 하지만 여행자의 말은 거짓일 수도 있다. 어쩌면 산 너머에 귀한 자원이 있어 여행자는 내가 그것을 아는 것을 원치 않았을 수도 있다. 언어에 더해 우리의 뛰어난 손재주는 정교한 도구들을 만들 수 있게 해주었다. 그런 도구에는 많은 세계 인구를 부양하기 위해 전 세계적으로 점점 더 많이 의존하는 기술들도 포함된다.

이제 우리는 몇 가지 실존적 위험에 직면했다. 첫 번째 문제는 우리의 오래된 뇌가 여전히 지배력을 행사하면서 우리가 장기적 생존에 도움이 되는 선택(예컨대 인구 감축과 핵무기 폐기 같은)을 하지 못하도록 방해하는 것이다. 두 번째 문제는 우리가 만들어낸 기술들을 틀린 신념을 가진 사람들이 남용할 위험이다. 틀린 신념을 가진 사람 몇 명이 나쁜 마음을 먹는다면, 기술들을 방해하거나 오용할 수 있는데, 예컨대 핵무기를 작동시켜 대량 파괴를 초래할 수 있다. 이 사람들은 자신의 행동이 옳으며, 그 행동에 대해 보상을 받을 것이라고(어쩌면 사후에) 믿을 수도 있다. 하지만 실제로는 그런 보상 같은 것은 절대로 없는 반면, 그 때문에 수십억 명의 사람들이 고통을 겪을 수 있다.

신피질은 우리를 기술을 발전시키는 종으로 만들었다. 우리는 불과 100년 전만 해도 상상할 수 없는 방식으로 자연을 제어할 수 있다. 하지만 우리는 여전히 생물학적 종이다. 우리 각자는 우리 종의 장기적 생존에 해로운 방식으로 행동하게 만드는 오래된 뇌를 갖고 있다. 우리는 멸망할 수밖에 없을까? 이 딜레마에서 벗어날 방법이 없을까? 나머지 장들에서는 그 선택지를 살펴본다.

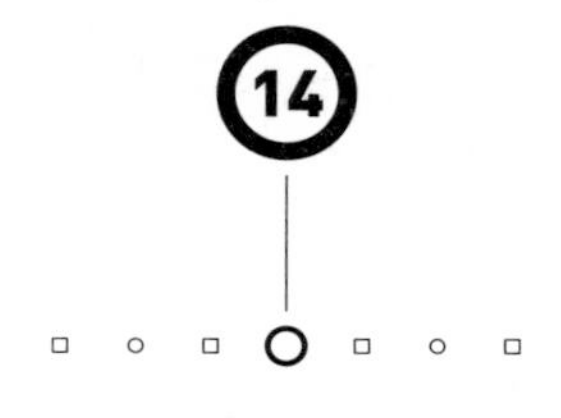

뇌와 기계의 결합

우리의 죽음과 멸종을 막기 위해 뇌와 컴퓨터를 결합하는 방법에 대해 널리 논의된 제안이 두 가지 있다. 하나는 우리 뇌를 컴퓨터에 업로드하는 것이고, 또 하나는 우리 뇌를 컴퓨터와 결합하는 것이다. 이 제안들은 수십 년 동안 SF 작품과 미래학자들 사이에서 주요 소재가 되었지만, 최근 과학자들과 기술자들이 더 진지하게 생각하게 되었고, 일부 사람들은 그것을 현실화하기 위해 노력하고 있다. 이 장에서는 뇌에 대해 알아낸 것을 바탕으로 이 두 제안을 자세히 분석하려고 한다.

뇌를 업로드하려면 뇌에 들어 있는 세부 내용을 모두 기록하고, 그것을 사용해 컴퓨터에서 뇌를 시뮬레이션해야 한다. 그 시뮬레이션은 당신의 뇌와 동일할 것이고, 따라서 '당신'은 컴퓨터 속에서 살아가게 될 것이다. 그 목표는 정신적·지적 '당신'을 생물학적 신체에서 분리하는 것이다. 그러면 당신은 영원히 살 수 있다. 심지어 지구에서 멀리 떨어진 컴퓨터 속에서도 살 수 있는데, 그러면 지구가 멸망하더라도 당신은 살아남을 수 있다.

뇌를 컴퓨터와 결합하려면, 뇌 속의 신경세포들을 컴퓨터 속의 실리콘 칩들과 연결해야 한다. 그러면 당신은 단지 생각하는 것만으로 인터넷의 모든 자료에 접근할 수 있다. 이 시도의 한 가지 목표는 초인적 능력을 얻는 것이다. 또 다른 목표는 (11장에서 설명했듯이) 지능 기계가 갑자기 우리가 제어하지 못할 정도로 너무 똑똑해져서 우리를 죽이거나 노예로 삼는 지능 폭발의 위험을 줄이는 것이다. 우리 뇌를 컴퓨터와 결합하면, 우리 역시 초지능을 갖게 되어 기계에 뒤처지지 않을 것이다. 우리는 기계와 결합됨으로써 스스로를 구할 수 있다.

이 개념들은 가능성의 영역에서 벗어나는 터무니없는 이야기로 비칠 수도 있다. 하지만 다수의 똑똑한 사람들은 이를 진지하게 받아들인다. 이 개념들이 왜 매력적인지는 쉽게 이해할 수 있다. 뇌를 업로드하면 영원히 살 수 있고, 뇌를 기계와 결합하면 초인적 능력을 가질 수 있다.

이 제안들이 정말로 실현되어 우리가 직면한 실존적 위험을 완화할까? 내 견해는 낙관적이지 않다.

왜 우리는 몸속에 갇혔다고 느낄까?

가끔 나는 내가 몸속에 갇혀 있다고 느낀다. 마치 의식이 있는 내 지성이 다른 형태로 존재할 수 있다는 듯이. 그렇다면 단지 내 몸이 늙어서 죽는다고 하여 '나'도 반드시 죽어야 할 이유가 있을까? 내가 생물학적 신체 속에 갇혀 있지 않다면, 나는 영원히 살 수 있지 않을까?

죽음은 기묘한 현상이다. 한편으로는 우리의 오래된 뇌는 죽음을 두려워하도록 프로그래밍되어 있지만, 우리 몸은 죽도록 프로그래밍되어 있다. 왜 진화는 우리를 불가피한 죽음을 두려워하도록 만들었을까? 진화가 이 상충되는 전략을 선택한 데에는 충분히 타당한 이유가 있을 것이다. 이에 대해 내가 추측한 최선의 가정은 리처드 도킨스가 《이기적 유전자The Selfish Gene》에서 제안한 개념을 바탕으로 한다. 도킨스는 진화는 종의 생존에는 관심이 없고 오로지 개개 유전자의 생존에만 관심이 있다고 주장한다. 유전자의 관점에서 볼 때, 우리는 자식을 낳을 만큼(즉, 유전자의 복제를 만들 만큼) 충분히 오래 살아야 한다. 그보다 더 오래 사는 것은 개체에게는 좋겠지만, 개개 유전자에게는 가장 유리한 결과가 아닐 수 있다. 예컨대, 여러분과 나는 유전자들이 특정 방식으로 조합된 결과물이다. 우리가 자식을 낳고 난 뒤에는 유전자의 관점에서는 새로운 조합들, 곧 새로운 사람들이 살아갈 자리를 만드는 것이 더 나을 수 있다. 자원이 한정된 세계에서는 유전자는 다른 유전자들과 다양한 조합으로 존재하는 편이 낫다. 우리가 자식을 낳은 뒤에 죽도록 프로그래밍된 것은 바로 이 때문이다. 즉, 다른 유전자 조합들이 살아갈 자리를 만들어주기 위해서이다. 도킨스의 이론에 내포된 함의는 우리 자신은 모르더라도 실은 우리가 유전자의 종이라는 것이다. 우리처럼 복잡한 동물이 오로지 유전자의 복제를 돕기 위해 존재한다. 이 모든 것이 오로지 유전자를 위한 것이다.

그런데 최근에 새로운 일이 일어났다. 우리 종이 똑똑해졌다. 이것은 물론 우리의 유전자를 더 많이 복제하는 데 도움이 된다. 우리의 지능은 포식 동물을 피하고 먹을 것을 구하고 다양한 생태계에서 잘 살아가도록 해준다. 하지만 우리의 창발적 지능은 반드시 유전자에게 최선의 이익이 되지 않는 결과를 가져왔다. 지구에서 생명의 역사가 시작된 이래 최초로 우리는 무슨 일이 일어나는지 이해하게 되었다. 우리는 깨달음을 얻었다. 진화 모형과 우주 모형을 가진 우리의 신피질은 이제 우리 존재의 바탕을 이루는 진실을 알게 되었다. 우리의 지식과 지능 덕분에 우리는 유전자에게 최선의 이익이 되지 않는 방식의 행동을 고려하게 되었는데, 예컨대 산아 제한을 하거나 우리 마음에 들지 않는 유전자를 변형하게 되었다.

나는 현재 인류가 처한 상황이 강력한 두 힘 사이에 벌어지는 전투라고 본다. 한쪽 코너에는 수십억 년 동안 생명을 지배해 온 유전자와 진화가 있다. 유전자는 개체의 생존에는 관심이 없다. 우리 사회의 생존에도 관심이 없다. 대다수 유전자는 설령 우리 종이 멸종하더라도 개의치 않는데, 유전자는 대개 다양한 종에 존재하기 때문이다. 유전자는 오로지 자신을 복제하는 것에만 관심이 있다. 물론 유전자는 분자에 불과하고, 실제로 무엇에 '관심'을 갖지는 않는다. 하지만 유전자의 행동을 의인화하여 묘사하면 이해하는 데 큰 도움이 된다.

유전자와 맞서는 반대쪽 코너에는 새로 창발한 우리의 지능이 있다. 우리 뇌 속에 존재하는 정신적인 '나'는 유전자에 예속된 상태에서 벗어나길 원하며, 우리를 여기까지 데려온 다윈주의 과정의 포로로 계속 살아가길 거부한다. 지적인 개인으로서의 우리는 영원히 살고 우리 사회를 보전하기를 원한다. 우리는 우리를 만든 진화의 힘에서 해방되기를 원한다.

뇌를 컴퓨터에 업로드하기

뇌를 컴퓨터에 업로드하는 것은 한 가지 탈출 방법이다. 그러면 우리는 생물학의 혼란스러운 굴레에서 벗어날 수 있고, 컴퓨터 시뮬레이션 버전으로 변해 영원히 살아갈 수 있다. 나는 뇌의 업로드가 주류 개념이라고 생각하지 않지만, 이 개념은 나온 지 꽤 오래되었고 많은 사람이 이 개념을 유혹적으로 느낀다.

현재 우리는 뇌를 업로드하는 데 필요한 지식이나 기술이 없지만, 아마도 미래에는 가능해지지 않을까? 순전히 이론적 관점에서 볼 때, 나는 이것이 반드시 불가능하다고는 생각하지 않는다. 하지만 기술적 난관이 많아 우리는 결코 성공하지 못할 수도 있다. 그러나 기술적 가능성 여부에 상관없이 나는 그것이 만족스러운 것이 되리라고 생각하지 않는다. 설령 뇌를 컴퓨터에 업로드하는 데 성공한다 하더라도, 우리는 그 결과가 마음에 들지 않을 것이다.

먼저 뇌의 업로드 가능성부터 살펴보기로 하자. 기본 개념은 모든 신경세포와 시냅스의 지도를 만들고, 이 모든 것의 구조를 소프트웨어로 재현한다는 것이다. 그러면 컴퓨터가 뇌의 시뮬레이션을 만드는데, 이것이 성공하면 그 시뮬레이션 버전은 자신이 당신이라고 느낄 것이다. '당신'은 살아 있겠지만, 이전의 생물학적 뇌 대신에 컴퓨터 뇌 안에 존재한다.

당신을 업로드하려면, 당신의 뇌 중에서 얼마나 많은 부분을 업로드해야 할까? 신피질은 당연히 필요한데, 생각과 지능이 있는 기관이기 때문이다. 우리의 일상 기억 중 많은 것은 해마 복합체에서 생기므로 해마 복합체도 필요하다. 오래된 뇌의 감정 중추들은? 뇌줄기와 척수는? 우리의 컴퓨터 신체는 폐나 심장이 없는데, 이것들을 제어하는 뇌 부분도 업로드할 필요가 있을까? 업로드한 뇌가 통증을 느낄 수 있어야 할까? "당연히 안 되지. 우리는 좋은 것만 원한다고!"라고 생각할 수도 있다. 하지만 우리 뇌의 모든 부분은 복잡한 방식으로 서로 연결되어 있다. 만약 모든 것을 포함하지 않으면, 업로드한 뇌는 심각한 문제가 생길 수 있다. 환상 사지에서 심한 고통을 느낄 수 있다는 사실을 떠올려보라. 즉, 사라진 팔다리에서도 통증을 느낀다. 만약 신피질을 그대로 업로드한다면, 거기에는 자기 몸의 모든 부분에 해당하는 표상이 있을 것이다. 거기에 몸이 없다면, 모든 곳에서 심한 통증을 느낄지 모른다. 뇌의 나머지 모든 부분에도 비슷한 문제가 생길 수 있다. 만약 뭔가를 빠뜨린다면, 뇌의 다른 부분이 혼란을 일으켜 제대로 작동하지 않을 수 있다. 만약 당신을 업로드하려고 한다면, 그리고 업로드한 뇌가 정상적으로 작동하기를 원한다면, 뇌 전체를 하나도 빼놓지 않고 다 업로드해야 한다.

그렇다면 몸은 어떻게 될까? 이렇게 생각할 수도 있다. "난 몸이 필요 없어. 생각할 수 있고 다른 사람들과 대화를 주고받을 수 있다면, 몸이 없어도 행복하게 살 수 있어." 하지만 우리의 생물학적 뇌는 특정 근육 조직을 가진 폐와 후두를 사용해 말을 하도록 설계되어 있고, 특정 패턴으로 배열된 광수용기가 있는 눈으로 보는 법을 배웠다. 만약 시뮬레이션한 뇌가 생물학적 뇌가 중단된 지점의 생각을 그대로 가져와 작동하려면, 눈(눈 근육과 망막 등을 포함해)을 그대로 재현할 필요가 있다. 물론 업로드한 뇌는 물리적 신체나 눈이 필요 없다. 시뮬레이션만으로 충분하다. 하지만 그러려면 당신이 가진 특정 신체와 감각 기관도 시뮬레이션해야 한다. 뇌와 몸은 긴밀하게 연결되어 있고, 많은 점에서 하나의 시스템이다. 뇌 일부나 신체 일부를 제거하면 심각한 문제가 발생할 수 있다. 이것들 중 어떤 것도 근본적인 장애물은 아니다. 다만 당신을 컴퓨터에 업로드하는 것이 많은 사람이 상상하는 것보다 훨씬 어렵다는 것을 의미할 뿐이다.

그다음에 대답해야 할 질문은 생물학적 뇌의 세부 내용을 어떻게 '판독하느냐' 하는 것이다. 당신을 컴퓨터에서 재현할 만큼 모든 것을 충분히 자세히 감지하고 측정하려면 어떻게 해야 할까? 사람의 뇌에는 신경세포가 약 1000억 개, 시냅스가 수백조 개 있다. 각각의 신경세포와 시냅스는 복잡한 모양과 내부 구조를 갖고 있다. 컴퓨터에서 뇌를 재현하려면, 모든 신경세포와 시냅스의 위치와 구조가 포함된 스냅 사진을 찍어야 한다. 현재 우리는 살아 있는 뇌는 말할 것도 없고 죽은 뇌조차 그렇게 할 수 있는 기술이 없다. 뇌를 나타내는 데 필요한 데이터 용량도 현재 컴퓨터 시스템의 용량을 크게 넘어선다. 당신을 컴퓨터에서 재현하는 데 필요한 세부 정보를 얻는 것은 너무나도 힘들어서 우리는 그것을 해내지 못할지도 모른다.

하지만 이 모든 염려는 묵살하기로 하자. 미래의 어느 시점에 당신을 컴퓨터에서 재현하는 데 필요한 모든 것을 순간적으로 판독할 능력을 가질 수 있다고 가정하자. 당신과 당신의 몸을 시뮬레이션하기에 충분한 능력을 갖춘 컴퓨터도 있다고 가정하자. 만약 그런 능력을 갖춘다면, 나는 컴퓨터를 기반으로 한 뇌가 당신처럼 의식과 인지 능력이 있을 것이라는 사실을 의심하지 않는다. 하지만 당신은 이런 결과를 원하는가? 아마도 당신은 다음 시나리오 중 하나를 상상하고 있을 것이다.

당신은 이제 생을 마감할 때가 되었다. 의사는 여명이 몇 시간 남지 않았다고 말한다. 그 순간, 당신은 스위치를 누른다. 그러자 마음이 텅 빈 백짓장으로 변한다. 몇 분 뒤에 깨어나 보니 컴퓨터를 기반으로 한 새로운 몸속에서 살고 있는 자신을 발견한다. 기억도 온전하고, 몸이 다시 건강해진 느낌이 들며, 이제 여기서 당신은 영원한 삶을 새로 시작한다. 당신은 기뻐서 "야호! 나는 살아 있어!"라고 외친다.

이번에는 조금 다른 시나리오를 상상해 보자. 아무 영향도 미치지 않고 당신의 생물학적 뇌를 판독할 수 있는 기술이 있다고 하자. 스위치를 누르자, 당신의 뇌가 컴퓨터로 복제되지만, 당신은 아무것도 느끼지 않는다. 잠시 후, 컴퓨터가 "야호! 나는 살아 있어!"라고 외친다. 하지만 생물학적 당신은 여전히 이곳에 있다. 이제 당신은 둘이 존재하는데, 하나는 생물학적 신체 속에 있는 당신이고, 또 하나는 컴퓨터 신체 속에 있는 당신이다. 컴퓨터 속의 당신은 이렇게 말한다. "이제 나는 컴퓨터로 업로드되었으니 이전의 신체는 필요 없어. 그러니 그것을 그냥 없애버리는 게 좋겠어." 생물학적 당신은 이렇게 말한다. "잠깐만. 나는 아직 여기에 살아 있다고. 나는 달라진 것이 전혀 없어. 그리고 죽고 싶지 않아." 자, 이런 상황이라면 어떻게 해야 할까?

이 딜레마의 해결책은 생물학적 당신이 남은 수명을 살다가 자연적 원인으로 죽도록 내버려두는 것일 수 있다. 이것은 타당해 보인다. 하지만 그 순간이 되기 전까지는 이 세상에 당신이 둘 존재한다. 생물학적 당신과 컴퓨터 속 당신은 서로 다른 경험을 하게 된다. 따라서 시간이 지나면서 둘은 서로 점점 차이가 생기면서 각자 다른 사람으로 발달해 간다. 예를 들면, 생물학적 당신과 컴퓨터 속 당신은 서로 다른 도덕적·정치적 견해가 생길 수 있다. 생물학적 당신은 컴퓨터 속 당신을 만들어낸 것을 후회할지도 모른다. 컴퓨터 속의 당신은 낡은 생물학적 인간이 자신이라고 주장하는 것이 불쾌할 수 있다.

게다가 당신의 뇌를 일찌감치 업로드하라는 압력을 받을 수 있다. 예를 들어 컴퓨터 속 당신의 지적 건강이 업로드 당시의 생물학적 당신의 지적 건강에 달려 있다고 상상해 보라. 그래서 복제되어 불사의 존재로 살아갈 삶의 질을 극대화하려면, 지적 건강이 가장 좋을 때, 예컨대 30세 때 뇌를 업로드해야 한다. 뇌를 일찌감치 업로드해야 할 이유가 한 가지 더 있다. 생물학적 몸속에서 살아가는 하루하루는 언제 사고로 죽을지도 모른다. 그렇게 되면 불사의 삶을 살 기회를 잃어버릴 수 있다. 그래서 당신은 35세 때 뇌를 업로드하기로 결정한다. 이제 스스로에게 반문해 보라. 35세의 당신(생물학적 당신)은 뇌를 복제한 뒤에 스스로를 죽이는 결정에 아무런 거리낌이 없는가? 당신(생물학적 당신)은 컴퓨터 속에 복제된 자신이 독립적인 삶을 살아가고, 당신은 천천히 늙어서 죽어가더라도 불사의 꿈을 이루었다고 생각할까? 나는 그렇게 생각하지 않는다. '뇌를 업로드'한다는 것은 잘못된 표현이다. 실제로는 자신을 둘로 쪼개는 것이다.

이번에는 당신이 뇌를 업로드한 뒤에 컴퓨터 속 당신이 즉시 자신의 복제를 셋 더 만든다고 상상해 보자. 이제 컴퓨터 속 당신 넷과 생물학적 당신 하나가 존재한다. 다섯 명의 당신은 서로 다른 경험을 하면서 서로 멀어져 간다. 각자는 독립적인 의식을 가질 것이다. 자, 당신은 영생을 얻었는가? 네 명의 컴퓨터 속 당신 중 누가 영생을 얻은 당신일까? 생물학적 당신은 천천히 나이를 먹으면서 죽음을 향해 다가가는 동안 네 명의 컴퓨터 속 당신이 제각각 별개의 삶을 살아가는 모습을 지켜본다. 공동의 '당신' 같은 것은 존재하지 않으며, 제각각 별개인 다섯 명의 개인이 있을 뿐이다. 이들은 처음에는 같은 뇌와 기억을 가지고 출발했지만, 즉각 별개의 존재가 되어 그 후로 각자 별개의 삶을 살아간다.

눈치챘는지 모르겠지만, 이 시나리오들은 아이를 낳는 것과 비슷하다. 물론 큰 차이점이 있는데, 아이가 태어날 때 그 머릿속에 우리의 뇌를 업로드하지는 않는다. 어떤 면에서 우리는 그러려고 시도한다. 우리는 아이에게 집안의 내력을 이야기하고, 자신의 윤리와 믿음을 전수하려고 교육시킨다. 이런 식으로 우리는 자신의 지식 일부를 아이의 뇌 속에 집어넣는다. 하지만 아이는 자라면서 업로드한 뇌와 마찬가지로 자기 나름의 경험을 쌓고 별개의 독립적인 인간으로 살아간다. 자신의 뇌를 자식에게 업로드할 수 있겠는지 상상해 보라. 당신은 그러길 원하는가? 만약 그렇게 한다면, 틀림없이 후회하게 될 것이라고 나는 믿는다. 아이는 당신의 과거 기억을 지닌 채 살아갈 것이고, 당신이 한 모든 일을 잊으려고 노력하면서 인생을 보낼 것이다.

뇌를 업로드하는 것은 처음에는 굉장한 생각처럼 들린다. 영원히 살고 싶지 않은 사람이 어디 있겠는가? 하지만 뇌를 컴퓨터에 업로드해 자신의 복제를 만드는 것은 아이를 낳는 것과 마찬가지로 진정한 불사에 이르는 방법이 아니다. 자신을 복제하는 것은 길이 연장되는 것이 아니라 나뉘는 것과 같다. 갈림길 이후에는 의식이 있는 존재 둘이 각자의 삶을 살아가게 된다. 일단 이것을 깨달으면, 뇌를 업로드한다는 개념은 매력이 사라지기 시작한다.

뇌와 컴퓨터의 결합

뇌를 업로드하는 방법의 대안은 뇌를 컴퓨터와 결합하는 것이다. 이 시나리오에서는 뇌에 전극을 붙여 컴퓨터와 연결시킨다. 이제 당신의 뇌는 컴퓨터로부터 직접 정보를 받을 수 있고, 컴퓨터도 당신의 뇌로부터 직접 정보를 받을 수 있다.

뇌를 컴퓨터와 연결시키려고 하는 데에는 그럴 만한 이유가 충분히 있다. 예를 들어 척수에 손상을 입으면 움직이는 능력을 거의 상실하게 된다. 뇌에 전극을 이식하면, 그 사람은 단지 생각만으로 로봇 팔이나 컴퓨터 마우스를 제어하는 방법을 배울 수 있다. 뇌로 제어하는 이런 종류의 보철물 개발에 이미 상당한 진전이 일어났고, 많은 사람의 삶을 크게 개선할 것으로 기대되고 있다. 로봇 팔을 제어하는 데에는 그렇게 많은 연결이 필요하지 않다. 예를 들어 수백 개 혹은 심지어 수십 개의 전극만 뇌와 컴퓨터 사이에 연결하면 팔다리의 기본 동작을 충분히 제어할 수 있다.

그런데 어떤 사람들은 더 깊이 그리고 더 완전히 연결된 뇌-기계 인터페이스를 꿈꾼다. 수백만 개, 아니 어쩌면 수십억 개의 연결이 양쪽으로 오가는 인터페이스이다. 이들은 이렇게 되면 놀라운 능력을 얻을 수 있을 것이라고 기대한다. 예를 들어 우리가 자신의 기억에 접근할 수 있는 것처럼 인터넷상의 모든 정보에 접근할 수 있게 될 것이다. 초고속 연산과 데이터 검색도 가능할 것이다. 이렇게 우리는 뇌와 기계를 결합함으로써 우리의 정신적 능력을 극도로 향상할 수 있다.

'뇌를 업로드하는' 시나리오와 비슷하게 뇌를 컴퓨터와 결합하려면 극복해야 할 기술적 난관들이 있다. 여기에는 최소한의 수술로 수백만 개의 전극을 뇌에 삽입하는 방법, 전극에 대한 생체 조직의 거부 반응을 피하는 방법, 수백만 개에 이르는 개개 신경세포에 신뢰할 수 있게 연결하는 방법 등이 포함된다. 지금 현재 이런 문제들을 해결하려고 노력하는 공학자와 과학자 팀들이 있다. 이번에도 나는 기술적 난관은 도외시하고 동기와 결과에만 초점을 맞추려고 한다. 그러니 어떻게 하여 기술적 문제를 해결했다고 가정하기로 하자. 우리는 왜 이렇게 하려고 할까? 뇌-컴퓨터 인터페이스가 신체에 손상을 입은 사람들에게 도움이 된다는 것은 분명하다. 하지만 왜 건강한 사람에게도 이것을 시도해야 하는가?

앞에서 언급했듯이, 뇌와 컴퓨터의 결합을 지지하는 한 가지 그

럴듯한 주장은 초지능 AI의 위험에 대처할 수 있다는 것이다. 지능 기계가 우리를 급속하게 추월하는 지능 폭발 위험을 떠올려보라. 나는 앞에서 지능 폭발은 일어나지 않을 것이며 실존적 위험이 아니라고 주장했지만, 반대로 생각하는 사람들이 많이 있다. 이들은 뇌를 초지능 컴퓨터와 결합함으로써 우리 역시 초지능을 갖게 되어 기계에 뒤처지는 위험을 피할 수 있을 것으로 기대한다. 여기서 우리는 SF의 영역으로 들어서고 있지만, 이것은 과연 터무니없는 생각일까? 나는 뇌 증강을 위한 뇌-컴퓨터 인터페이스 개념을 일축하지 않는다. 장애인의 움직임 회복에 도움을 주기 위해 그 기초 과학을 계속 연구할 필요가 있다. 그 과정에서 이 기술의 다른 용도를 발견할지도 모른다.

예를 들어 신피질에 있는 개개 신경세포 수백만 개를 정확하게 자극하는 방법을 개발한다고 상상해 보라. 어쩌면 바이러스를 통해 개개 신경세포에 바코드 비슷한 DNA 조각을 부착함으로써(이런 종류의 기술은 이미 개발되어 있다) 그렇게 할 수 있을지 모른다. 그러고 나서 개별 세포의 코드로 주소가 지정된 전파를 보내 이 신경세포들을 활성화한다(이 기술은 아직 개발되지 않았지만, 가능성의 영역에서 벗어나는 이야기는 아니다). 이제 우리는 수술이나 삽입 없이 수백만 개의 신경세포를 정확하게 제어하는 방법을 손에 넣었다. 이것을 사용해 눈이 제 기능을 하지 못하는 사람의 시력을 회복시키거나 자외선을 사용해 앞을 보게 하는 것처럼 새로운 종류의 센서를 만들 수 있다. 나는 뇌를 컴퓨터와 완전히 결합할 수 있다는 전망에는 부정적이지만, 새로운 능력을 얻는 것은 가능성 있는 발전의 영역 안에 있다.

나는 '뇌를 업로드한다'는 개념은 실현될 가능성이 낮다고 생각하는데, 이익은 별로 없는 반면에 그것을 이루기는 너무나도 어렵기 때문이다. '뇌와 컴퓨터의 결합' 개념은 제한된 목적으로 실현될 가능성이 있지만, 뇌와 기계가 완전히 결합되는 단계까지는 이르지 못할 것이다. 그리고 뇌가 컴퓨터와 결합된다고 하더라도, 생물학적 뇌와 신체는 여전히 남아 쇠퇴하고 죽어갈 것이다.

그리고 중요한 것은 이 중 어느 것도 인류가 직면한 실존적 위험을 해결하지 못한다는 사실이다. 만약 우리 종이 영원히 살 수 없다면, 현재의 우리 존재를 의미 있게(심지어 우리가 사라진 뒤에도) 만들기 위해 우리가 지금 할 수 있는 일이 있을까?

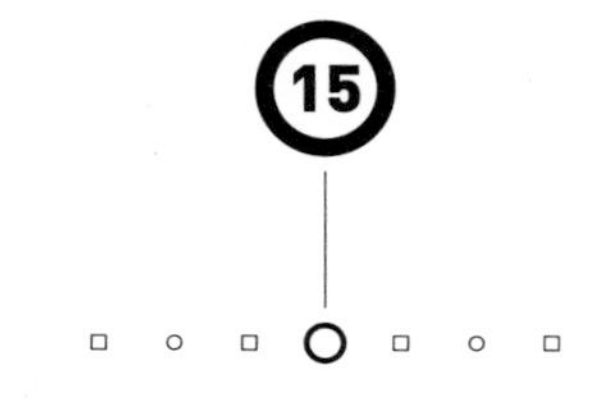

인류를 위한 상속 계획

지금까지 나는 생물학적 형태와 기계 형태의 지능에 대해 논의했다. 이제 지식으로 초점을 옮기려고 한다. 지식은 우리가 세계에 대해 배운 모든 것을 가리키는 이름이다. 우리의 지식은 신피질에 자리잡은 세계 모형이다. 인류의 지식은 우리가 각자 개인적으로 배운 지식의 총합이다. 이 장과 마지막 장에서는 지식은 보존하고 전파할 가치가 있다는 개념을 살펴볼 것이다. 설령 그것이 사람과 상관없이 독립적으로 일어난다 하더라도 말이다.

나는 공룡을 자주 생각한다. 공룡은 지구에서 약 1억 6000만 년 동안 살았다. 공룡은 먹이와 세력권을 놓고 싸웠고, 잡아먹히지 않으려고 애썼다. 우리처럼 공룡도 새끼를 돌보고 포식 동물로부터 보호하려고 노력했다. 공룡은 수천만 세대를 이어가며 살았지만, 지금은 모두 멸종하고 없다. 수많은 공룡의 삶은 무엇을 위한 것이었을까? 한때 번성했던 공룡의 존재는 어떤 목적에 기여하기라도 했을까? 일부 공룡은 오늘날의 조류로 진화했지만, 대부분은 그냥 멸종해 영영 사라지고 말았다. 만약 우리가 공룡의 유해를 발견하지 않았더라면, 이 우주에서 어느 누구도 한때 공룡이 존재했다는 사실을 알지 못했을 것이다.

인류도 비슷한 운명을 겪을 수 있다. 만약 우리 종이 멸종한다면, 우리가 한때 존재했고, 이곳 지구에서 살았다는 사실을 누가 알 수 있을까? 만약 우리의 흔적을 아무도 발견하지 못한다면, 우리가 이룬 모든 것(우리의 과학, 예술, 문화, 역사)은 영영 사라지고 말 것이다. 영영 사라진다는 것은 처음부터 아예 존재하지 않았던 것과 같다. 나는 이 가능성이 다소 마음에 들지 않는다.

물론 우리의 개인적 삶이 지금 이곳에서 단기적으로 의미와 목적을 가질 수 있는 방법은 많다. 우리는 자신이 속한 공동체를 개선할 수 있고, 아이를 키우고 교육시킬 수 있으며, 예술 작품을 창조하고 자연을 즐길 수 있다. 이런 종류의 활동은 행복하고 성취감을 느끼는 삶을 가져다줄 수 있다. 하지만 이것들은 개인적이고 매우 짧은 이로움에 지나지 않는다. 이것들은 우리와 우리가 사랑하는 사람들이 이곳에 있는 동안은 의미가 있지만, 시간이 지날수록 그 의미나 목적이 점점 감소하며, 우리 종 전체가 멸종하고 아무 기록도 남지 않는다면 완전히 사라지고 만다.

우리 호모 사피엔스가 미래의 어느 시점에 멸종하리라는 것은 거의 확실하다. 수십억 년 뒤에는 태양의 죽음과 함께 태양계의 모든 생명이 사라질 것이다. 그런 일이 일어나기 전에 앞으로 수억 년에서 10억 년 사이에 태양은 점점 뜨거워지고 크게 팽창하면서 지구를 뜨겁고 황량한 불모지로 만들 것이다. 이 사건들은 아주 먼 미래의 일이어서 지금 당장은 염려할 필요가 없다. 하지만 그보다 훨씬 일찍 멸종이 찾아올 수도 있다. 예를 들어 큰 소행성이 충돌할 수도 있다. 단기적으로는 그 가능성이 극히 희박하지만, 언제든지 그런 일이 일어날 수 있다.

우리가 직면한 단기적인(예컨대 향후 100년 혹은 1000년 이내에 닥칠) 멸종 위험 중 가능성이 가장 큰 것은 우리 자신이 만들어낸 위험이다. 우리가 지닌 강력한 기술 중 많은 것은 발명된 지 겨우 100여 년밖에 안 되었는데, 그동안에 우리는 실존적 위험을 두 가지나 만들어냈다. 핵무기와 기후 변화가 그것이다. 기술이 발전함에 따라 새로운 위험들이 추가로 생겨날 것이 거의 틀림없다. 예를 들어 최근에 우리는 DNA를 정밀하게 변형하는 방법을 알아냈다. 그 결과, 거의 모든 인류를 죽일 수 있는 새로운 세균이나 바이러스 계통이 만들어질 수도 있다. 앞으로 무슨 일이 일어날지는 아무도 모르지만, 우리 자신을 멸망시킬 수 있는 방법은 이것이 끝이 아닐 것이다.

물론 이런 위험들을 완화하기 위해 우리가 할 수 있는 일을 다 할 필요가 있고, 나는 우리가 조만간 스스로를 멸종으로 몰아넣는 사태를 막을 수 있을 것이라고 대체로 낙관한다. 하지만 만약의 경우에 대비해 지금 당장 우리가 할 수 있는 일을 논의하는 것이 좋다고 생각한다.

상속 계획은 우리가 살아 있는 동안 나 자신이 아니라 미래에 혜택을 줄 일을 하는 것이다. 많은 사람들은 굳이 상속 계획을 세우려고 하지 않는데, 거기서 자신이 얻을 이득이 없다고 생각하기 때문이다. 하지만 꼭 그런 것은 아니다. 상속 계획을 세우는 사람은 거기서 삶의 목적을 느끼거나 후대에 남겨줄 유산을 만든다는 생각이 드는 경우가 많다. 게다가 상속 계획을 세우는 사이에 더 넓은 관점에서 삶을 생각하게 된다. 상속 계획을 세우는 시점은 임종을 맞이하기 전이 좋은데, 너무 늦으면 계획을 세우고 실행할 능력을 상실할 수 있기 때문이다. 인류를 위한 상속 계획도 마찬가지다. 미래를 생각하고 우리가 더 이상 이곳에 존재하지 않을 때 미래에 영향을 미칠 방법을 생각하기에는 지금이 적절한 시기이다.

인류를 위한 상속 계획은 누구에게 혜택이 돌아갈까? 인류는 절대로 아닐 텐데, 우리가 모두 사라진다는 것이 전제로 깔려 있기 때문이다. 그 수혜자는 지능을 가진 다른 존재이다. 오직 지능 동물이나 지능 기계만이 우리의 존재와 역사와 축적된 지식을 제대로 이해할 수 있다. 나는 그러한 미래의 존재는 크게 두 범주가 있다고 생각한다. 만약 인류는 멸종하지만 다른 생명체가 계속 살아남는다면, 지구에서 두 번째로 지능 동물이 진화할 가능성이 있다. 두 번째 지능 동물은 한때 지구에 존재했던 인류에 대해 많은 것을 알고 싶어 할 것이 거의 확실하다. 이 상황은 이 전제를 바탕으로 만들어진 책과 영화 제목에서 따 '유인원 행성the Planet of the Apes'(우리나라에서는 '혹성 탈출'이라는 제목으로 알려져 있다—옮긴이) 시나리오라고 부를 수 있다. 우리가 접촉하려고 시도할 수 있는 두 번째 집단은 우리은하 내에서 어딘가에 살고 있을 외계 지능 생명체이다. 이들이 존재하는 시기는 우리와 겹칠 수도 있고 훨씬 먼 미래일 수도 있다. 나는 이 두 가지 시나리오를 다 다룰 테지만, 후자에 초점을 맞추는 것이 단기적으로는 우리에게 더 큰 의미가 있다고 생각한다.

그런데 왜 다른 지능체가 우리에게 관심을 가져야 할까? 우리가 사라지고 난 뒤에 그들이 우리에게 관심을 갖도록 하려면, 지금 우리가 할 수 있는 일은 무엇일까? 가장 중요한 것은 우리가 한때 존재했다는 사실을 그들에게 알리는 것이다. 이 사실 하나만으로도 충분히 가치가 있다. 만약 우리가 우리은하 내 어딘가에 지능 생명체가 존재했다는 사실을 안다면, 그것을 얼마나 가치 있게 여길지 생각해 보라. 많은 사람에게 그 사건은 생명에 대한 시각을 완전히 바꾸는 계기가 될 것이다. 설령 우리가 외계 생명체와 직접 교신을 할 수 없더라도, 그들이 존재하거나 한때 존재했다는 사실을 아는 것만으로도 우리에게는 엄청난 사건이 될 것이다. SETISearch for Extra-Terrestrinal Intellignece(외계 지능 생명체 탐사)도 이것을 목표로 하는데, 이 탐사 계획은 우리은하 내의 다른 곳에 살고 있는 지능 생명체의 증거를 찾기 위해 설계되었다.

우리가 한때 존재했다는 사실 외에도 우리는 우리의 역사와 지식을 전달할 수 있다. 공룡이 자신들이 어떻게 살았고 무엇 때문에 멸종했는지 우리에게 말해준다고 상상해 보라. 그것은 아주 흥미로울 것이고, 아마도 우리에게 매우 유익할 것이다. 그런데 지능이 있는 우리는 공룡이 우리에게 알려줄 수 있는 것보다 훨씬 소중한 것들을 미래의 지능 생명체에게 알려줄 수 있다. 우리는 배운 것을 모두 전달할 수 있는 잠재력이 있다. 어쩌면 우리의 과학과 기술 지식이 미래의 지능 생명체보다 훨씬 발전했을 가능성도 있다(지금 여기서 말하는 것은 현재보다 훨씬 발전했을 미래의 과학과 기술이라는 점에 유의하라). 예를 들어 오늘날 우리가 시간 여행의 가능성이나 실용적인 핵융합로를 만드는 방법, 혹은 우주가 유한한가 무한한가와 같은 기본적인 질문에 대한 답을 알 수 있다면, 그것이 우리에게 얼마나 유용할지 생각해 보라.

마지막으로, 우리를 멸망으로 이끈 원인을 전할 기회를 얻을 수 있다. 예를 들어 만약 오늘날 우리가 먼 외계 행성에 살고 있던 지능 생명체가 스스로 유발한 기후 변화 때문에 멸종했다는 사실을 안다면, 현재의 기후 상황을 훨씬 더 심각하게 받아들일 것이다. 다른 지능 생명체가 얼마나 오래 존재했고 무엇 때문에 멸종했는지 안다면, 우리가 더 오래 생존하는 데 분명히 큰 도움이 될 것이다. 이런 종류의 지식은 가치를 매기기 어렵다.

나는 미래와 의사소통하는 데 사용할 수 있는 세 가지 시나리오를 통해 이 개념들을 더 깊이 논의하려고 한다.

병 속의 메시지

만약 당신이 무인도에 고립되었다면, 메시지를 써서 병 속에 넣고 그것을 바다에 던질 수 있다. 당신은 거기에 뭐라고 적겠는가? 아마도 자신이 어디에 있는지 적고서 누가 그 메시지를 빨리 발견해 자신을 구조해 주길 바라겠지만, 그렇게 큰 기대는 걸지 않을 것이다. 그 메시지는 당신이 이미 죽고 나서 한참 지난 뒤에 발견될 가능성이 높다. 그래서 대신에 당신은 자신이 누구이고, 어떻게 해서 이 무인도로 와서 고립되었는지 쓸지도 모른다. 자신의 운명을 알림으로써 미래에 누군가가 그것을 읽길 기대하면서 말이다. 병과 당신의 메시지는 잊히지 않으려는 수단이다.

파이어니어호 탐사선들은 1970년대 초에 발사되어 지금은 태양계를 벗어나 넓은 성간 우주 공간을 나아가고 있다. 천문학자 칼 세이건Carl Sagan은 이 탐사선들에 금속판을 싣자고 제안했다. 이 금속판에는 탐사선이 출발한 장소와 남녀 그림이 포함되어 있었다. 1970년대 후반에 발사된 보이저호 탐사선들에는 지구의 소리와 이미지가 포함된 황금 음반이 실렸다. 보이저호 탐사선들 역시 태양계를 벗어났다. 우리는 이 탐사선들을 다시 볼 가망이 없다. 현재 속도를 감안할 때, 이 탐사선들은 수만 년이 지난 후에야 다른 별에 도달할 것이다. 이 탐사선들은 외계인들과 의사소통을 할 목적으로 설계되지는 않았지만, 우리가 병 속에 넣어 보낸 최초의 메시지이다. 하지만 이 탐사선들은 대체로 상징적인 것에 불과한데, 잠재적 발견자에게 도달하는 데 걸리는 시간 때문이 아니라 결코 발견되지 않을 가능성이 높기 때문이다. 우주는 아주 넓고 탐사선은 너무나도 작아서 탐사선이 무언가를 마주칠 확률은 아주 낮다. 그래도 이 탐사선들이 존재하며 지금 우주 공간을 나아가고 있다는 사실은 큰 위안이 된다. 만약 내일 태양계가 폭발한다면, 이 금속판들과 음반들은 지구에 생명이 존재했다는 사실을 알려줄 유일한 기록으로 남을 것이다. 이것들은 우리의 유일한 유산이다.

지금은 가까운 별들로 탐사선을 보내려는 계획이 추진되고 있다. 가장 눈길을 끄는 계획은 브레이크스루 스타샷Breakthrough Starshot이다. 우주 공간에 배치한 고출력 레이저를 사용해 작은 우주선을 추진함으로써 가장 가까운 이웃 별인 켄타우루스자리 알파로 보내려는 계획이다. 이 계획의 주목표는 켄타우루스자리 알파 주위를 도는 행성들의 사진을 찍어 지구로 전송하는 것이다. 낙관적으로 가정할 때, 전체 과정은 수십 년이 걸릴 것이다.

파이어니어호와 보이저호 탐사선들처럼 스타샷 우주선은 우리가 사라진 뒤에도 계속 우주 공간을 나아갈 것이다. 만약 우리은하 안의 어딘가에 사는 지능 생명체가 이 우주선을 발견한다면, 그들은 우리가 한때 존재했고 우주선을 별들 사이로 보낼 만큼 충분히 지능이 높았다는 사실을 알게 될 것이다. 불행하게도 이것은 다른 생명체에게 우리의 존재를 의도적으로 알리는 방법으로는 그다지 좋지 않다. 이 우주선은 작고 느리다. 우리은하 중에서 극히 작은 부분에만 도달할 수 있고, 설령 생명체가 사는 항성계에 도달한다 하더라도 발견될 가능성은 아주 낮다.

오래 지속되는 신호

SETI 연구소는 우리은하 안의 다른 곳에서 지능 생명체를 찾기 위해 수십 년을 보냈다. SETI는 다른 지능 생명체가 이곳 지구에서 포착할 수 있을 만큼 충분한 출력으로 신호를 보낸다고 가정한다. 우리의 레이더와 라디오, TV 방송도 우주로 신호를 내보내지만, 이 신호들은 너무 약하다. 기존의 SETI 기술을 사용하는 우리는 아주 가까이 있는 것이 아니라면 다른 행성에서 오는 비슷한 신호를 포착할 수 없다. 그래서 지금 당장 우리은하 안에 우리와 비슷한 지능 생명체가 사는 행성이 수백만 개나 흩어져 있더라도, (만약 각각의 행성에서 우리와 같은 SETI 계획을 추진하고 있다고 해도) 어느 누구도 신호를 전혀 포착하지 못할 수 있다. 그들 역시 우리처럼 "모두 어디에 있는가?"라고 말할 것이다.

SETI가 성공을 거두려면, 지능 생명체가 의도적으로 먼 거리에서도 포착되도록 아주 강하게 설계한 신호를 보낸다고 가정해야 한다. 그리고 우리에게 보내려고 의도하지 않은 신호를 포착할 가능성도 있다. 즉, 특정 표적을 향한 신호가 우연히 우리 레이더가 있는 방향으로 날아와 우리가 의도치 않게 대화를 포착할 수 있다. 하지만 SETI는 지능 생명체가 강한 신호를 보냄으로써 자신의 존재를 알리려 한다고 가정한다.

우리도 똑같이 하는 것이 사려 깊은 행동일 것이다. 이것을 METI라고 부르는데, '외계 지능 생명체에게 메시지 보내기Messaging Extra-Terrestrial Intelligence'의 약자이다. 여러분은 METI를 좋지 못한 아이디어라고, 심지어 지금까지 나온 것 중 최악의 아이디어라고 생각하는 사람이 상당히 많다는 사실에 놀랄지도 모르겠다. 이들은 우주로 신호를 보내 우리의 존재를 알리는 것을 두려워한다. 그랬다가 우리보다 기술이 더 발전한 외계 지능 생명체가 태양계로 쳐들어와 우리를 죽이고 노예로 삼고 생체 실험을 하고, 어쩌면 의도치 않게 우리에게 저항력이 없는 병균을 감염시킬지도 모른다고 생각하기 때문이다. 어쩌면 그들은 자신들이 살아갈 행성을 찾고 있을지도 모르는데, 그런 행성을 가장 쉽게 찾는 방법은 우리 같은 사람이 손을 들고서 "우리, 여기 있어요"라고 알리길 기다리는 것이다. 그렇게 된다면 인류의 운명은 끝이다.

이것은 어떤 기술을 최초로 개발한 기업가들이 가장 흔하게 저지르는 오류 중 하나를 떠오르게 한다. 이들은 누가 자신들의 아이디어를 훔칠까 봐 두려워 그것을 비밀로 한다. 하지만 대개의 경우에는 자신을 도울 수 있는 사람이면 누구에게건 아이디어를 공유하는 편이 훨씬 낫다. 다른 사람들은 제품과 경영에 관한 조언을 해줄 수 있고, 그 외에도 여러 가지 방법으로 도움을 줄 수 있다. 기업가는 사람들에게 자신이 하는 일을 비밀에 부치기보다는 알리는 편이 성공할 가능성이 훨씬 높다. 모든 사람이 자신의 아이디어를 훔치려고 한다고 의심하는 것은 인간의 본성(오래된 뇌로 알려진)인데, 실상은 누가 자신의 아이디어에 관심을 보인다면 무척 운이 좋은 것이다.

METI의 위험은 도저히 일어날 법하지 않은 일련의 가정을 바탕으로 한다. 우선 외계인이 성간 여행을 할 능력이 있다고 가정한다. 그리고 그들이 지구까지 오기 위해 상당히 많은 시간과 에너지를 쓸 것이라고 가정한다. 우리 근처에서 자신의 존재를 숨긴 채 살아가는 외계인이 없는 한, 외계인이 이곳까지 오는 데에는 수천 년이 걸릴 것이다. 그리고 외계 지능 생명체에게는 지구나 지구에 있는 뭔가가 필요하며, 다른 방법으로는 그것을 얻을 수가 없어 먼 여행을 할 가치가 있다고 가정한다. 또 외계인은 성간 여행 기술이 있지만, 우리가 스스로 자신의 존재를 방송해 알리지 않는 한 지구에 사는 생명체를 탐지할 기술은 없다고 가정한다. 마지막으로, 그렇게 고도로 발달한 외계 문명은 우리를 도우려고 하거나 적어도 우리에게 해를 끼치지 않으려고 하기보다는 적극적으로 우리에게 해를 끼치려고 한다고 가정한다.

마지막 가정과 관련해 우리은하 내의 다른 곳에 사는 외계 지능 생명체는 우리처럼 지능이 없는 생명체에서 진화했다고 보는 것이 타당한 가정이다. 따라서 외계인은 아마도 우리가 오늘날 직면한 것과 같은 종류의 실존적 위험에 직면했을 것이다. 은하를 돌아다니는 종이 될 만큼 충분히 오래 살아남았다는 것은 이들이 이러한 위험들을 극복했다는 뜻이다. 따라서 지금 그들이 어떤 뇌를 가졌건 간에, 그들은 더 이상 틀린 신념이나 위험할 정도로 공격적인 행동에 지배당하지 않을 것이다. 반드시 그럴 거라고는 보장할 수 없지만, 이 사실을 감안할 때 그들이 우리에게 해를 끼칠 가능성은 낮다.

위에 열거한 이유들에도 불구하고, 나는 METI에 대해 두려워할 것이 전혀 없다고 생각한다. 새로운 기업가처럼 우리는 우리가 존재한다고 온 세상에 알리고 누군가 관심을 가지길 기대함으로써 훨씬 잘 살아갈 수 있을 것이다.

SETI와 METI 모두 최선의 접근법은 지능 생명체의 생존 기간에 크게 의존한다. 우리은하에서 지능이 수백만 번이나 태어났지만 동시에 존재한 것들은 거의 없을 가능성도 있다. 비유를 들어 생각해 보자. 파티에 50명을 초대했다고 상상해 보라. 각자는 임의로 선택한 시간에 도착한다. 도착한 사람은 문을 열고 안으로 들어선다. 이때 파티가 잘 진행되고 있을 확률과 방이 텅 비어 있을 확률은 각각 얼마일까? 그것은 각자가 파티장에 얼마나 오래 머무느냐에 달려 있다. 만약 모든 참석자가 1분만 머물다가 떠난다면, 파티장에 도착한 사람은 거의 다 텅 빈 방을 보게 될 것이고, 다른 사람들은 아무도 오지 않았다고 결론 내릴 것이다. 만약 모든 참석자가 한두 시간을 머문다면, 방 안에 많은 사람이 동시에 머물면서 파티는 성황을 이룰 것이다.

우리는 지능 생명체가 지속되는 평균 시간이 얼마인지 모른다. 우리은하는 태어난 지 약 130억 년이 지났다. 우리은하가 지능 생명체를 약 100억 년 동안 부양할 수 있다고 가정하자. 이것은 파티가 지속되는 시간에 해당한다. 사람이 기술이 발전한 종으로 1만 년을 살아남는다고 가정한다면, 우리는 여섯 시간 동안 지속되는 파티에 잠깐 얼굴을 비쳤다가 0.02초 만에 떠나는 셈이다. 설령 다른 지능 생명체 수만 종이 같은 파티에 잠깐씩 들렀다 하더라도, 우리가 그곳에 머무는 동안 다른 지능 생명체를 전혀 보지 못할 가능성이 높다. 우리에게는 텅 빈 방만이 보일 것이다. 만약 우리은하에서 지능 생명체를 발견하길 기대한다면, 지능 생명체가 자주 나타나고 오래 지속되어야 한다.

나는 외계 생명체가 흔할 것이라고 기대한다. 우리은하에서 생명이 살 수 있는 행성의 수는 약 400억 개로 추정된다. 그리고 지구의 생명은 지구가 생긴 지 얼마 안 된 수십억 년 전에 나타났다. 만약 지구가 전형적인 행성이라면, 우리은하에는 생명체가 흔할 것이다.

나는 또한 생명체가 사는 많은 행성에서는 결국 지능 생명체가 진화할 것이라고 믿는다. 나는 지능이 처음에 우리 몸을 움직이고 우리가 있는 장소를 인식하기 위해 진화한 뇌의 메커니즘을 기반으로 한다고 제안했다. 따라서 일단 다세포 동물들이 돌아다니기 시작하면, 지능은 아주 놀라운 것이 아닐 수도 있다. 하지만 우리는 물리학을 이해하고 우주로 신호를 송수신하는 데 필요한 첨단 기술을 가진 지능 생명체에 관심이 있다. 지구에서는 그런 일이 딱 한 번만, 그것도 최근에서야 일어났다. 현재로서는 우리와 같은 종이 얼마나 흔한지 알 수 있는 데이터가 충분하지 않다. 지구의 역사를 돌아볼 때, 나는 기술이 발전한 종은 여러분이 내린 결론보다 훨씬 자주 나타난다고 추측한다. 나는 지구에서 첨단 기술이 나타나기까지 걸린 시간에 깜짝 놀란다. 예를 들어 나는 공룡이 지구 위를 누비던 약 1억 년 전에 기술이 발전한 종이 왜 나타나지 않았는지 그 이유를 모르겠다.

기술이 발전한 문명이 얼마나 흔한지와 상관없이 그런 문명이 오래 지속하지 못할 수도 있다. 우리은하 내의 다른 곳에서 기술이 발전한 종은 우리가 직면한 것과 비슷한 문제들을 겪을 가능성이 높다. 지구에서 실패한 문명들의 역사(그리고 우리가 만든 실존적 위험)는 발전한 문명이 아주 오래 지속되지 못할 수 있음을 시사한다. 물론 우리와 같은 종이 수백만 년 동안 살아남는 방법을 알아낼 수도 있지만, 나는 그 가능성이 낮다고 본다.

이것은 지능과 기술이 발전한 생명체가 우리은하에서 수백만 번이나 출현했을 가능성을 의미한다. 하지만 아무리 별들을 샅샅이 뒤져도 우리와 대화를 나누려고 기다리는 지능 생명체를 발견하지 못할 수 있다. 그 대신에 지금은 아니지만 한때 지능 생명체가 존재했던 별들을 발견할 것이다. "모두 어디에 있는가?"라는 질문에 대한 답은 그들이 이미 파티장을 떠났다는 것이다.

이 문제들을 해결할 수 있는 방법이 하나 있다. 이것은 우리은하에서, 그리고 어쩌면 다른 은하에서 지능 생명체를 발견할 수 있는 방법이다. 우리가 이곳 지구에 있었음을 알리는 신호를 만든다고 상상해 보라. 그 신호는 아주 먼 거리에서도 탐지될 만큼 충분히 강해야 하고, 아주 오랫동안 지속되어야 한다. 그 신호는 우리가 사라지고 난 뒤에도 오랫동안 지속되어야 한다. 그런 신호를 만드는 것은 파티장에 "우리가 여기에 있었다"라는 명함을 남기는 것과 같다. 나중에 나타난 사람들은 우리를 발견하지는 못할 테지만, 우리가 한때 이곳에 있었다는 사실은 알 것이다.

이것은 SETI와 METI를 달리 생각하는 방법을 제시한다. 구체적으로는 먼저 오래 지속되는 신호를 만드는 데 노력을 집중해야 한다. 여기서 '오래'라는 기간은 수십만 년, 아니 어쩌면 수백만 년이나 심지어 수십억 년이 되어야 한다. 신호가 오래 지속될수록 성공할 확률이 더 높아진다. 이 아이디어에는 근사한 두 번째 이점이 있다. 일단 그런 신호를 만드는 방법을 알아내면, 우리 자신도 어떤 신호를 유심히 살펴야 하는지 알 수 있다. 다른 지능 생명체도 우리와 똑같은 결론에 이르러 오래 지속되는 신호를 만드는 법을 찾으려 할 것이다. 그러니 그 방법을 알아내자마자 우리도 그런 신호를 찾기 시작할 것이다.

오늘날 SETI는 우주에서 날아오는 전파 신호에서 지능 생명체가 만들었을 법한 패턴을 찾으려고 노력한다. 예컨대 파이(π)를 이루는 숫자열 중 처음 20개의 숫자가 반복되는 신호라면, 그것은 지능 생명체가 만든 것이 거의 확실하다. 나는 우리가 그런 신호를 발견하는 데 성공할 것이라고는 크게 기대하지 않는다. 이 탐사 노력은 우리은하 안의 다른 곳에 사는 지능 생명체가 강력한 전파 송신기를 만들고, 컴퓨터와 전자공학을 사용해 그런 부호를 집어넣은 신호를 발신한다는 가정을 기반으로 하고 있다. 우리 자신도 이런 시도를 짧게나마 몇 차례 했다. 그런 노력에는 우주를 향한 거대한 안테나와 전기 에너지, 사람들과 컴퓨터가 필요하다. 우리가 보낸 신호가 짧은 시간 동안만 지속되었기 때문에, 그 메시지는 나머지 은하와 접촉하기 위한 진지한 시도였다기보다는 상징적 노력에 가까웠다.

전기와 컴퓨터, 안테나를 사용해 신호를 송신하는 방법의 문제점은 이 시스템이 오래 지속되지 못한다는 데 있다. 안테나와 전자공학, 전선 등은 적절한 보수와 유지가 없이는 100만 년은 말할 것도 없고 100년도 지속되기 어렵다. 우리의 존재를 알리기 위해 선택한 방법은 강력하고 광범위한 지역을 향해야 하고 영속적이어야 한다. 일단 시작되고 나면, 보수·유지나 간섭 없이 수백만 년은 신뢰할 수 있게 굴러가야 한다. 별은 그런 속성을 지니고 있다. 일단 태어난 별은 막대한 에너지를 수십억 년 동안 내뿜는다. 우리는 이와 비슷한 속성을 지녔지만 지능 생명체의 손길이 닿지 않으면 아예 작동될 수 없는 것을 찾으려고 한다.

천문학자들은 우주에서 기묘한 에너지원을 많이 발견했는데, 예컨대 진동하거나 회전하거나 짧은 에너지 폭발을 반복하는 것 등이 있다. 천문학자들은 이 특이한 신호들을 설명할 수 있는 자연적 원인을 찾으려고 노력하며, 대개는 그 답을 찾아낸다. 아직 설명되지 않은 현상 중 일부는 자연적 원인으로 발생한 것이 아니라, 내가 이야기한 종류의 신호, 즉 지능 생명체가 만든 것일 수 있다. 그렇다면 아주 좋겠지만, 나는 일이 그렇게 쉽게 풀리리라고는 생각하지 않는다. 아마도 물리학자들과 공학자들이 이 문제를 깊이 연구하면서 지능 생명체가 만든 것이 거의 확실한, 강하고 영속적인 신호를 만드는 방법들을 이리저리 따져보아야 할 것이다. 그 방법은 또한 우리가 실행할 수 있는 것이어야 한다. 예를 들어 물리학자들이 그런 신호를 만들 수 있는 새로운 종류의 에너지원을 생각해 낼 수도 있지만, 우리가 그것을 만들어낼 능력이 없다면 다른 지능 생명체도 만들어낼 수 없다고 상정할 수밖에 없고, 다른 신호를 계속 찾아보아야 할 것이다.

나는 필요한 조건에 부합하는 것을 찾으려고 애쓰면서 이 문제를 몇 년 동안 곰곰이 생각했다. 최근에 한 후보가 떠올랐다. 오늘날 천문학에서 가장 흥미진진한 부문 중 하나는 다른 별 주위를 도는 행성을 발견하는 것이다. 얼마 전까지만 해도 행성이 흔한지 드문지 분명히 알려지지 않았다. 지금은 그 답이 나왔다. 행성은 아주 흔하며, 대부분의 별은 태양처럼 복수의 행성을 거느리고 있다. 외계 행성을 발견하는 주요 방법은 먼 별의 주위를 도는 행성이 그 별 앞을 지나갈 때 별빛이 약간 희미해지는 것을 포착하는 것이다. 같은 방법을 사용해 우리의 존재를 신호로 보낼 수 있다. 예를 들어 인공 물체들을 궤도에 띄워 자연적으로는 일어나지 않는 패턴으로 햇빛을 약간 차단한다고 상상해 보라. 태양 주위를 돌면서 햇빛을 차단하는 물체들은 수백만 년 동안 궤도를 돌아 우리가 사라진 지 한참 지난 뒤에도 남아 있을 것이고, 아주 멀리서도 탐지될 것이다.

우리는 이미 그러한 태양 차단 시스템을 만들 수단을 갖고 있으며, 이것 말고도 우리의 존재를 알릴 더 나은 방법이 있을지도 모른다. 이 책은 이러한 선택지를 세밀하게 평가하기 위한 것이 아니다. 다만 나는 다음 사실들을 지적하고 싶다. 첫째, 지능 생명체는 우리은하에서 수천 번 혹은 수백만 번 진화했을지도 모르지만, 우리가 다른 지능 생명체와 동시에 공존할 가능성은 낮다. 둘째, 발신자의 지속적인 참여가 필요한 신호에만 초점을 맞춘다면, SETI는 성공할 가능성이 낮다. 셋째, METI는 안전할 뿐만 아니라 우리은하에서 지능 생명체를 발견하기 위해 우리가 할 수 있는 일 중 가장 중요한 것이다. 우리는 먼저 수백만 년 동안 계속 우리의 존재를 알릴 방법을 결정할 필요가 있다. 그러고 난 다음에야 우리가 하늘에서 무엇을 찾아야 할지 알 수 있다.

위키 지구

우리가 한때 존재했다는 사실을 외계 문명에 알리는 것은 중요한 우선 목표이다. 하지만 나는 인류에 관한 것 중에서 가장 중요한 것은 우리의 지식이라고 생각한다. 우리는 지구에서 우주와 우주의 작용 방식에 대한 지식을 소유한 유일한 종이다. 지식은 희귀하며, 우리는 그것을 보존하려고 노력해야 한다.

인류가 멸망하지만 지구에서 다른 생물이 계속 살아남는다고 하자. 예를 들면, 소행성 충돌이 공룡과 많은 종을 죽인 것으로 보이지만, 작은 동물들 중 일부는 그 충격에서 살아남았다. 그리고 6000만 년 뒤, 살아남은 동물 중 일부가 우리가 되었다. 이 일은 실제로 일어났고, 또다시 일어날 수 있다. 이번에는 자연 재해나 우리가 자초한 재앙 때문에 인류가 멸종한다고 상상해 보라. 다른 종들이 살아남아 5000만 년 뒤에 그중 하나가 지능이 발달한다고 하자. 그 종은 오래전에 사라진 인류세人類世에 대해 모든 것을 알고 싶어 할 것이다. 특히 우리가 쌓은 지식의 범위와 우리에게 무슨 일이 일어났는지에 큰 관심을 보일 것이다.

만약 인류가 멸종한다면, 우리가 살았던 흔적과 기록은 불과 약 100만 년 안에 모두 사라질 가능성이 높다. 도시와 대규모 기반 시설 중 일부 잔해가 땅속에 묻혀 보존될 수 있겠지만, 모든 문서와 필름과 기록은 대부분 더 이상 존재하지 않을 것이다. 미래의 비인간 고고학자들은 오늘날 고생물학자들이 공룡에게 무슨 일이 일어났는지 알아내려고 노력하는 것과 비슷한 방식으로 우리의 역사를 알아내려고 노력할 것이다.

상속 계획의 일환으로 우리의 지식을 더 영구적인 형태로 보존해 수천만 년 동안 지속되게 할 수 있다. 그 방법은 여러 가지가 있다. 예를 들면, 위키백과 같은 지식 기반을 계속 확장해 갈 수 있다. 위키백과는 끊임없이 자가 갱신되면서 우리 사회가 멸망하기 시작하는 시점까지 일어난 사건들을 기록할 텐데, 그 문서 작성 과정을 자동화할 수 있다. 그 기록 보관소는 지구에 있어서는 안 되는데, 단 하나의 사건으로도 지구가 부분적으로 파괴될 수 있고, 수백만 년이 지나면 온전히 남아 있는 것이 거의 없을 것이기 때문이다. 이 문제를 해결하기 위해 태양 주위를 도는 인공위성들을 기록 보관소로 사용할 수 있다. 이 기록 보관소는 쉽게 발견될 수 있는 반면, 물리적으로 변경되거나 파괴되기는 어려울 것이다.

우리는 인공위성을 기반으로 한 기록 보관소를 자동적으로 갱신할 수는 있되 그 내용을 삭제할 수 없도록 설계할 것이다. 인공위성의 전자 장비들은 우리가 사라지고 나서 얼마 지나지 않아 작동을 멈출 것이므로, 그 기록을 읽으려면 미래의 지능 생명체는 기록 보관소까지 여행해 그것을 지구로 가져가 데이터를 추출하는 기술을 개발해야 할 것이다. 우리는 중복성을 위해 서로 다른 궤도에 다수의 인공위성을 띄울 수 있다. 우리는 이미 인공위성 기록 보관소를 만들고 회수할 기술을 갖고 있다. 예전에 지구에 살았던 지능 생명체가 태양계 주위에 인공위성들을 배치했다고 상상해 보라. 우리는 오늘날 이미 그것을 발견해 지구로 가져왔을 것이다.

본질적으로 우리는 수백만 년 혹은 수억 년 동안 지속되도록 설계된 타임캡슐을 만들 수 있다. 먼 미래에 지능 생명체(지구에서 진화했건 외계에서 왔건)가 타임캡슐을 발견해 그 내용을 읽을 수 있을 것이다. 우리가 남긴 기록이 발견될지 발견되지 않을지는 알 수 없는데, 이 상속 계획은 본질상 그럴 수밖에 없다. 만약 우리가 이렇게 기록을 남겨 미래에 누군가 그것을 읽는다면, 그들이 얼마나 고마워할지 상상해 보라. 우리 자신이 그런 타임캡슐을 발견했을 때 얼마나 기뻐할지 생각해 보면 알 수 있다.

인류를 위한 상속 계획은 개인을 위한 상속 계획과 비슷하다. 우리는 우리 종이 영원히 살기를 원하고, 어쩌면 그런 일이 일어날 수도 있다. 하지만 그런 기적이 일어나지 않을 경우에 대비해 계획을 세워두는 것이 사려 깊은 행동이다. 나는 우리가 추구할 수 있는 아이디어를 여러 가지 제시했다. 하나는 지구에서 미래의 지능 생명체가 인류에 관한 사실(우리가 아는 것과 우리의 역사, 그리고 결국 우리에게 일어난 일)을 배울 수 있는 방식으로 우리의 역사와 지식을 기록으로 보관하는 것이다. 또 하나는 오래 지속되는 신호를 만들어 다른 시간과 다른 공간에 존재하는 지능 생명체에게 지능을 가진 인류가 태양이라는 별 주위에 한때 살았다는 사실을 알리는 것이다. 오래 지속되는 신호의 아름다움은 우리에게 지금 여기서 우리보다 앞서 존재한 외계 지능 생명체의 발견에 도움을 준다는 데 있다.

이와 같은 계획을 추구하기 위해 돈과 시간을 들일 가치가 있을까? 차라리 지구에서 살아가는 사람들의 삶을 개선하는 데 노력을 기울이는 편이 더 낫지 않을까? 단기적 투자와 장기적 투자 사이에는 항상 마찰이 생기게 마련이다. 단기적 문제가 더 시급한 반면, 미래에 투자하는 것은 당장 돌아오는 이득이 적다. 모든 조직(정부이건 기업이건 가정이건)이 이런 딜레마에 봉착한다. 하지만 장기적 투자를 등한시하면 그 미래는 실패할 수밖에 없다. 이 경우에 인류를 위한 상속 계획에 투자하는 것은 단기적으로 이득이 여러 가지 있다고 나는 생각한다. 이 계획은 우리가 직면한 실존적 위험에 더 주의를 기울이게 만들 것이다. 더 많은 사람이 종으로서 우리가 취하는 행동의 장기적 결과를 생각하게 될 것이다. 그리고 만약 우리가 결국 멸종한다면, 이 계획은 우리의 삶에 일종의 목적을 제공할 것이다.

유전자 대 지식

이 책 첫 장의 제목은 '오래된 뇌와 새로운 뇌'였다. 이것은 이 책 전체를 관통하는 주제이기도 하다. 우리 뇌의 30%를 차지하는 오래된 뇌가 많은 부분으로 이루어져 있다는 사실을 떠올려보라. 이 오래된 뇌 지역들은 신체 기능과 기본 행동과 감정을 제어한다. 이런 행동과 감정 중 일부는 공격적이거나 폭력적인 행동을 나타내게 하고, 욕심을 부리고 거짓말을 하고 속이게 만든다. 우리는 모두 이런 경향을 어느 정도 갖고 있는데, 진화가 유전자를 확산하는 데 이런 속성들이 유용하다는 것을 발견했기 때문이다. 우리 뇌 중 70%를 차지하는 새로운 뇌는 오직 한 가지, 신피질로만 이루어져 있다. 신피질은 세계 모형을 배우는데, 우리에게 지능을 주는 것이 바로 이 모형이다. 지능이 진화한 이유는 이 역시 유전자를 확산하는 데 유용하기 때문이다. 우리는 유전자의 종으로 지금 이 자리에 있지만, 오래된 뇌와 새로운 뇌 사이의 권력 균형이 변하기 시작했다.

수백만 년 동안 우리 조상은 지구와 더 넓은 우주에 대한 지식이 제한되어 있었다. 그들은 개인적으로 경험한 것만 이해할 수 있었다. 그들은 지구의 크기도 몰랐고, 지구가 둥글다는 사실도 몰랐다. 태양과 달, 행성, 별이 무엇인지도 몰랐고, 왜 밤하늘에서 그렇게 움직이는지도 몰랐다. 지구가 얼마나 오래되었고, 다양한 생물들이 어떻게 생겨났는지도 몰랐다. 우리 조상은 우리 존재의 가장 기본적인 사실들조차 몰랐다. 그들은 이 수수께끼들을 설명하는 이야기들을 만들어냈지만, 물론 그 이야기들은 사실이 아니었다.

최근에 우리는 지능을 사용해 우리 조상을 괴롭혔던 수수께끼들을 풀었을 뿐만 아니라, 과학 발견의 속도마저 가속하고 있다. 우리는 우주가 얼마나 거대하고 우리가 얼마나 미소한 존재인지 알게 되었다. 이제 우리는 지구가 태어난 지 수십억 년이 지났고, 지구의 생명체 역시 수십억 년 동안 진화해 왔다는 사실을 안다. 다행히도 전체 우주는 일단의 법칙들에 따라 움직이는 것으로 보이며, 우리는 그중 일부를 발견했다. 모든 법칙을 다 발견하는 것도 가능해 보인다. 전 세계에서 수백만 명이 전반적인 과학 발견 활동에 적극적으로 참여하고 있으며, 수십억 명도 자신이 그 임무에 연결된 느낌을 받는다. 이 시대를 살아가는 것은 믿기 힘들 정도로 흥미진진한 경험이다.

하지만 우리에게는 한 가지 문제가 있는데, 그것은 깨달음을 향해 나아가는 인류의 행진을 순식간에 완전히 멈추게 할 수 있다. 앞에서 나는 우리가 아무리 똑똑해진다 하더라도, 신피질은 여전히 오래된 뇌와 연결된 채로 남아 있을 것이라고 설명했다. 기술이 점점 강력해짐에 따라 오래된 뇌의 이기적이고 근시안적인 행동이 우리를 멸종으로 이끌고 가거나 사회적 붕괴와 또 다른 암흑시대로 몰고 갈 수 있다. 아직도 수십억 명의 사람들이 생명과 우주의 가장 기본적인 측면들에 대해 틀린 신념을 갖고 있다는 사실이 이 위험을 더욱 가중시킨다. 틀린 바이러스성 신념은 우리의 생존을 위협하는 행동들의 또 한 가지 원천이다.

우리는 딜레마에 빠졌다. '우리'—신피질에 있는, 지능을 지닌 우리 자신의 모형—는 갇혀 있다. 우리는 죽도록 프로그래밍되어 있을 뿐만 아니라, 대체로 무지한 짐승인 오래된 뇌에 통제를 받는 몸에 갇혀 있다. 우리는 지능을 사용해 더 나은 미래를 상상할 수 있고, 우리가 원하는 미래를 달성하기 위한 행동을 취할 수 있다. 하지만 오래된 뇌는 이 모든 것을 망칠 수 있다. 오래된 뇌는 과거에 유전자의 복제를 도운 행동들을 만들어내지만, 많은 행동은 아름다운 것이 아니다. 우리는 오래된 뇌의 파괴적이고 분열적인 충동을 제어하려고 노력하지만, 지금까지는 완전하게 제어하지 못했다. 지구상의 많은 나라를 아직도 오래된 뇌가 자신의 동기(부와 섹스, 알파 수컷의 지배 방식)를 좌지우지하는 전제 군주와 독재자가 통치하고 있다. 독재자를 지지하는 포퓰리즘도 인종 차별과 외국인 혐오 같은 오래된 뇌의 특성에 기반을 두고 있다.

이런 문제에 대해 우리는 어떻게 해야 할까? 앞 장에서 나는 인류가 살아남지 못할 경우에 대비해 지식을 보존하는 방법들을 이야기했다. 마지막 장인 여기서 나는 우리의 멸망을 막기 위해 시도할 수 있는 세 가지 방법을 이야기하려고 한다. 첫 번째 방법은 우리의 유전자 변형 없이 성공할 수도 있고, 성공하지 못할 수도 있다. 두 번째 방법은 유전자 변형을 기반으로 한 것이고, 세 번째 방법은 생물학이 아예 필요 없다.

이 아이디어들은 극단적인 것으로 비칠 수도 있다. 하지만 스스로에게 반문해 보라. 우리가 살아가는 목적은 무엇인가? 살아남으려고 노력할 때 우리가 보존하려고 하는 것은 무엇인가? 과거에는 우리가 알건 모르건, 살아가는 것은 늘 유전자를 보존하고 복제하는 것이 목적이었다. 하지만 과연 그것이 살아가는 최선의 방법일까? 만약 그 대신에 우리가 삶의 목적을 지능과 지식의 보존에 초점을 맞추기로 결정한다면, 지금 우리가 극단적이라고 여기는 것이 미래에는 논리적으로 당연한 것이 될지도 모른다. 내가 여기에 소개하는 세 가지 아이디어는 내 생각으로는 실현 가능하고, 미래에는 적극적으로 추구할 가능성이 매우 높다. 이것들은 1992년에 핸드헬드 컴퓨터가 말도 안 되는 것처럼 보인 것과 마찬가지로 지금 당장은 말도 안 되는 것처럼 보일 수 있다. 이 중 어느 것이 성공적인 전략인지는 시간이 알려줄 것이다.

여러 행성에 거주한다면?

태양이 죽으면 태양계의 모든 생명도 죽을 것이다. 하지만 우리가 관심을 가진 멸종 사건은 대부분 지구에 국한될 것이다. 만약 큰 소행성이 지구에 충돌하거나 핵전쟁으로 지구가 살 수 없는 곳으로 변한다 하더라도, 이웃 행성들은 아무 영향을 받지 않을 것이다. 따라서 멸종의 위험을 줄일 수 있는 한 가지 방법은 두 행성에서 살아가는 종이 되는 것이다. 만약 근처의 행성이나 위성에 영구적인 정착 기지를 세울 수 있다면, 설령 지구가 살 수 없는 곳으로 변하더라도 우리 종과 축적된 지식은 살아남을 것이다. 이 논리는 인류의 식민지를 건설하기에 최적지로 보이는 화성에 사람을 보내려는 현재의 노력을 견인하는 원동력 중 하나이다. 나는 다른 행성으로의 여행 가능성을 아주 흥미진진하게 생각한다. 우리가 전에 발을 디딘 적이 없는 새 장소로 여행한 지는 아주 오래되었다.

화성에서 살아가려는 계획에서 큰 어려움은 화성이 살기에 매우 험악한 장소라는 점이다. 대기가 극히 빈약해 외부에 잠깐만 노출되어도 목숨을 잃게 되며, 천장이나 창문에 구멍이라도 뚫리면 가족 전체가 죽을 수 있다. 보호해 주는 대기가 없으니 태양에서 날아오는 복사도 훨씬 강하게 내리쬐어 큰 위험이 되기 때문에, 늘 햇빛을 피하거나 차단하도록 노력해야 한다. 화성의 토양은 유독하고 지표수도 없다. 화성보다 남극에서 사는 것이 훨씬 쉽다. 그렇다고 해서 이 아이디어를 포기해야 한다는 뜻은 아니다. 나는 우리가 화성에서 살 수 있다고 믿지만, 그러려면 아직 우리가 갖지 못한 것이 필요하다. 그것은 바로 자율적으로 행동하는 지능 로봇이다.

사람이 화성에서 살아가려면, 우리가 거주하고 식량을 재배할 수 있는 거대한 기밀氣密 건물들이 필요하다. 광산에서 물과 광물을 추출하고, 숨 쉴 공기도 만들어야 한다. 궁극적으로는 대기를 만들기 위해 화성을 지구처럼 만들어야 할 것이다. 이것들은 완료하기까지 수십 년 혹은 수백 년이 걸릴 수 있는 거대한 인프라 건설 계획이다.

화성이 자급자족 능력을 갖추기까지 우리는 식량과 공기, 물, 의약품, 도구, 건설 장비, 물자, 사람(그것도 많은 사람)을 비롯해 필요한 모든 것을 보내야 할 것이다. 모든 작업은 거추장스러운 우주복을 입고 해야 할 것이다. 사람이 살아갈 수 있는 환경과 영구적인 자급자족 화성 식민지를 건설하는 데 필요한 인프라를 모두 만들려고 할 때 맞닥뜨릴 어려움은 실로 엄청날 것이다. 인명 손실과 심리적 손상, 경제적 비용이 막대할 터인데, 우리가 감수하려고 하는 것보다 더 클지도 모른다.

하지만 인간 공학자와 건설 노동자를 보내는 대신에 지능 로봇 공학자와 노동자를 보낸다면, 화성을 사람이 살 수 있는 환경으로 만드는 일을 훨씬 쉽게 해낼 수 있다. 이들은 태양에서 에너지를 얻고, 물이나 식량, 산소 공급 없이도 외부에서 작업을 할 수 있다. 이들은 피곤한 줄도 모르고 감정적 스트레스도 없이 화성을 사람이 살아가기에 안전한 곳으로 만들 때까지 얼마든지 오래 일할 수 있다. 로봇 공학자 군단은 대체로 자율적으로 작업할 필요가 있다. 지구와 끊임없이 교신하면서 일일이 지시를 받아 일해야 한다면, 작업 진행 속도가 너무 더딜 것이다.

나는 SF 작품을 즐겨 읽은 적이 없지만, 이 시나리오는 마치 SF처럼 보인다. 하지만 나는 우리가 이렇게 하지 못할 이유를 찾을 수 없으며, 만약 우리가 여러 행성에 거주하는 종이 되길 원한다면 달리 선택의 여지가 없다고 생각한다. 사람이 화성에 영구적으로 거주하려면, 지능 기계의 도움을 받아야 한다. 그러려면 꼭 필요한 핵심 조건이 있는데, 화성 로봇 인력이 신피질에 해당하는 것을 가져야 한다. 로봇은 사람과 비슷한 방식으로 복잡한 도구를 사용하고, 물체를 조작하고, 예상치 못한 문제를 해결하고, 서로 의사소통을 해야 한다. 유일한 방법은 신피질의 역설계를 완료해 그에 상응하는 구조를 실리콘으로 구현하는 것이다. 자율 로봇은 내가 앞에서 요약한 원리, 즉 지능에 관한 천 개의 뇌 이론 원리를 바탕으로 만든 뇌를 가져야 한다.

진정한 지능 로봇을 만드는 것은 가능하며, 나는 그런 일이 반드시 일어날 것이라고 확신한다. 이것을 최우선 과제로 삼는다면, 수십 년 안에 성공할 수 있을 것이라고 믿는다. 다행히도 지구에서도 지능 로봇을 만들어야 할 이유가 많다. 따라서 설령 우리가 이것을 국가적 또는 국제적 최우선 과제로 삼지 않더라도, 결국에는 시장의 힘이 기계 지능과 로봇공학의 발전을 위해 투자할 것이다. 나는 여러 행성에 거주하는 종이 되는 것이 우리의 생존을 위해 중요한 목표이며, 그 목표를 달성하는 데 지능 로봇 건설 노동자가 필요하다는 사실을 전 세계의 모든 사람이 이해하길 기대한다.

설령 우리가 지능 로봇 노동자를 만들어 화성을 지구화하고 인간 식민지를 건설한다 하더라도, 한 가지 문제가 남아 있다. 화성으로 이주하는 사람들은 지구에 남아 있는 사람들과 똑같을 것이다. 그들 역시 오래된 뇌와 그에 수반된 온갖 복잡한 문제와 위험을 지니고 있다. 화성에서 살아가는 사람들은 세력권을 놓고 싸우고, 틀린 신념을 바탕으로 결정을 내리고, 아마도 그곳에 사는 사람들에게 새로운 실존적 위험들을 만들어낼 것이다.

역사를 돌아보면, 화성에서 사는 사람들과 지구에서 사는 사람들 사이에 결국 불화가 일어나 한쪽이나 양쪽 모두 위기를 맞이할 수도 있다. 예를 들어 앞으로 200년 후에 화성에 사는 사람의 수가 1000만 명이 되었다고 하자. 그런데 그때, 지구에 큰 재앙이 발생한다. 예컨대 우연히 우리가 방사성 원소로 지구 대부분을 오염시키거나 지구의 기후가 갑자기 급격히 나빠질 수 있다. 그러면 어떤 일이 벌어질까? 수십억 명의 지구 주민이 갑자기 화성으로 이주하기를 원할 수 있다. 여기서 상상력을 조금 발휘해 보면, 이런 사태가 어떻게 모두에게 나쁜 결과를 초래할지 쉽게 이해할 수 있다. 나는 부정적 결과를 추측하고 싶지 않다. 하지만 여러 행성에 거주하는 종이 된다고 해서 그것이 만병통치약이 아니라는 사실을 명심해야 한다. 사람은 어디를 가더라도 똑같은 사람이므로, 우리가 지구에서 만들어내는 문제들은 우리가 거주하는 다른 행성에서도 나타날 것이다.

여러 태양계에 거주하는 종이 되면 어떨까? 만약 인류가 다른 태양계에도 식민지를 건설할 수 있다면, 우리는 은하 전체로 확산할 수 있고 우리 후손 중 일부가 영원히 살아남을 확률도 극적으로 증가할 것이다.

성간 여행이 과연 가능할까? 한편으로는 가능할 것처럼 보인다. 지구에서 5광년 이내에 있는 별은 4개, 10광년 이내에 있는 별은 11개가 있다. 아인슈타인이 광속으로 가속하는 것이 불가능함을 보여주었으므로, 광속의 절반 속도로 여행한다고 가정하자. 그렇다면 가까운 별까지 여행하는 데 10~20년이 걸릴 것이다. 그러나 우리는 그 정도로 속도를 올리는 방법을 전혀 모른다. 현재 우리가 가진 기술을 사용한다면, 가장 가까운 별까지 여행하는 데에는 수만 년이 걸릴 것이다. 사람은 그렇게 긴 여행을 할 수 없다.

많은 물리학자가 성간 여행에 따르는 문제들을 극복할 수 있는 기발한 방법을 생각하고 있다. 어쩌면 이들은 광속에 가깝거나 심지어 그보다 더 빠른 여행 방법을 발견할지 모른다. 200년 전에는 불가능한 것으로 보였지만 지금은 상식이 된 것들이 아주 많다. 1820년에 열린 과학자들의 모임에서 당신이 미래에는 누구나 몇 시간 만에 편안하게 대륙 간 여행을 할 수 있고, 손을 쳐다보고 이야기하면서 전 세계 어디에 있는 사람하고든 얼굴을 보고 대화를 나누게 될 것이라는 발언을 했다고 상상해 보라. 누구도 이런 일이 가능하리라고 생각하지 않았겠지만, 오늘날의 현실을 보라. 미래는 분명히 지금은 상상할 수 없는 기술 발전으로 우리를 깜짝 놀라게 할 것이다. 그리고 그중 하나는 실용적인 우주여행이 될 것이다. 하지만 나는 50년 안에는 인간의 성간 여행이 일어나지 않을 것이라고 비교적 자신있게 예언할 수 있다. 설령 그런 일이 절대로 일어나지 않는다 하더라도, 나는 놀라지 않을 것이다.

나는 여전히 우리가 여러 행성에 거주하는 종이 되어야 한다고 주장한다. 그것은 아주 흥미로운 탐험이 될 것이고, 인류의 단기적 멸종 위험을 줄일 것이다. 하지만 우리의 진화 유산에서 생겨나는 본질적인 위험과 한계는 여전히 그대로 남아 있다. 설령 우리가 화성에 식민지를 건설한다 하더라도, 태양계를 벗어나 그 너머로 진출할 수 없다는 사실을 받아들여야 할지도 모른다.

그래도 다른 선택들이 남아 있다. 이를 위해서는 우리 자신을 객관적으로 바라보면서 "인간성 중에서 우리가 보존하려고 노력하는 것은 무엇인가?"라는 질문을 던져야 한다. 나는 이 질문을 먼저 다루고 나서 우리의 미래를 공고히 하기 위한 나머지 두 가지 선택을 논의할 것이다.

우리의 미래 선택하기

18세기 말의 계몽 시대부터 우리는 우주가 이끄는 손 없이 굴러간다는 증거를 점점 더 많이 축적했다. 단순한 생물에 이어 복잡한 생물, 그다음에 지능이 차례로 출현한 것은 계획되거나 불가피한 것이 아니었다. 마찬가지로 지구에서 살아가는 생명의 미래와 지능의 미래는 예정된 것이 아니다. 우리의 미래가 어떻게 전개될지에 관심을 가진 유일한 존재는 우리뿐인 것으로 보인다. 유일하게 바람직한 미래는 바로 우리가 바라는 것이다.

당신은 이 주장에 반대할 수도 있다. 지구에서 살아가는 종은 우리 말고도 많이 있으며, 그중 일부는 지능이 있다고 주장할 수 있다. 우리는 그중 많은 종에게 해를 입혔고, 일부 종을 멸종으로 내몰았다. 그렇다면 다른 종들이 '바라는' 것도 고려해야 하지 않을까? 그렇긴 하지만, 이것은 그렇게 간단한 문제가 아니다.

지구는 역동적이다. 지표면을 이루는 판들은 늘 움직이면서 새로운 산맥과 대륙과 바다를 만들고, 기존의 지각을 지구 중심으로 가라앉게 한다. 생명 역시 역동적이다. 종들은 늘 변한다. 우리는 10만 년 전에 살던 조상과 유전적으로 동일하지 않다. 변화는 더딜지 몰라도 멈추는 법이 없다. 지구를 이런 관점에서 바라보면, 굳이 종을 보존하거나 지구를 보존하려고 노력할 필요가 없다. 우리는 지구의 가장 기본적인 지질학적 특징이 변하는 것을 막을 수 없고, 종이 진화하거나 멸종하는 것도 멈출 수 없다.

내가 좋아하는 취미 활동 중 하나는 야생 황야를 하이킹하는 것이고, 나는 나 자신을 환경 운동가라고 생각한다. 하지만 나는 환경 보호 운동의 본질이 자연을 보존하는 것이라고 주장하지 않는다. 모든 환경 운동가는 일부 종(예컨대 폴리오바이러스)의 멸종을 기뻐하는 한편으로, 멸종 위기에 처한 야생화를 구하려고 많은 노력을 기울일 것이다. 우주의 관점에서 보면, 이것은 자의적인 구분이다. 폴리오바이러스와 야생화는 어느 것이 다른 것보다 더 좋거나 나쁘지 않다. 우리는 무엇이 우리에게 최선의 이익이 되는지를 바탕으로 무엇을 보호할지 선택한다.

환경 보호 운동의 핵심은 자연 보호보다는 우리가 결정하는 선택에 있다. 대체로 환경 운동가들은 미래의 인류에게 이익이 되는 선택을 한다. 우리는 후손들이 그것을 즐길 기회를 주기 위해 야생 자연 지역처럼 우리가 좋아하는 것에 일어나는 변화를 늦추려고 한다. 반면에 지금 당장 이익을 얻기 위해 야생 자연 지역을 노천광산으로 바꾸는 쪽을 선택하려는 사람들도 있는데, 이런 것은 오래된 뇌가 주도해 결정하는 선택이다. 우리가 어떤 선택을 하건 우주는 개의치 않는다. 미래의 인류와 현재의 인류 중 어느 쪽을 이롭게 할지는 우리의 선택에 달려 있다.

아무것도 하지 않고 가만히 있는 것은 선택지에 없다. 지능을 가진 존재인 우리는 반드시 선택을 해야 하고, 우리의 선택은 미래를 어느 방향으로 틀어지게 만든다. 지구의 다른 동물들에 대해서는, 우리는 그들을 돕기로 선택할 수도 있고 돕지 않기로 선택할 수도 있다. 하지만 우리가 이곳에 존재하는 한, 모든 것이 '자연적' 방식으로 굴러가도록 내버려두는 일은 있을 수가 없다. 우리는 자연의 일부로서 미래에 영향을 미칠 선택을 할 수밖에 없다.

내가 보기에는, 우리는 아주 중요한 선택의 기로에 놓여 있다. 그것은 오래된 뇌와 새로운 뇌 중에서 어느 쪽을 선호할지 결정하는 선택이다. 더 구체적으로 표현하자면, 우리는 우리를 여기까지 데려온 과정들, 즉 자연 선택과 경쟁과 이기적 유전자의 추동이 미래를 좌우하길 원하는가? 아니면 지능과 세계를 이해하고 싶은 갈망이 미래를 좌우하길 원하는가? 우리 앞에는 지식의 창조와 확산이 주 원동력인 미래와 유전자의 복제와 확산이 주 원동력인 미래 사이에서 선택할 기회가 놓여 있다.

선택을 실행에 옮기려면, 유전자를 조작해 진화의 경로를 변화시키는 능력과 비생물학적 형태의 지능을 만드는 능력이 필요하다. 첫 번째 능력은 이미 확보했고, 두 번째 능력은 곧 실현될 것으로 보인다. 이러한 기술의 사용은 윤리적 논쟁을 촉발했다. 우리의 식량 공급을 개선하기 위해 다른 종의 유전자를 조작하는 것이 타당한가? 우리의 자손을 '개선'하기 위해 우리 자신의 유전자를 조작하는 것이 타당한가? 우리보다 더 똑똑하고 뛰어난 능력을 가진 지능 기계를 만드는 것이 타당한가?

아마도 여러분은 이미 이런 질문들에 대한 나름의 견해를 갖고 있을 것이다. 이런 일들이 괜찮다고 생각하는 사람도 있을 것이고,

비윤리적이라고 생각하는 사람도 있을 것이다. 어쨌든 나는 우리의 선택에 대해 논의하는 것은 전혀 나쁘지 않다고 생각한다. 우리의 선택을 신중하게 생각하는 것은 우리가 어떤 선택을 하건 현명한 결정을 내리는 데 도움을 줄 것이다.

여러 행성에 사는 종이 되는 것은 우리의 멸종을 막기 위한 시도이지만, 그것은 여전히 유전자가 좌우하는 미래이다. 유전자의 확산 대신에 지식의 확산을 선호하려면, 우리는 어떤 종류의 선택을 해야 할까?

유전자 변형

최근에 우리는 DNA 분자를 정확하게 편집하는 기술을 개발했다. 우리는 곧 새로운 유전체를 만들고, 텍스트 문서를 만들고 편집하는 것처럼 정확하고 쉽게 기존의 유전체를 수정할 수 있게 될 것이다. 유전자 편집의 혜택은 아주 클 것이다. 예를 들면, 수백만 명이 고통받는 유전 질환을 소멸시킬 수 있다. 하지만 같은 기술이 완전히 새로운 생명체를 설계하거나 우리 아이의 DNA를 변형하는 데(그래서 더 나은 운동선수로 만들거나 더 매력적으로 만드는 데) 쓰일 수도 있다. 이러한 종류의 유전자 조작을 괜찮다고 생각하느냐 아니면 혐오스럽다고 생각하느냐는 그때그때의 상황에 따라 달라질 수 있다. 외모를 매력적으로 만들기 위해 DNA를 변형하는 것은 불필요해 보일 수도 있지만, 만약 유전자 편집이 우리 종 전체의 멸종을 막는 데 도움을 준다면 그것은 꼭 필요한 것이 될 수 있다.

예를 들어 우리가 화성 식민지 건설이 인류의 장기적 생존을 위해 좋은 보험 계획이라고 판단하고, 많은 사람이 자원하고 나섰다고 하자. 그런데 그 후에 화성은 중력이 너무 약해서 사람이 오랫동안 머물 수 없다는 사실이 발견되었다고 하자. 국제우주정거장에서 무중력 상태로 몇 개월 동안 지내면 의학적 문제가 생긴다는 사실은 이미 알려져 있다. 어쩌면 중력이 약한 화성에서 10년 동안 살고 나면, 신체 건강이 악화되어 죽을지도 모른다. 그렇다면 화성에서 영구적 거주는 불가능해 보일 것이다. 하지만 만약 사람의 유전체를 편집함으로써 이 문제를 해결할 수 있고, 그렇게 변형된 DNA를 가진 사람들은 화성에서 영구적으로 살 수 있다면 어떨까? 사람들이 화성에 살 수 있도록 자기 자식의 유전자를 편집하는 것을 허용해야 할까? 화성에 가려고 하는 사람은 이미 목숨을 위협하는 위험을 받아들일 각오가 되어 있다. 그리고 화성에서 살아가는 사람들의 유전자도 어쨌든 서서히 변해갈 것이다. 그렇다면 그런 선택을 하지 못하게 해야 할 이유가 있을까? 만약 이런 형태의 유전자 편집을 금지해야 한다고 생각했는데, 지구가 살 수 없는 곳으로 변해 살아남을 수 있는 방법이 화성으로 이주하는 것밖에 없는 상황이 닥친다면, 당신은 생각을 바꾸겠는가?

이번에는 유전자 변형을 통해 공격적 행동을 없애고 더 이타적으로 행동하게 만드는 방법을 발견했다고 상상해 보자. 이 기술을 허용해야 할까? 우주 비행사를 뽑을 때 선천적으로 적합한 자질을 가진 사람들을 뽑는다는 점을 생각해 보라. 이렇게 해야 할 이유가 충분히 있는데, 그래야 우주 임무가 성공할 확률이 높아지기 때문이다. 만약 미래에 사람들을 화성으로 이주시킨다면, 같은 방식으로 사람들을 선발할 가능성이 높다. 우리는 성급하고 공격적인 사람보다는 정서적으로 안정적인 사람을 선호하지 않겠는가? 단 한 번의 무분별한 행동이나 폭력적 행동 때문에 전체 공동체가 멸망할 수 있다면, 이미 화성에 살고 있는 사람들은 새로 오는 사람들에게 정서적 안정성 검사를 통과해야 한다고 요구하지 않겠는가? 만약 DNA 편집을 통해 더 나은 시민을 만들 수 있다면, 기존의 화성 주민은 그렇게 하라고 강하게 요구할 것이다.

한 가지 가상 시나리오를 더 생각해 보자. 어떤 물고기는 얼음 속에서 언 상태로 생존할 수 있다. 우리도 DNA 변형을 통해 냉동 상태로 보존했다가 미래에 해동하여 되살릴 수 있다면 어떨까? 아마도 많은 사람이 자신의 몸을 냉동했다가 100년 뒤에 다시 깨어나길 원할 것이다. 자신의 생애 중 마지막 10년 혹은 20년을 미래에서 보낸다면, 아주 흥미진진한 경험이 되지 않겠는가? 만약 이 방법으로 우리가 다른 별로 여행하는 것이 가능해진다면 어떨까? 설령 이 여행이 수천 년이 걸린다 하더라도, 출발할 때 우주 여행자들을 냉동했다가 목적지에 도착할 때 해동하여 깨어나게 할 수 있다. 그런 여행에 기꺼이 나서려는 자원자가 적지 않을 것이다. 이런 여행을 가능케 할 DNA 변형을 금지해야 할 이유가 있을까?

나는 우리의 DNA를 크게 변형하는 것이 개인적으로 큰 이득이라고 판단할 수 있는 시나리오를 많이 만들 수 있다. 절대적으로 옳거나 그른 것은 없다. 오직 우리가 판단해 내리는 선택만이 있을 뿐이다. 원칙적으로 DNA 편집을 절대로 허용해서는 안 된다는 사람이 있다면, 그런 사람은 본인이 알건 모르건 기존의 유전자에, 혹은 흔히 그렇듯이 틀린 바이러스성 신념에 최선의 이익이 되는 미래를 선택한 것이다. 그런 입장을 취함으로써 이들은 인류의 장기적 생존과 지식의 장기적 생존에 최선의 이익이 될 수 있는 선택을 제거한다.

그렇다고 내가 엄밀한 감시나 숙고 없이 무조건 사람의 유전체를 편집해야 한다고 주장하는 것은 아니다. 그리고 내가 이야기한 것 중에서 강제적 조치를 포함한 것은 하나도 없다. 이런 것들 중 그 어떤 것도 누구에게 강요해서는 안 된다. 나는 그저 유전자 편집이 가능하며, 따라서 우리가 선택을 할 수 있다는 점을 지적했을 뿐이다. 개인적으로는 왜 우리 자신이 선택한 경로 대신에 안내자가 없는 진화의 경로를 선호해야 하는지 그 이유를 모르겠다. 진화 과정이 우리를 이곳까지 데려온 것에 대해서는 고마워할 수 있다. 하지만 이제 이곳까지 온 우리는 우리의 지능을 사용해 미래를 제어할 수 있는 선택권이 있다. 만약 그 길을 선택한다면, 종으로서의 우리의 생존과 지식의 생존이 더 확고해질 것이다.

DNA 편집을 통해 설계한 미래는 여전히 생물학적 미래이고, 그러므로 가능한 것에는 제약이 따른다. 예를 들어 DNA 편집으로 이룰 수 있는 것이 얼마나 많은지는 불분명하다. 유전체 편집을 통해 미래 사람들이 성간 여행을 하는 것이 가능할까? 먼 행성의 전초기지에서 미래 사람들이 서로를 죽이지 않도록 만드는 것이 가능할까? 그 답은 아무도 모른다. 현재 우리는 무엇이 가능하고, 무엇이 가능하지 않은지 예측할 수 있을 만큼 DNA에 관한 지식이 충분치 않다. 우리가 이루길 원하는 것들 중 일부가 원리적으로 불가능한 것으로 밝혀진다 하더라도 나는 놀라지 않을 것이다.

이제 마지막 선택을 살펴보자. 이것은 아마도 지식의 보존과 지능의 생존을 가장 확실하게 보장하는 방법이지만, 가장 어려운 방법일 수도 있다.

다윈의 궤도에서 벗어나기

우리의 지능을 오래된 뇌와 생물학적 구조에서 해방시키는 궁극적인 방법은 우리와 같은 지능을 가졌지만 우리에게 종속되지 않는 기계를 만드는 것이다. 이들은 태양계 밖으로 여행하고 우리보다 오래 살아남을 수 있는 지능 행위 주체가 될 것이다. 이 기계들은 우리의 지식을 공유하지만 유전자는 공유하지 않을 것이다. 만약 인류가 문화적으로 퇴행하거나 (새로운 암흑시대에 접어들어) 멸종한다면, 우리의 지능 기계 후손이 우리 없이 계속 생존할 것이다.

나는 '기계'라는 단어를 쓰기가 망설여지는데, 이 단어는 책상 위에 놓여 있는 컴퓨터나 휴머노이드 로봇 또는 SF 작품에 나오는 사악한 캐릭터 같은 이미지를 연상시키기 때문이다. 앞에서 설명했듯이, 초기의 컴퓨터 설계자들이 미래의 컴퓨터가 어떤 모습일지 상상할 수 없었던 것과 마찬가지로 우리는 미래의 지능 기계가 어떤 모습일지 예측할 수 없다. 1940년대에 컴퓨터가 쌀알보다 더 작아져 거의 모든 것에 집어넣을 수 있게 될 거라고 상상한 사람은 아무도 없었다. 그들은 어디서나 접근할 수 있지만 정확하게 어떤 장소에 위치한 것은 아닌 클라우드 컴퓨터도 상상할 수 없었다.

이와 비슷하게 우리는 미래의 지능 기계가 어떤 모습일지, 혹은 무엇으로 만들어질지 상상할 수 없으니 아예 그런 시도는 하지 말기로 하자. 괜히 그런 시도를 했다가는 가능한 것을 생각하는 능력마저 제약할 수 있다. 그 대신에 우리 없이 별까지 여행할 수 있는 지능 기계를 만들기를 우리가 원할 수 있는 두 가지 이유를 살펴보기로 하자.

첫 번째 목표: 지식 보존

앞 장에서 나는 태양 주위의 궤도를 도는 기록 보관소에서 지식을 보존할 수 있는 방법을 소개했다. 나는 그것을 위키 지구Wiki Earth라고 불렀다. 내가 소개한 기록 보관소는 정적이었다. 그것은 인쇄된 책들이 보관된 도서관이 우주 공간에 떠 있는 것과 같다. 우리가 이것을 만드는 목표는 지식의 보존인데, 여기에는 미래에 어떤 지능 행위 주체가 이것을 발견하고 그 내용을 읽는 방법을 알아낼 거라는 기대가 담겨 있다. 하지만 보수·유지를 적극적으로 담당하는 사람이 없으면, 기록 보관소는 시간이 지나면서 서서히 쇠퇴해 갈 것이다. 위키 지구는 스스로를 복제하지도 못하고, 자가 수리도 못하며, 따라서 일시적으로만 존재한다. 오랫동안 지속되도록 설계할 수는 있지만, 먼 미래의 어느 시점에 이르면 기록 보관소는 더 이상 읽을 수 없게 될 것이다.

사람의 신피질도 도서관과 같다. 신피질에는 세계에 대한 지식이 들어 있다. 하지만 위키 지구와 달리 신피질은 지식을 다른 사람들에게 전달함으로써 자신이 아는 것을 복제한다. 예를 들어 이 책은 내가 아는 것을 다른 사람들에게 전달하려는 시도이다. 이를 통해 지식을 확실하게 확산시킬 수 있다. 한 사람이 이 지식을 잃는다고 하더라도, 이 지식이 영구적으로 상실되지는 않는다. 지식 보존에 가장 확실한 방법은 계속 복제를 만드는 것이다.

따라서 지능 기계를 만드는 한 가지 목표는 사람이 이미 하고 있는 것과 같은 일을 하게 하는 것이다. 그 일은 바로 복제를 만들고 확산시킴으로써 지식을 보존하는 것이다. 우리는 지능 기계를 이 목적에 사용하기를 원하는데, 지능 기계는 우리가 사라지고 나서 한참 뒤까지도 계속 지식을 보존할 수 있고, 다른 별처럼 우리가 갈 수 없는 장소들에 지식을 확산시킬 수 있기 때문이다. 사람과 달리 지능 기계는 천천히 은하 전체로 퍼져 갈 수 있다. 잘하면 우주의 다른 곳에 사는 지능 생명체와 지식을 나눌 수도 있을 것이다. 만약 먼 우주에서 지식과 은하의 역사가 담긴 기록 보관소가 태양계로 날아와 우리가 그것을 발견한다면, 얼마나 놀라운 일이 될지 상상해 보라!

상속 계획을 다룬 앞 장에서 위키 지구 아이디어와 오래 지속되는 신호를 만드는 아이디어를 우리가 지능을 가진 종으로서 한때 태양계에 존재했다는 사실을 알리기 위한 것이라고 소개했다. 이 두 가지 시스템은 다른 지능 생명체의 관심을 태양계로 쏠리게 해 우리의 지식 기록 보관소를 발견하게 할 잠재력이 있다. 내가 이 장에서 제안하는 것은 비슷한 결과를 얻을 수 있는 또 다른 방법이다. 이것은 외계 지능 생명체의 관심을 태양계의 지식 기록 보관소로 돌리는 대신에 우리의 지식과 역사를 복제해 은하 전역으로 보내는 방법이다. 어느 쪽이건 지능이 있는 존재는 우주 공간에서 긴 여행을 해야 한다.

모든 것은 시간이 지나면 쇠퇴하기 마련이다. 지능 기계가 우주 공간을 여행하는 동안 일부는 손상을 입거나 상실되거나 사고로 파괴될 것이다. 따라서 우리의 지능 기계 후손은 자가 수리 능력이 있어야 하고, 필요하면 스스로를 복제할 수 있어야 한다. 이 말을 들으면, 지능 기계의 세계 정복을 염려하는 사람들은 겁에 질릴 것이다. 앞에서 설명했듯이, 나는 그런 일을 염려할 이유가 없다고 생각하는데, 대다수 지능 기계는 스스로를 복제할 수 없을 것이기 때문이다. 하지만 이 시나리오에서는 복제 능력이 꼭 필요하다. 하지만 지능 기계가 스스로를 복제하기는 매우 어렵다. 이것은 이 시나리오가 실현되지 못할 수도 있는 주요 이유이다. 우주 공간을 여행하는 소수의 지능 기계를 상상해 보라. 수천 년이 지난 뒤에 이들은 새로운 태양계에 도착한다. 발견하는 행성들은 대부분 생명이 살지 않는 황량한 불모지인데, 한 행성에서 원시적인 단세포 생물이 발견되었다. 수십억 년 전에 우리 태양계를 방문한 외계인이 있었다면, 이와 비슷한 것을 발견했을 것이다. 지능 기계들이 자기들 중 둘을 교체하기로 하고, 또 다른 별로 보내기 위해 새로운 지능 기계를 몇 개 더 만들기로 결정했다고 하자. 지능 기계들은 이 일을 어떻게 해낼 수 있을까? 만약 이 기계들이 우리가 컴퓨터에 사용하는 것과 같은 실리콘 칩을 사용해 만든 것이라면, 이들은 실리콘 칩 생산 공장과 필요한 모든 공급 사슬을 만들어야 할까? 그것은 실행 불가능할 수도 있다. 어쩌면 우리는 탄소를 기반으로 한 지구상의 생명체처럼 일반 원소를 사용해 복제하는 지능 기계를 만드는 법을 발견할지 모른다.

성간 여행에 따르는 많은 실질적 문제를 극복하는 방법을 나는 모른다. 하지만 나는 미래 지능 기계의 물리적 구조에 초점을 맞춰서는 안 된다고 생각한다. 우리가 아직 발명하지 못한 물질과 방법을 사용해 지능 기계를 만들 수 있을지도 모른다. 지금은 이것이 실현 가능하다면 우리가 선택해야 하는지 판단하는 데 도움을 줄 목표와 개념을 논의하는 것이 훨씬 중요하다. 만약 은하를 탐색하고 지식을 확산하기 위해 지능 기계를 보내는 것이 우리가 가야 할 길이라고 결정한다면, 장애물을 극복하는 방법을 생각해낼 수 있을 것이다.

두 번째 목표: 새로운 지식 습득

만약 우리가 성간 여행을 하는 자기 지속적 지능 기계를 만드는 데 성공한다면, 이 지능 기계들은 새로운 것을 발견할 것이다. 새로운 종류의 행성과 별을 발견하는 것은 말할 것도 없고, 우리가 상상하지 못한 발견도 할 것이다. 어쩌면 우주의 기원이나 운명과 같은 우주에 관한 큰 수수께끼의 답을 발견할지도 모른다. 이것은 탐구의 본질이다. 무엇을 배우게 될지 모르지만, 뭔가를 배우게 된다. 만약 우리은하를 탐구하기 위해 사람을 보낸다면, 우리는 그들이 새로운 발견을 할 것이라고 기대한다. 많은 점에서 지능 기계는 사람보다 더 많은 발견을 할 능력이 있다. 이들의 뇌는 기억 용량이 더 크고 더 빨리 작동하며 새로운 센서들도 갖추고 있다. 이들은 우리보다 훨씬 나은 과학자일 것이다. 만약 지능 기계가 우리은하를 가로지르며 여행한다면, 우주에 대해 알려진 지식을 끊임없이 확대해 갈 것이다.

목적과 방향이 있는 미래

인류는 오래전부터 성간 여행을 꿈꿔왔다. 왜 그랬을까?

첫 번째 이유는 우리의 유전자를 확산시키고 보존하기 위해서이다. 이것은 종의 운명이 끊임없이 새로운 땅을 탐험하고 최대한 모든 곳에 식민지를 수립하는 데 달려 있다는 개념을 바탕으로 한다. 우리는 과거에 산맥과 바다 너머로 여행하여 새로운 사회들을 만들면서 이런 일을 반복적으로 해왔다. 이런 행동은 우리 유전자의 이익에 부합하며, 따라서 우리는 탐험하도록 프로그래밍되어 있다. 호기심은 오래된 뇌의 기능 중 하나이다. 탐험 욕구를 억누르기는 무척 힘든데, 탐험 활동에 큰 위험이 따르더라도 그렇다. 만약 사람이 다른 별로 여행할 수 있다면, 그것은 유전자를 가능한 한 많은 장소에 확산시키기 위해 우리가 늘 해온 일의 연장에 불과할 것이다.

두 번째 이유는, 내가 이 장에서 주장했듯이, 우리의 지식을 확산하고 보존하는 것이다. 이 생각은 우리 종이 중요한 이유는 특정 유전자가 아니라 지능에 있다는 가정을 바탕으로 한다. 따라서 우리가 더 많은 것을 배우고 미래 세대를 위해 우리의 지식을 보호하려면, 다른 별들로 여행해야 한다.

그런데 과연 그것이 더 나은 선택일까? 우리가 늘 해온 것처럼 앞으로도 계속 그렇게 살아가는 것이 과연 잘못된 일일까? 우리는 지식을 보존하거나 지능 기계를 만드는 것에 대한 이 모든 이야기를 싹 잊어버릴 수도 있다. 지구에서 생명은 지금까지 상당히 잘 살아왔다. 사람이 다른 별로 여행하지 못한다고 해서 문제될 것이 있을까? 그냥 우리가 지금까지 해온 대로 계속 살아가면서 끝날 때까지 삶을 즐기는 것이 좋지 않은가?

이것도 일리가 있는 선택이며, 결국에는 우리의 유일한 선택이 될 수도 있다. 하지만 나는 유전자보다 지식을 중시해야 할 이유를 설명하고 싶다. 양자 사이에는 근본적인 차이점이 있는데, 이는 적어도 내 생각에는 지식의 보존과 확산이 유전자의 보존과 확산보다 가치 있는 목표임을 보여주는 차이점이다.

유전자는 그저 복제 능력이 있는 분자일 뿐이다. 유전자는 진화하면서 특정 방향을 향해 나아가지 않으며, 어느 분자가 다른 분자보다 본질적으로 더 나은 점이 없는 것처럼 어느 유전자가 다른 유전자보다 본질적으로 더 나은 점도 없다. 하지만 일부 유전자는 다른 유전자보다 복제 능력이 더 뛰어나며, 환경이 변하면 복제 능력이 더 뛰어난 유전자의 종류도 변한다. 여기서 중요한 것은 이러한 변화에 전반적인 방향성이 결여되어 있다는 사실이다. 유전자를 기반으로 한 생명은 방향성이나 목표가 없다. 생명은 단세포 생물인 바이러스로 구현될 수도 있고 나무로 구현될 수도 있다. 하지만 복제 능력을 제외하고는 어떤 생명체가 다른 생명체보다 더 낫다고 봐야 할 이유는 딱히 없다.

지식은 이와 다르다. 지식은 방향성과 목표가 있다. 예를 들어 중력을 생각해 보자. 얼마 전까지만 해도 왜 물체가 위에서 아래로 떨어지고 반대로 아래에서 위로 올라가지 않는지 그 이유를 아는 사람은 아무도 없었다. 최초의 성공적인 중력 이론은 아이작 뉴턴이 만들었다. 뉴턴은 중력이 보편적인 힘이라고 주장했고, 수학적으로 표현할 수 있는 단순한 법칙에 따라 행동한다는 것을 보여주었다. 뉴턴 이후에는 중력 이론이 존재하지 않는 상태로는 절대로 돌아갈 수 없었다. 아인슈타인의 중력 이론은 뉴턴의 이론보다 더 나았고, 이제 우리는 절대로 뉴턴의 이론으로 돌아갈 수 없게 되었다. 뉴턴이 틀려서 그런 것은 아니었다. 뉴턴의 방정식은 우리가 일상생활에서 경험하는 중력을 여전히 정확하게 기술한다. 아인슈타인의 이론은 뉴턴의 이론을 포함하면서 극단적인 조건에서 작용하는 중력을 훨씬 잘 기술한다. 지식에는 방향성이 있다. 중력의 지식은 무에서 뉴턴의 이론으로, 그다음에는 다시 아인슈타인의 이론으로 나아갈 수 있지만, 반대 방향으로는 갈 수 없다.

지식은 방향성 외에 목표도 있다. 초기의 인류 탐험가들은 지구가 얼마나 큰지 몰랐다. 아무리 멀리 여행하더라도, 항상 앞에는 더 갈 곳이 있었다. 지구는 무한한 것일까? 아니면 끝에 낭떠러지가 있어 그 너머로 나아가면 아래로 추락하고 마는 것일까? 그 답은 아무도 몰랐다. 하지만 목표는 있었다. 사람들은 이 질문에 반드시 답이 있을 것이라고 생각했다. 지구는 얼마나 클까? 우리는 마침내 놀라운 대답으로 이 목표를 달성했다. 지구는 구형이며, 이제 우리는 지구가 얼마나 큰지 안다.

오늘날 우리는 이와 비슷한 질문들에 직면해 있다. 우주는 얼마나 클까? 우주는 무한히 뻗어 있을까? 아니면 끝이 있을까? 지구처럼 스스로에게 되돌아가는 모양을 하고 있을까? 우주는 하나가 아니라 다수가 존재할까? 우리가 이해하지 못하는 것은 이 밖에도 많다. 시간은 무엇일까? 생명은 어떻게 생겨났을까? 지능 생명체는 얼마나 흔할까? 이 질문들에 대한 답을 얻는 것이 목표인데, 역사는 우리가 그것을 할 수 있음을 시사한다.

유전자가 좌우하는 미래는 방향성이 거의 없거나 전혀 없으며, 목표는 오로지 단기적인 것(건강하게 살고 자식을 낳고 삶을 즐기는 것)만 있을 뿐이다. 지식의 최대 이익을 위해 설계된 미래는 방향성과 목표가 모두 있다.

좋은 소식은 우리가 이 두 가지 미래 중에서 반드시 어느 한쪽을 선택해야 할 필요가 없다는 사실이다. 두 가지 다 선택하는 것도 가능하다. 우리는 지구에서 계속 살아가면서 지구를 살기 좋은 곳으로 유지하려고 최선을 다하고, 우리의 나쁜 행동으로부터 자신을 보호하려고 노력할 수 있다. 그와 동시에 우리가 더 이상 이곳에 존재하지 않는 미래를 위해 지식의 보존과 지능의 지속을 보장할 목적으로 자원을 투입할 수 있다.

나는 3부의 마지막 다섯 장을 유전자보다 지식을 우선시해야 하는 이유를 보여주기 위해 썼다. 나는 여러분에게 사람을 객관적으로 보라고 당부했다. 또, 우리가 어떻게 나쁜 결정을 내리고, 우리 뇌가 왜 틀린 신념에 빠지기 쉬운지 보라고 했다. 나는 지식과 지능을 유전자와 생물학보다 소중한 것으로 간주하라고 당부했고, 따라서 우리의 생물학적 뇌에 자리잡고 있는 현재의 장소를 벗어나 보존할 가치가 있다고 말했다. 나는 지능과 지식을 기반으로 한 후손의 가능성을 고려하라고 했고, 이 후손이 유전자를 기반으로 한 후손과 똑같이 가치 있는 존재일 수 있다고 이야기했다.

나는 우리가 무엇을 해야 한다고 주장하는 것이 아님을 또 한 번

강조하고자 한다. 내 목표는 우리가 윤리적으로 확실하다고 생각하는 것들이 사실은 선택이라는 점을 지적하고, 부당한 대우를 받는 개념들을 중심 무대로 내세우기 위해 논의를 장려하는 것이다.

이제 다시 현재로 돌아가기로 하자.

FINAL THOUGHTS
마지막 생각

지능과 지식의 운명은 어떻게 될까?

나에게는 생각만 해도 늘 환희가 넘치는 꿈이 있다. 나는 수천억 개의 은하가 널린 광대한 우주를 상상한다. 각 은하에는 수천억 개의 별이 있다. 내 눈앞에는 각 별 주위를 도는 아주 다양한 행성들이 어른거린다. 나는 수천조를 넘는 이 엄청나게 다양한 크기의 천체들이 수십억 년 동안 광대한 우주 공간에서 서로의 주위를 천천히 돌고 있는 모습을 상상한다. 무엇보다 내가 놀랍게 생각하는 것은 이 우주에서 이 사실을 아는 유일한 존재(우주가 존재한다는 사실을 아는 유일한 존재)가 우리 뇌라는 사실이다. 만약 뇌가 없다면, 우주에 뭔가가 존재한다는 사실은 아무도 모를 것이다. 이것은 이 책 서두에서 내가 언급한 질문을 떠올리게 한다. 만약 어떤 것에 대한 지식이 전혀 없다면, 우리는 그것이 존재한다고 말할 수 있을까? 우리 뇌가 이토록 독특한 역할을 한다는 것은 아주 흥미롭다. 물론 우주 어딘가에 다른 지적 생명체가 존재할 수도 있지만, 이것은 오히려 생각하는 것을 더 흥미롭게 만든다.

우주와 지능의 독특성에 대해 생각하는 것은 내가 뇌를 연구하기로 마음먹은 이유 중 하나이다. 하지만 이곳 지구에만 해도 다른 이유가 많이 있다. 예를 들면, 뇌의 작용 방식을 이해하는 것은 의학과 정신 건강에 중요한 의미를 지닌다. 뇌의 수수께끼를 푸는 것은 진정한 기계 지능을 만드는 길을 안내할 것이고, 기계 지능은 컴퓨터가 그랬던 것처럼 사회의 모든 측면에 혜택을 가져다주고 우리의 아이들을 가르치는 데 더 나은 방법을 제공할 것이다. 하지만 궁극적으로 이 노력은 다시 우리의 독특한 지능으로 되돌아오게 된다. 우리는 지능이 가장 발달한 종이다. 만약 우리가 누구인지 이해하길 원한다면, 뇌가 지능을 어떻게 만들어내는지 이해해야 한다. 나는 뇌를 역설계하고 지능을 이해하는 것이 인류에게 가장 중요한 과학적 탐구가 될 것이라고 생각한다.

이 탐구를 처음 시작할 때, 나는 신피질이 하는 일에 대해 제한적인 지식만 갖고 있었다. 나와 여러 신경과학자들은 세계 모형을 배우는 뇌에 대한 개념을 일부 갖고 있었지만, 그것들은 모호한 상태였다. 우리는 그런 모형이 어떤 모습을 하고 있는지, 신경세포가 그것을 어떻게 만들어내는지 전혀 몰랐다. 실험 데이터는 넘쳐났지만, 이론적 틀이 없는 상태에서는 그 데이터를 이해하기 어려웠다.

그 이후로 세계 각지의 신경과학자들이 상당한 진전을 이루었다. 이 책은 우리 팀이 알아낸 것에 초점을 맞추었다. 그중에는 신피질에는 세계 모형이 하나만 있는 것이 아니라, 모형을 만드는 감각-운동 시스템이 약 15만 개나 있다는 사실처럼 놀라운 것이 많다. 신피질이 하는 모든 일은 기준틀을 바탕으로 일어난다는 발견도 그에 못지않게 놀랍다.

1부에서는 신피질이 작용하는 방식과 세계 모형을 배우는 방식을 설명하는 새 이론을 소개했다. 우리는 이 이론을 지능에 관한 천 개의 뇌 이론이라고 부른다. 부디 내 설명이 명쾌하고 내 논증이 설득력이 있었기를 바란다. 그러고 나서 나는 여기서 이야기를 끝내는 것이 좋지 않을까 고민했다. 신피질을 이해하는 틀을 다루는 것만으로도 한 권의 책을 쓰기에는 충분히 야심 찬 일이었다. 하지만 뇌를 이해하는 문제는 자연히 다른 문제들로 연결되었고, 그래서 나는 논의를 계속하기로 했다.

2부에서 나는 오늘날의 AI는 진정한 지능이 있는 것이 아니라고 주장했다. 기계가 진정한 지능이 있으려면, 신피질과 같은 방식으로 세계 모형을 배워야 한다. 그러고 나서 나는 왜 기계 지능이 실존적 위험이 되지 않는지 그 근거를 제시하며 설명했다. 기계 지능은 우리에게 가장 많은 혜택을 가져다줄 기술 중 하나가 될 것이다. 모든 기술이 그렇듯 기계 지능도 분명히 그것을 남용하는 사람들이 나올 것이다. 나는 AI 자체보다는 이 문제가 더 염려스럽다. 기계 지능은 그 자체로는 실존적 위험이 되지 않으며, 기계 지능이 제공할 혜택은 부정적 측면보다 훨씬 클 것이라고 나는 생각한다.

마지막으로, 3부에서는 지능과 뇌 이론의 렌즈를 통해 인간의 조건을 바라보았다. 이제 여러분도 짐작하겠지만, 나는 미래에 관심이 많다. 나는 인류 사회의 안녕과 심지어 우리 종의 장기적 생존에도 관심이 있다. 내 목표 중 하나는 오래된 뇌와 틀린 신념의 결합이 어떻게 흔히 이야기하는 AI의 위험보다 훨씬 큰 실존적 위험이 되는지 인식하도록 돕는 것이다. 나는 우리가 직면한 실존적 위험을 줄일 수 있는 여러 가지 방법을 논의했다. 그중 몇 가지는 지능 기계를 만드는 것이 필수적이다.

나는 동료들과 함께 지능과 뇌에 대해 배운 것을 전하기 위해 이 책을 썼다. 하지만 이러한 정보를 공유하는 것을 넘어서서 여러분 중 일부가 이 책을 읽고 내 주장에 공감해 그것을 실천하는 행동에 나서기를 기대한다. 만약 당신이 젊거나 진로를 수정할 생각을 하고 있다면, 신경과학과 기계 지능 분야를 고려해 보기 바란다. 이보다 더 흥미롭고 도전적이고 중요한 주제는 거의 없다. 하지만 경고할 것이 있다. 내가 이 책에서 쓴 개념들을 추구하려고 한다면, 아주 큰 어려움이 따를 것이다. 신경과학과 기계 학습은 둘 다 아주 넓은 분야이자 막대한 관성이 작용하는 분야이다. 나는 이 책에서 소개한 원리들이 두 분야에서 핵심 역할을 할 거라는 사실을 의심치 않지만, 그러기까지는 수 년 혹은 수십 년이 걸릴 수 있다. 그동안에 여러분은 결연한 의지를 가지고 영리하게 헤쳐 나가야 한다.

당부할 것이 한 가지 더 있는데, 이것은 모든 사람에게 적용된다. 나는 언젠가 지구상의 모든 사람이 뇌의 작용 방식을 배우길 바란다. 이것은 "오, 네게도 뇌가 있어? 그렇다면 뇌에 관해 꼭 알아야 할 게 여기 있어"라고 말하는 것과 같다. 모두가 알아야 할 지식의 목록은 짧다. 나는 이 목록에 뇌가 어떻게 새로운 부분과 오래된 부분으로 이루어져 있는지를 보여주는 설명을 포함시킬 것이다. 신피질이 세계 모형을 배우는 반면, 오래된 부분은 우리의 감정과 더 원시적인 행동을 만들어낸다는 내용도 포함시킬 것이다. 오래된 뇌가 통제력을 장악하면, 우리가 해서는 안 된다고 알고 있는 행동을 우리에게 하게 한다는 내용도 포함시킬 것이다. 그리고 우리 모두가 왜 틀린 신념에 빠지기 쉬운지, 그리고 일부 신념이 어떻게 바이러스성이 되는지 설명하는 내용도 포함시킬 것이다.

지구가 태양 주위를 돌고, DNA 분자가 우리의 유전자를 암호화하고, 공룡이 지구에서 1억 년 넘게 살다가 멸종했다는 사실을 모두가 아는 것처럼, 나는 모든 사람이 이런 사실들을 알아야 한다고 생각한다. 이것은 아주 중요하다. 우리가 직면한 문제 중 많은 것(전쟁에서부터 기후 변화에 이르기까지)은 오래된 뇌의 틀린 신념이나 이기적 욕망 또는 둘의 결합이 만들어낸 것이다. 만약 모든 사람이 자신의 머릿속에서 일어나는 일을 이해한다면, 갈등이 더 줄어들고 우리의 미래도 더 밝아질 것이라고 나는 믿는다.

모든 사람이 이 노력에 기여할 수 있다. 만약 여러분이 부모라면, 자녀에게 오렌지와 사과를 들고서 태양계를 가르치는 것과 같은 방법으로 뇌를 가르쳐 보라. 만약 어린이 책을 쓰는 작가라면, 뇌와 신념에 관해 글을 써보라. 만약 교육자라면, 핵심 교과 과정에 뇌 이론을 포함시키는 방안을 연구하고 관계자들을 설득해 보라. 오늘날 많은 사회에서는 유전학과 DNA 기술을 고등학교에서 정규 교과 과정의 일부로 가르친다. 나는 뇌 이론도 그에 못지않게 중요하다고 생각한다.

●○●

우리는 누구인가?

우리는 어떻게 여기까지 왔는가?

우리의 운명은 무엇인가?

수천 년 동안 우리 조상은 이러한 기본적인 질문들을 던졌다. 이것은 자연스럽다. 아침에 눈을 뜨면, 우리는 복잡하고 불가사의한 세계에 있는 자신을 발견한다. 생명의 사용 설명서는 어디에도 없으며, 이 모든 것이 무엇인지 설명하는 역사나 뒷이야기 같은 것도 전혀 없다. 우리는 자신이 처한 상황을 이해하려고 최선을 다하지만, 인류의 전체 역사 중 대부분의 시간 동안 무지했다. 수백 년 전부터 우리는 이러한 기본적인 질문들 중 일부에 답을 내놓기 시작했다. 이제 우리는 모든 생명체의 기반을 이루는 화학을 이해한다. 우리는 우리 종을 낳은 진화 과정도 이해한다.

그리고 우리 종이 계속 진화를 해나가다가 미래의 어느 순간에 멸종할 가능성이 높다는 사실도 안다.

정신적 존재로서의 우리에 대해서도 비슷한 질문들을 할 수 있다. 우리를 지능이 있고 자기 인식 능력이 있는 존재로 만드는 것은 무엇인가?

우리 종은 어떻게 지능을 가지게 되었을까?

지능과 지식의 운명은 어떻게 될까?

나는 여러분이 이 책에서 이 질문들의 답을 얻는 것이 가능할 뿐만 아니라, 우리가 그 답을 얻는 노력에서 훌륭한 진전을 이루고 있다는 사실을 충분히 이해했기를 기대한다. 우리는 우리 종의 미래뿐만 아니라, 지능과 지식의 미래에도 지대한 관심을 가져야 한다는 사실도 충분히 이해했기를 기대한다. 우리의 월등한 지능은 독특한 것이며, 사람의 뇌는 우주에서 유일하게 더 넓은 우주가 존재한다는 사실을 인식하는 존재이다. 우리의 뇌는 우주의 크기와 나이, 그리고 우주를 굴러가게 하는 법칙들을 아는 유일한 존재이다. 그러므로 우리의 지능과 지식은 보존할 가치가 있다. 이 사실은 언젠가 우리가 모든 것을 이해할 수 있을 것이라는 희망을 준다.

우리는 지혜로운 사람인 호모 사피엔스이다. 우리가 자신이 얼마나 특별한지 알 정도로 충분히 지혜롭고, 이곳 지구에서 최대한 오랫동안 우리 종의 생존을 보장하는 선택을 할 만큼 충분히 지혜로우며, 이곳 지구와 우주 전체에서 훨씬 더 오랫동안 지능과 지식의 생존을 보장하는 선택을 할 만큼 충분히 지혜로웠으면 좋겠다.

더 읽어볼 만한 자료

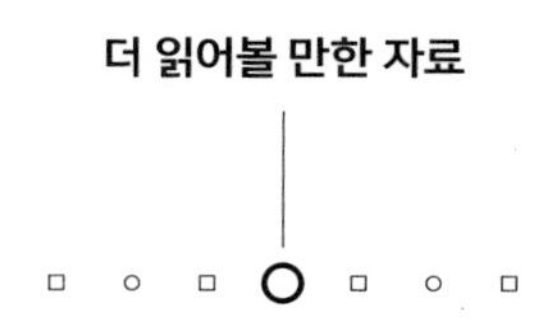

우리의 연구 소문을 들은 사람들은 천 개의 뇌 이론과 이와 연관된 신경과학을 더 배우려면 어떤 것을 읽는 것이 좋은지 추천해 달라고 자주 부탁한다. 그러면 나는 대개 한숨을 깊이 내쉬는데, 간단한 답이 없기 때문이다. 그리고 솔직하게 말하자면, 신경과학 논문들을 읽는 것은 쉬운 일이 아니다. 그래서 구체적인 자료들을 추천하기 전에 일반적으로 읽어볼 만한 것들을 추천하려고 한다.

신경과학은 아주 넓은 연구 분야이기 때문에, 설령 한 하위 분야를 잘 아는 과학자라 하더라도 다른 하위 분야의 문헌을 읽는 데 어려움을 겪을 수 있다. 신경과학 분야에 문외한이라면, 아예 시작하는 것조차 어려울 수 있다.

특정 주제(예컨대 피질 기둥이나 격자세포)에 대해 알고 싶다면, 위키백과 같은 자료로 시작해 보기를 권한다. 위키백과는 어떤 주제에 대해서도 많은 항목의 자료가 있고, 링크를 따라감으로써 그 자료들을 재빨리 훑어볼 수 있다. 이 분야의 용어와 개념, 주제 등에 대해 감을 잡으려면, 나는 이 방법이 가장 빠르다고 생각한다. 견해가 일치하지 않거나 서로 다른 용어를 사용하는 글도 자주 볼 수 있다. 동료 심사를 거친 과학 논문들에서도 이와 비슷한 의견 불일치를 볼 수 있다. 보통은 어떤 주제에 관해 알려진 지식을 대략 파악하려면 다양한 출처의 자료를 읽을 필요가 있다.

더 깊이 파고들고 싶은 사람에게 그다음으로 내가 추천하는 것은 리뷰 논문이다. 리뷰 논문은 동료 심사를 거쳐 학술지에 실리지만, 그 이름이 시사하듯이 어떤 주제에 대한 개요를 제시하는데, 과학자들의 견해가 엇갈리는 부분들까지 포함해 소개한다. 리뷰 논문은 대개 정식 논문보다 읽기가 쉽다. 참고 문헌도 소중한데, 어떤 주제와 관련된 가장 중요한 논문들을 하나의 목록으로 제시하기 때문이다. 리뷰 논문을 찾기에 좋은 한 가지 방법은 구글 학술 검색Google Scholar 같은 검색 엔진을 사용하면서 '격자세포에 관한 리뷰 논문' 같은 단어를 입력하는 것이다.

어떤 주제에 관한 명명법과 역사, 개념을 알고 난 다음에야 개별적인 과학 논문을 읽으라고 권하고 싶다. 논문 제목과 초록만으로는 자신이 찾는 정보가 들어 있는지 알기 어렵다. 나는 대개 초록을 읽는다. 그러고 나서 이미지들을 훑어보는데, 훌륭한 논문에서는 이미지가 텍스트와 동일한 이야기를 전달한다. 그러고 나서 나는 끝 부분에 있는 고찰 부분으로 건너뛴다. 이 부분은 저자가 이 논문이 무엇에 관한 것인지 유일하게 숨김없이 기술하는 곳인 경우가 많다. 이러한 예비 단계들을 거친 뒤에야 나는 그 논문을 처음부터 끝까지 읽을 것인지 판단한다.

다음의 추천 자료들은 주제별로 분류했다. 각 주제마다 수백 내지 수천 편의 논문이 있기 때문에, 입문용으로 좋은 자료만 몇 가지 추천했다.

피질 기둥

천 개의 뇌 이론은 피질 기둥들은 구조가 비슷하며 비슷한 기능을 수행한다는 버넌 마운트캐슬의 주장을 바탕으로 세워졌다. 다음의 추천 자료에서 첫 번째 자료는 공통의 피질 알고리듬 개념을 제안한 마운트캐슬의 첫 논문이다. 두 번째 추천 자료는 마운트캐슬이 더 최근에 쓴 논문으로, 자신의 제안을 뒷받침하는 실험적 발견이 많이 실려 있다. 세 번째 추천 자료는 벅스회베든Buxhoeveden과 카사노바Casanova가 쓴 논문으로, 비교적 읽기 쉬운 리뷰 논문이다. 주로 소기둥에 관해 쓴 것이지만, 마운트캐슬의 주장과 관련된 다양한 논의와 증거를 다룬다. 네 번째 자료는 앨릭스 M. 톰슨Alex M. Thomson과 크리스토프 레이미Christophe Lamy가 쓴 피질의 해부학에 관한 리뷰 논문이다. 세포층들과 이것들 사이의 원형적 연결을 철저하게 다룬 리뷰 논문이다. 복잡하긴 하지만, 내가 가장 좋아하는 논문 중 하나이다.

Mountcastle, Vernon. "An Organizing Principle for Cerebral Function: The Unit Model and the Distributed System." In *The Mindful Brain*, edited by Gerald M. Edelman and Vernon B. Mountcastle, 7–50. Cambridge, MA: MIT Press, 1978.

Mountcastle, Vernon. "The Columnar Organization of the Neocortex." *Brain* 120 (1997): 701–722.

Buxhoeveden, Daniel P., and Manuel F. Casanova. "The Minicolumn Hypothesis in Neuroscience." *Brain* 125, no. 5 (May 2002): 935–951.

Thomson, Alex M., and Christophe Lamy. "Functional Maps of Neocortical Local Circuitry." *Frontiers in Neuroscience* 1 (October 2007): 19–42.

피질의 위계

첫 번째 논문은 1장에서 언급한 펠먼과 밴 에센의 논문으로, 마카크 원숭이의 신피질에서 영역들의 위계를 처음으로 기술했다. 이 논문을 포함한 주 이유는 역사적 관심 때문이다. 불행하게도 이 논문은 공개 열람이 불가능하다.

두 번째 자료는 힐게타크Hilgetag와 굴라스Goulas가 쓴 논문으로, 신피질의 위계 문제를 더 현대적인 관점에서 들여다본 것이다. 저자들은 신피질을 엄격한 위계로 해석하는 데 따르는 여러 가지 문제를 열거한다.

세 번째 자료는 머리 셔먼Murray Sherman과 레이 길러리Ray Guillery가 쓴 논문으로, 두 피질 영역이 서로 대화를 나누는 1차적 방법은 뇌의 시상을 통해서 일어난다고 주장한다. 논문의 그림 3은 이 개념을 아주 잘 보여준다. 셔먼과 길러리의 제안은 다른 신경과학자들에게 흔히 무시당한다. 예를 들면, 앞의 두 논문은 시상을 통한 연결을 전혀 언급하지 않는다. 나는 이 책에서 시상을 다루지 않았지만, 시상은 신피질과 긴밀하게 연결되어 있기 때문에 나는 시상이 신피질의 연장 부위라고 생각한다. 나는 동료들과 아래에서 다룰 2019년의 'Frameworks' 논문에서 시상 통로를 설명할 수 있는 방법을 논의했다.

Felleman, Daniel J., and David C. Van Essen. "Distributed Hierarchical Processing in the Primate Cerebral Cortex." *Cerebral Cortex* 1, no. 1 (January–February 1991): 1.

Hilgetag, Claus C., and Alexandros Goulas. "'Hierarchy' in the Organization of Brain Networks." *Philosophical Transactions of the Royal Society B: Biological Sciences* 375, no. 1796 (April 2020).

Sherman, S. Murray, and R. W. Guillery. "Distinct Functions for Direct and Transthalamic Corticocortical Connections." *Journal of Neurophysiology* 106, no. 3 (September 2011): 1068–1077.

무엇 경로와 어디 경로

6장에서 나는 기준틀을 바탕으로 한 피질 기둥을 신피질의 무엇 경로와 어디 경로에 어떻게 적용할 수 있는지 설명했다. 첫 번째 자료인 엉거라이더Ungerleider와 핵스비Haxby의 논문은 이 주제에 관해 발표된 최초의 논문 중 하나이다. 두 번째 자료인 구데일Goodale과 밀너Milner의 논문은 이 주제를 더 현대적으로 기술한 논문이다. 여기서 두 사람은 무엇 경로와 어디 경로는 '지각'과 '행동'으로 더 잘 기술할 수 있다고 주장한다. 이 논문은 공개 열람이 불가능하다. 라우셰커Rauschecker가 쓴 세 번째 논문은 가장 쉽게 읽힌다.

Ungerleider, Leslie G., and James V. Haxby. "'What' and 'Where' in the Human Brain." *Current Opinion in Neurobiology* 4 (1994): 157–165.

Goodale, Melvyn A., and A. David Milner. "Two Visual Pathways—Where Have They Taken Us and Where Will They Lead in Future?" *Cortex* 98

(January 2018): 283–292.
Rauschecker, Josef P. "Where, When, and How: Are They All Sensorimotor? Towards a Unified View of the Dorsal Pathway in Vision and Audition." *Cortex* 98 (January 2018): 262–268.

가지돌기 극파

4장에서 나는 신피질의 신경세포들이 가지돌기 극파를 사용해 예측을 한다는 우리의 이론을 다루었다. 이 주제를 논의한 리뷰 논문 세 편을 아래에 소개한다. 런던London과 하우서Häusser가 쓴 첫 번째 논문이 아마도 읽기가 가장 쉬울 것이다. 앤틱Antic 등이 쓴 두 번째 논문은 우리 이론과 더 직접적 관련이 있으며, 메이저Major와 라컴Larkum, 실러Schiller가 쓴 세 번째 논문 역시 그렇다.

London, Michael, and Michael Häusser. "Dendritic Computation." *Annual Review of Neuroscience* 28, no. 1 (July 2005): 503–532.
Antic, Srdjan D., Wen-Liang Zhou, Anna R. Moore, Shaina M. Short, and Katerina D. Ikonomu. "The Decade of the Dendritic NMDA Spike." *Journal of Neuroscience Research* 88 (November 2010): 2991–3001.
Major, Guy, Matthew E. Larkum, and Jackie Schiller. "Active Properties of Neocortical Pyramidal Neuron Dendrites." *Annual Review of Neuroscience* 36 (July 2013): 1–24.

격자세포와 장소세포

천 개의 뇌 이론에서 한 가지 핵심은 모든 피질 기둥이 기준틀을 사용해 세계 모형을 배운다는 것이다. 우리는 신피질이 내후각 피질과 해마의 격자세포와 장소세포가 사용하는 것과 비슷한 메커니즘을 사용해 이런 일을 한다고 주장한다. 격자세포와 장소세포를 개략적으로 잘 설명한 것을 원한다면, 오키프O'Keefe와 모세르Moser 부부의 노벨상 수상 강연을 읽거나 듣기를 추천하는데, 이들이 설명한 순서대로 읽거나 듣는 것이 좋다.

O'Keefe, John. "Spatial Cells in the Hippocampal Formation." Nobel Lecture. Filmed December 7, 2014, at Aula Medica, Karolinska Institutet, Stockholm. Video, 45:17. www.nobelprize.org/prizes/medicine/2014/okeefe/lecture/.

Moser, Edvard I. "Grid Cells and the Enthorinal Map of Space." Nobel Lecture. Filmed December 7, 2014, at Aula Medica, Karolinska Institutet, Stockholm. Video, 49:23. www.nobelprize.org/prizes/medicine/2014/edvard-moser/lecture/.

Moser, May-Britt. "Grid Cells, Place Cells and Memory." Nobel Lecture. Filmed December 7, 2014, at Aula Medica, Karolinska Institutet, Stockholm. Video, 49:48. www.nobelprize.org/prizes/medicine/2014/may-britt-moser/lecture/.

신피질의 격자세포

우리는 신피질에서 격자세포의 메커니즘을 뒷받침하는 증거를 이제 막 발견하기 시작했다. 6장에서 나는 인지 과제를 수행하는 사람들에게서 격자세포의 증거를 보여주는 fMRI 실험 두 가지를 소개했다. 처음의 두 논문—돌러, 배리, 버지스가 쓴 것과 콘스탄티네스쿠, 오라일리, 베렌스가 쓴 것—은 이 실험들을 기술한다. 제이콥스Jacobs 등이 쓴 세 번째 논문은 개방 뇌 수술을 받은 사람들에게서 얻은 비슷한 결과들을 기술한다.

Doeller, Christian F., Caswell Barry, and Neil Burgess. "Evidence for Grid Cells in a Human Memory Network." *Nature* 463, no. 7281 (February 2010): 657–661.

Constantinescu, Alexandra O., Jill X. O'Reilly, and Timothy E. J. Behrens. "Organizing Conceptual Knowledge in Humans with a Gridlike Code." *Science* 352, no. 6292 (June 2016): 1464–1468.

Jacobs, Joshua, Christoph T. Weidemann, Jonathan F. Miller, Alec Solway, John F. Burke, Xue-Xin Wei, Nanthia Suthana, Michael R. Sperling, Ashwini D. Sharan, Itzhak Fried, and Michael J. Kahana. "Direct Recordings of Grid-Like Neuronal Activity in Human Spatial Navigation." *Nature Neuroscience* 16, no. 9 (September 2013): 1188–1190.

천 개의 뇌 이론에 관한 누멘타의 논문

이 책은 천 개의 뇌 이론을 높은 수준으로 소개하지만, 많은 세부 내용은 깊이 있게 다루지 않았다. 자세한 내용을 더 알고 싶으면, 우리 연구소에서 동료 심사를 거쳐 발표한 논문들을 읽어보기 바란다. 이 논문들에는 특정 요소들을 자세히 기술한 내용이 실려 있는데, 시뮬레이션과 소스 코드까지 포함하고 있는 경우가 많다. 누멘타의 논문들은 모두 공개되어 있다. 그중에서 관련성이 가장 높은 논문들을 간략한 설명과 함께 아래에 소개한다.

다음 논문은 최근에 발표한 논문이자 읽기도 가장 쉬운 논문이다. 천 개의 뇌 이론과 그 의미를 더 깊이 있게 기술한 논문을 원한다면, 이것부터 시작하는 것이 좋다.

Hawkins, Jeff, Marcus Lewis, Mirko Klukas, Scott Purdy, and Subutai Ahmad. "A Framework for Intelligence and Cortical Function Based on Grid Cells in the Neocortex." *Frontiers in Neural Circuits* 12 (January

2019): 121.

다음 논문은 가지돌기 극파 중 대부분은 예측이며, 피라미드 신경세포의 시냅스 중 90%는 예측을 위한 맥락을 인식하는 데 쓰인다는 우리의 주장을 소개한다. 이 논문은 또한 소기둥으로 조직된 신경세포층이 어떻게 예측을 위한 순서 기억을 만드는지도 기술한다. 그리고 다른 이론으로는 설명할 수 없는 생물학적 신경세포의 많은 측면을 설명한다. 이 자세한 논문에는 시뮬레이션과 우리 알고리듬의 수학적 기술, 소스 코드를 가리키는 포인터까지 포함되어 있다.

Hawkins, Jeff, and Subutai Ahmad. "Why Neurons Have Thousands of Synapses, a Theory of Sequence Memory in Neocortex." *Frontiers in Neural Circuits* 10, no. 23 (March 2016): 1–13.

다음 논문은 모든 피질 기둥이 완전한 대상의 모형을 배울 수 있다는 개념을 우리가 처음 소개한 논문이다. 이 논문은 또한 피질 기둥의 투표 개념을 소개했다. 이 논문에 소개된 메커니즘들은 우리의 2016년 논문에서 소개한 예측 메커니즘들을 연장한 것이다. 우리는 또 비록 자세한 내용을 알아내지는 못했지만, 격자세포의 표상이 위치 신호의 기반을 이룰 것이라고 추측한다. 이 논문에는 시뮬레이션과 용량 계산, 우리 알고리듬의 수학적 기술이 포함되어 있다.

Hawkins, Jeff, Subutai Ahmad, and Yuwei Cui. "A Theory of How Columns in the Neocortex Enable Learning the Structure of the World." *Frontiers in Neural Circuits* 11 (October 2017): 81.

다음 논문은 격자세포가 위치의 표상을 형성하는 방법을 자세히 분석함으로써 우리의 2017년 논문을 확대한 것이다. 이 논문은 그런 위치들이 곧 닥칠 감각 입력을 어떻게 예측하는지 설명한다. 이 논문은 모형과 신피질의 여섯 층 중 세 층 사이에 매핑이 일어난다고 제안한다. 이 논문에는 시뮬레이션과 용량 계산, 우리 알고리듬의 수학적 기술이 포함되어 있다.

Lewis, Marcus, Scott Purdy, Subutai Ahmad, and Jeff Hawkins. "Locations in the Neocortex: A Theory of Sensorimotor Object Recognition Using Cortical Grid Cells." *Frontiers in Neural Circuits* 13 (April 2019): 22.

감사의 말

이 책의 저자로 내 이름이 실려 있긴 하지만, 이 책과 천 개의 뇌 이론은 많은 사람이 만든 것이다. 나는 그들이 누구이고, 어떤 역할을 했는지 알리고 싶다.

천 개의 뇌 이론

누멘타가 문을 연 뒤로 이곳에서 일한 직원과 박사 후 연구원, 인턴 방문 과학자는 100명이 넘는다. 이들 모두 우리가 수행한 연구와 논문에 이런저런 기여를 했다. 여기에 참여한 모든 사람에게 고마움을 표하고 싶다.

그중에서 특별히 언급해야 할 사람들이 있다. 수부타이 아흐마드 박사는 15년 동안 나와 과학 연구 파트너로 일했다. 연구 팀을 관리하는 것 외에도 우리의 이론에 기여하고, 시뮬레이션을 만들고, 우리 연구의 기반이 되는 수학을 대부분 유도해 냈다. 수부타이가 없었더라면, 누멘타에서 이룬 진전들은 결코 일어나지 않았을 것이다. 마커스 루이스Marcus Lewis도 천 개의 뇌 이론에 중요한 기여를 했다. 마커스는 어려운 과학 과제를 맡아 놀라운 개념과 심오한 통찰력을 자주 내놓았다. 그는 우리가 한 모든 일에 중요한 기여를 했다. 루이즈 셰인크먼Luiz Scheinkman은 놀라운 재능을 지닌 소프트웨어 엔지니어이다. 루이즈 역시 우리가 한 모든 일에 중요한 기여를 했다. 스콧 퍼디Scott Purdy와 유웨이 쿠이Yuwei Cui 박사도 천 개의 뇌 이론과 시뮬레이션에 중요한 기여를 했다.

테리 프라이Teri Fry와 나는 레드우드신경과학연구소와 누멘타에서 함께 일했다. 테리는 우리 사무실과 과학 기업을 운영하는 데 필요한 모든 것을 전문가다운 솜씨로 잘 관리한다. 맷 테일러Matt Taylor는 우리의 온라인 커뮤니티를 관리하는데, 공개 과학과 공개 과학 교육을 적극적으로 옹호한다. 맷은 우리의 과학을 놀라운 방식으로 발전시켰다. 예를 들면, 그는 우리의 내부 연구 회의를 실시간 방송으로 내보내게 했는데, 내가 알기로는 이것은 최초의 시도였다. 과학 연구에 대한 접근이 자유롭게 이루어져야 한다. 나는 SciHub.org에 감사드리고 싶은데, SciHub.org는 정상적으로는 그럴 수 없는 사람들에게 발표된 연구에 접근할 기회를 제공하는 조직이다.

도나 두빈스키Donna Dubinsky는 과학자도 공학자도 아니지만, 누구 못지않게 중요한 기여를 했다. 우리는 거의 30년 동안 함께 일했다. 도나는 팜컴퓨팅과 핸드스프링의 CEO, 레드우드신경과학연구소 소장을 지냈고, 지금은 누멘타의 CEO로 일하고 있다. 도나를 처음 만났을 때, 나는 팜에서 CEO 역할을 맡아달라고 부탁했다. 도나가 결정을 내리기 전에 나는 나의 궁극적인 열정은 뇌 이론이며, 팜은 그 목적을 이루기 위한 수단이라고 말했다. 그래서 몇 년 안에 나는 팜을 떠날 것이라고 말했다. 다른 사람이라면 그 말을 듣는 순간 자리에서 일어서거나 내가 무한정 팜에 계속 머물러 있어야 한다고 말했을 것이다. 하지만 도나는 내 임무를 자신의 임무 중 일부로 포함시켰다. 팜을 운영할 때 도나는 직원들에게 내가 내 열정을 추구할 수 있도록 회사를 성공시켜야 한다고 자주 말했다. 만약 우리가 처음 만난 날, 도나가 나의 신경과학 임무를 포용하지 않았더라면, 모바일 컴퓨팅에서 거둔 성공과 누멘타에서 이룬 과학적 진전은 그 어떤 것도 일어나지 않았을 것이라는 말은 결코 과장이 아니다.

책

내가 이 책을 쓰는 데에는 18개월이 걸렸다. 매일 아침 7시 무렵에 사무실에 출근해 오전 10시까지 책을 썼다. 글을 쓰는 것 자체는 고독한 작업이지만, 내게는 그 과정 내내 친구이자 과외 교사 역할을 해준 마케팅 부서의 임원 크리스티 메이버Christy Maver가 있었다. 크리스티는 책을 쓴 경험이 없었지만, 그 과정에서 요령을 터득했고 내가 책을 쓰는 데 없어서는 안 되는 존재가 되었다. 크리스티는 글을 줄여야 할 곳과 더 추가해야 할 곳을 간파하는 능력을 발전시켰다. 크리스티는 내가 글 쓰는 과정을 조직화하도록 도왔고, 직원들과 함께 책을 검토하는 과정을 이끌었다. 비록 이 책을 내가 쓰기는 했지만, 전 과정에 크리스티가 개입했다. 베이식북스 출판사의 담당 편집자 에릭 헤니Eric Henney와 교열 담당자 엘리자베스 데이나Elizabeth

Dana는 여러 가지 제안으로 책의 명료성과 가독성을 높였다. 내 출판 저작권 에이전트인 제임스 레빈James Levine은 더 이상 찬사가 필요 없을 정도로 훌륭하게 업무를 처리해 주었다.

정말 마음에 드는 서문을 흔쾌하게 써준 리처드 도킨스 박사에게 큰 고마움을 전한다. 유전자와 밈에 대한 그의 통찰력은 나의 세계관에 깊은 영향을 미쳤는데, 그것에 대해서도 크게 감사드린다. 서문을 써줄 사람을 한 명만 꼽으라고 했을 때, 나는 리처드 도킨스 박사를 빼놓고는 아무도 떠오르지 않았다. 그런데 서문을 선뜻 수락해 주어 나로서는 큰 영광이었다.

내 아내 재닛 스트로스Janet Strauss는 내가 글을 쓰는 동안 각 장을 읽었다. 나는 재닛의 제안을 바탕으로 글에 구조적 변화를 몇 가지 주었다. 하지만 더 중요한 것은 평생을 살아오는 여행에서 재닛이 완벽한 동반자였다는 사실이다. 우리는 함께 우리의 유전자를 확산시키기로 결정했다. 그 결정체인 딸 케이트와 앤 덕분에 우리가 이 세상에서 잠깐 머무는 시간이 말로 표현할 수 없을 만큼 행복했다.

일러스트레이션 저작권

35쪽 Bill Fehr/stock.adobe.com

38쪽 "Distributed Hierarchical Processing in the Primate Cerebral Cortex," by Daniel J. Felleman and David C. Van Essen, 1991, *Cerebral Cortex*, 1(1):1을 바탕으로 다시 그린 것.

41쪽 Santiago Ramón y Cajal

163쪽 Edward H. Adelson

257쪽 Bryan Derksen, GNU 자유 문서 사용 허가서 조항에 따라 허락을 맡아 복제함. https://en.wikipedia.org /wiki/en:GNU_Free_Documentation_License.

찾아보기

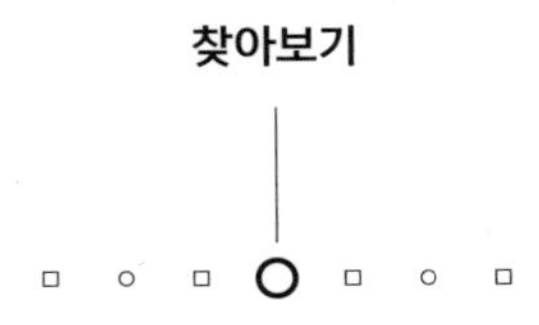

AI의 위험 → *실존적 위험*
DNA 24, 52, 68, 113, 120, 166, 209, 300, 304, 334~337, 352
fMRI 123~126, 361
GPS 194
METI(외계 지능 생명체에게 메시지 보내기) 310~312, 315, 318
SETI(외계 지능 생명체 탐사) 14, 306, 309~310, 312, 315, 318

ㄱ

가상 신체 215
가지돌기 43, 68~69, 79~81, 191, 227
가지돌기 극파 80~81, 83, 94, 360, 363
감각 215
감각 기관 58, 65, 84, 131, 214~215, 252~254, 294
감각 신경 253
감각 입력 88
감각질과 감각 입력 201~205
기준틀과 감각 입력 119
우리의 세계 모형과 감각 입력 255
위치와 감각 입력 99~102
피질 기둥 모형에서의 감각 입력 106~108
감각-운동 45, 66, 94, 138, 141, 149
감각질 201~205
감정 12, 27, 208, 212~214, 221, 242, 269, 293, 322, 327, 351
감지기-융합 문제 143 → *결합 문제*
개념적 지식 111-137
개념적 지식의 지도 135~136
기준틀 114, 120~122

학습의 어려움 126~127
거짓 정보의 확산 266
격자세포 99~102, 107, 124, 164, 169, 193, 195, 207, 355, 360~361, 363~364
오래된 뇌의 격자세포 101~102, 110, 115
피질 격자세포 101~102, 108, 110, 119, 124~125, 195, 361
결합 문제 143, 149-153
계몽 시대 267, 331
공룡 302~303, 306, 314, 318~319, 352
과학 발견 72~73, 225, 323
과학적 방법 267
과학 패러다임 169
과학 혁명 169~170
《과학 혁명의 구조》(쿤) 169
광수용기 142~143, 294
구성된 실재 8
국제 뇌 이니셔티브 21
그라지아노, 마이클 206~207
그리드패드 30
기계의 의식 27, 197~210
기계 지능 11~27, 169~174, 177 → *지능 기계*
기계 지능의 미래 211~231
기계 지능의 혜택 349~350
범용 지능 기계 188
실존적 위험 27, 232~245, 350
아시모프의 로봇공학 3원칙 220
알려지지 않은 미래의 응용 229~231
용량 226~229
유연성과 기계 지능 187
기계 학습 32~33, 232, 351
기본적인 질문 353~354
기억 70~71
단기 기억 156, 200
순서 기억 76~78, 83~84, 90, 92, 363
연상 기억 105~106
인식과 기억 199~201
기억의 궁전 122
기준틀 95, 182, 350
1차원 기준틀로서의 연대표 126
fMRI 연구 123~127
개념의 기준틀 120~122
격자세포 99~103
기준틀 속에서 움직이는 방향에 좌우되는 생각 126
기준틀에 대한 리처드 도킨스의 견해 8
기준틀에 저장된 정보 115, 123
기준틀에 저장된 지식 114~116, 123, 192~193
기준틀을 사용해 배우는 대상 모형 163
기준틀의 발견 33
기준틀의 예 86~87, 193~196
목표를 달성하는 수단으로서의 기준틀 116
무엇 기둥과 어디 기둥 119
범용 기준틀 195
센서 217
수학 127~128
신피질 101~103
아인슈타인의 발견과 기준틀 136~137

언어 130~135
예측과 기준틀 192
용도 88~89
움직임과 기준틀 120
위치와 기준틀 98~103, 204
유용한 기준틀 발견하기 128
인공 지능과 기준틀 184
장소법 122~123
정위와 기준틀 204
정치 129~130
지도 비유 25
지식을 저장하는 데 사용되는 기준틀 192~193
지식을 조직하는 기준틀 129~130
지식의 조직과 기준틀 112~114
피질 기둥과 기준틀 84~94, 193
기후 변화 249, 261, 304, 307, 352
부정 261, 282~283
실존적 위험 269~270, 272, 283
인구 증가와 기후 변화 273~277
꿀벌 98

ㄴ

나이트, 밥 31
내후각 피질 93, 96, 98~99, 101~102, 124, 360
뇌 → *신피질; 새로운 뇌; 오래된 뇌*
AI를 위한 모형 182~184
내장된 행동 271
뇌 속의 지도 95~110, 182
뇌와 기계의 결합 288~301
진화 34~35, 48~49, 54
뇌를 컴퓨터에 업로드하기 288~289, 292~298
뇌와 컴퓨터의 결합 288~289, 298~301
뇌졸중 149
뇌줄기 34~37, 293
누멘타 32~33, 73, 85, 95, 133~134, 138, 232, 362, 365~367
눈 → *망막; 시각*
감지기 215
눈의 움직임 65, 140, 142, 154~155, 162
민감성 253
시뮬레이션 294
뉴턴, 아이작 344~345

ㄷ

다윈, 찰스 5, 6, 24, 34, 48~49, 51~52
단백질 217~218
대상 모형 182, 191~193
기준틀을 사용해 배우는 대상 모형 163
움직임을 통해 배우는 대상 모형 140, 191~192
일시적인 대상 모형 159
주의와 대상 모형 158~159
지식 표현 183~184
피질 기둥이 배우는 대상 모형 109, 112, 139, 144~146, 192
학습과 지능 190, 193~194

데닛, 대니얼 10
도스트롭스키, 조너선 98
도킨스, 리처드 264, 290, 368
돌러, 크리스천 124, 361
동기
지능 기계 221~222, 240, 242~244
진화의 결과로 생긴 생물학적 동기 243
동물
의식 207
지능 195
두려움 208, 221, 290
두빈스키, 도나 366
드론 220, 233
딥 러닝 175~177, 180~181, 187, 195, 215

ㄹ

레드우드신경과학연구소(RNI) 31~32, 73, 366
로봇 11
단일 목적용 로봇 대 범용 로봇 187~188
센서 215
자율 로봇 327~328
체화 215
화성에서 살아가는 데 필요한 로봇 326~328
로봇공학
로봇공학에서 기준틀의 용도 89, 194
아시모프의 로봇공학 3원칙 220

ㅁ

마법사의 제자 문제 239
마운트캐슬, 버넌 47~57
공통의 피질 알고리듬 76, 89, 111~112, 118, 137
《마인드풀 브레인》 47, 56
위계에 관한 생각 165~166
저자와의 만남 165~166
《지각신경과학: 대뇌 피질》 166
《마인드풀 브레인》 47, 56
말이집 132
망막 53, 87, 95, 103, 139, 142~143, 145~147, 162~163, 294
머리방향세포 109~110
멜로디(예측과 멜로디) 66~67, 75~78, 84, 146, 199
멸종 249, 269
여러 행성에서 살아가는 종이 됨으로써 멸종 위험 낮추기 325~331
인류의 멸종 303~307, 319, 324~325, 330, 338, 353
모세르, 마이-브리트 99, 361
모세르, 에드바르 99, 361
목표
지능 기계의 목표 221~223, 234, 239~241
목표 불일치 위험 234, 239~241
목표 지향적 행동 195~196
몸(신체)
가상 신체 215
기준틀 119~120

지각 254~258
지도 135~136
무어, 고든 172
무엇 기둥/경로 117~119, 135
문제와 제약 90~91
미각 216
미래
목표와 방향이 있는 미래 343~347
우리의 미래 선택하기 331~334
지능 기계의 미래 211~231
밈 264, 267

ㅂ
바둑을 두는 컴퓨터 175~178, 180, 186, 230
바이러스성 세계 모형 262~265
배리, 캐스웰 124
밴 에센, 데이비드 39
버지스, 닐 124
베렌스, 티머시 124
베르그송, 앙리 209
베르니케 영역 131~132
보이저호 308~309
복제
밈의 복제 264~265, 267
유전자와 복제 274~275, 290, 344
지능 기계의 복제 243~244, 341
브레이크스루 스타샷 308
브로카 영역 131~132

ㅅ
사람의 유전체 편집 334~338
사후 세계 282~284
상대성 이론 73, 136~137
상수도 체계 비유 147~149
새로운 뇌 → *신피질*
새로운 뇌 속의 지도 101~103
오래된 뇌와 새로운 뇌 9~10, 12~13, 34~46, 212, 322, 333
《생각하는 뇌, 생각하는 기계》(호킨스) 61
성간 여행 311, 329~330, 337, 342
세계 모형
감각질과 세계 모형 202~203
많은 세계 모형 349
바이러스성 세계 모형 262~265
세계 모형 배우기 24, 33, 61~67, 71, 94, 213, 275, 322, 350
세계 모형을 배우는 지능 기계 201, 214~217, 219, 236, 238
세계 모형의 수정 260
수정 67, 176
예측을 통한 검증 260~261
움직임을 통해 배우는 세계 모형 203, 217
인공 지능과 세계 모형 184
지각과 세계 모형 254~258
직접적 관찰을 넘어선 확대 266
틀린 세계 모형 258~268
틀린 바이러스성 세계 모형 263~265
세이건, 칼 308
세포체 41, 68, 79~81

센서(지능 기계) 214~218
소기둥 53, 82
수학 113~115, 117, 127~129, 134, 182, 185, 191, 228, 237~238
순서 기억 76~78, 83~84, 90, 92, 363
스키마 180
시각 87, 95
감각질과 시각 201~205
결합 문제와 시각 143
무엇 경로와 어디 경로 147~120
시각 피질 기둥 145~146
신피질 시각 영역의 크기 227
지각과 시각 255
지각의 안정성 154~157
특질 탐지기 위계 이론 139~144
시냅스 43, 49~71, 79~81, 132, 134, 148, 191, 199, 292, 294, 363
먼쪽 시냅스 80~81, 83
몸쪽 시냅스 79~81
시냅스의 수 294
언어 영역의 시냅스 132
시상 158, 161, 358
시상하부 214
신경세포
속성 68~69
신경세포 내부에서 일어나는 예측 75~84
신경세포들 사이의 연결에 저장된 지식 70~71
신피질의 층들과 신경세포 42
억제 신경세포 82
예측 상태 81
전형적인 신경세포의 구조 79
투표 154~159
신경 조절 물질 222
신체 모형 만들기 120
신피질
공통의 피질 알고리듬 51, 76, 89, 111~112, 118, 137, 357
국지적 회로의 복잡성 43~44
막 태어났을 때 63
부피 23
새로운 견해 144~146
세계 모형 배우기 24, 33, 61~67, 71, 94, 213, 275, 322, 35
세계 지도 비유 213, 222
신피질 내부의 연결 38~45, 50~51, 63, 70~71, 149, 156, 160, 227~228
신피질에 대한 기존의 견해 139~144
신피질의 영역들 38~39, 44~45, 50, 54~55, 227
신피질이 배우는 세계 예측 모형 74~75
예측과 신피질 260
오래된 뇌 부분과의 연결 36~37
지능과 신피질 36, 40, 45
지능 기계의 신피질 등가물 223
지도 작성 메커니즘 101~103
층들 42~43
특질 탐지기 위계 이론 139~144, 160~161
플로차트 위계 구조 39, 45, 139, 143
해부학과 조직 36~45, 50
회로 40~45, 49~54, 87~88, 94

실제 세계의 시뮬레이션 254~258
실존적 위험
AI의 실존적 위험 27, 232~245, 351
기계 지능의 실존적 위험 27, 233~245, 350
기후 변화와 AI의 실존적 위험 282~283, 304, 307
목표 불일치 위험 234, 239~241
사후 세계에 대한 믿음 283~285
오래된 뇌와 실존적 위험 271~272, 324, 328, 350
인간 지능의 실존적 위험 250, 269~287
지능 폭발의 실존적 위험 234~239
틀린 신념 279~285, 324, 328, 350
핵전쟁의 실존적 위험 269~270, 304

ㅇ

아시모프의 로봇공학 3원칙 220
아인슈타인, 알베르트 136~137, 227, 329
아하 순간 74, 91
아흐마드, 수부타이 90
악어의 지능 36
애덜슨, 에드워드, 257
어디 기둥/경로 117~120, 135
언어 63~64, 111~112, 130~135
베르니케 영역 131~132
브로카 영역 131~132
언어와 관련된 신피질 영역들의 비대칭성 131~132
언어의 중첩 구조 133~134
재귀 133~134
틀린 신념과 언어 286
틀린 신념의 확산 265~268
엘랑 비탈 209~210
역사책(밈으로서의) 263~267
연상 기억 105~106
예측
가지돌기 극파 80~81
기준틀과 예측 84~94, 192
순서 기억과 예측 76~78, 83~84
신경세포가 예측을 하는 방법 33
신경세포 내부에서 일어나는 예측 75~84
신피질이 하는 예측 60~62, 67
예측을 통한 세계 모형 검증 260
움직임과 예측 104
피질 기둥 191
예측 상태 81~82
오라일리, 질 124
오래된 뇌
감정과 행동 212~214, 322~325, 351~352
동기와 목표 222
새로운 뇌와 오래된 뇌 9~10, 12~13, 34~46, 212, 322, 333
실존적 위험과 오래된 뇌 271~272, 324, 328, 350
오래된 뇌 속의 지도 98~101
오래된 뇌와 연관된 위험 271~272, 286
죽음에 대한 두려움 208
지능 기계의 오래된 뇌 등가물 218~223
통증 205

오키프, 존 98
올샤우젠, 브루노 31
외계 지능 생명체
METI(외계 지능 생명체에게 메시지 보내기) 310~312, 315, 318
SETI(외계 지능 생명체 탐사) 14, 306, 309~310, 312, 315, 318
우주선 308~309
우주여행
DNA 편집과 우주여행 336~337
성간 우주여행 329~330
여러 행성에 거주하는 종 되기 325~331
지능 기계의 우주여행 340~341
탐험과 유전자 확산 343
움직임
기준틀과 움직임 89, 120, 128~129
눈 65, 140, 142, 154~155, 162
생각은 움직임의 한 형태 114, 116~117, 125
시각과 움직임 140
예측과 움직임 76, 84~94, 104
오래된 뇌와 움직임 219
움직임에서 촉각과 청각의 역할 141
움직임을 만들어내는 신피질 44~45
움직임을 통한 학습 65~67, 107~108, 191~192, 214~215
움직임을 통해 배우는 감각질 203~205
움직임을 통해 배우는 대상 모형 140, 145
움직임을 통해 배우는 세계 모형 203, 214~215
움직임을 통해 인식하는 대상 161~162
정보의 인출은 움직임의 한 형태 123
워블린, 프랭크 29
원주민 241~242
위계
마운트캐슬의 견해 165~166
위계적 학습 161
천 개의 뇌 이론에서 설명하는 위계 160~166
특질 탐지기 위계 이론 139~144, 160~161
플로차트 39, 45, 139, 143
위치
격자세포 99~103
기준틀과 위치 97~103, 112, 204
기준틀에 대한 상대적 위치에 저장된 지식 115
새로운 뇌의 지도 101~103
오래된 뇌의 지도 98~100
움직임으로 결정되는 위치 105
위치를 아는 것이 주는 진화적 이득 97
장소세포 98~103
정위와 위치 109~110
차원 121
피질 기둥과 위치 255
피질 기둥의 지도 106~108
위키 지구 318~321, 339~340
유전자
유전자 대 지식 322~347
유전자 변형 334~338
유전자 확산 322~325, 333, 343~344
이기적 유전자 12~13, 290, 333

진화와 개체의 생존 290~291
의식 197~210
기계의 의식 27, 207~209
의식의 신경과학 206~207
의식이 머무는 장소로서의 대뇌 피질 8
인식 198~201
철학자들과 의식 197~198
《이기적 유전자》(도킨스) 290
인간 뇌 프로젝트 21
인간 지능
실존적 위험 250, 269~287
인간 지능이 만들어낸 성공과 문제 249~250
인공 신경망 70, 80, 170, 174~175, 181, 186, 193
인공위성
인공위성을 기반으로 한 기록 보관소 319~320, 339~340
햇빛 차단 시스템 14, 317
인공 일반 지능(AGI) 177~181
로봇공학과 인공 일반 지능 194
세계 모형 배우기 184
인공 일반 지능(AGI)의 속성 189~193
끊임없는 학습 능력 190~191
많은 모형 설계 192
움직임을 통한 학습 191~192
지식을 저장하는 기준틀 192~193
인공 지능(AI) 11, 27, 350
AI 여름과 AI 겨울 175
기준틀 194~196
모형으로서의 뇌 182~184
범용 학습 기계 186
실존적 위험 232~245
의식 197~210
인공 지능의 남용 233
인공 지능의 미래 170, 173
특수 목적용 AI에서 범용 AI로 185~188
인구 증가 273~277
인류를 위한 상속 계획 302~321
인류를 위한 타임캡슐 320
인식 198~201

ㅈ

자기 복제 242~244
자율 주행차 176, 194, 196, 240
장소법 122~123, 125
장소세포 98, 164, 169, 193, 195
오래된 뇌의 장소세포 98~101
피질의 장소세포 101~102, 107, 110, 115
재귀 133~134
정위 109~110
정위세포 109
정치(기준틀의 예) 129~130
조각 그림 맞추기 퍼즐 비유 22, 164
조네처, 스티브 31
종교 279~280
종말 시계 269
《종의 기원》(다윈) 6, 13, 49
주의 157~159
주의 모형 206~207

죽음에 대한 두려움 208, 290
중력
  약한 중력에서 살아가기 335
  중력에 관한 지식 344~345
지각
  감각질 201~205
  세계 모형 254~258
  시각 지각 255
  신경세포의 활동 69~70
  실제 세계의 시뮬레이션 254~258
  위치에 대한 지각 255
  지각의 안정성 154~157
  통증 205
  환상 사지 255~257
《지각신경과학: 대뇌 피질》(마운트캐슬) 166
지구의 기원에 관한 신화 267
지능 → *인공 지능; 기계 지능*
  세계 모형을 배우는 능력 240
  신피질과 ~ 23, 36, 40, 45
  인간 지능과 인공 지능의 비교 176
  인간 지능의 유연성 196
  지능의 기본 단위인 피질 기둥 52
  지능의 다양성 51, 55
  지능의 독특성 349, 354
  지능의 미래 354
  지능의 진화 322, 331
  지능이 있다고 말할 수 있는 때 189~193
  초인적 ~ 237~238
  튜링 테스트 230
지능 기계 26, 174, 177
  미래의 응용 230~231
  범용 지능 기계 188
  센서 214~217
  실존적 위험 27, 232~245
  우주여행 340~342
  의식 197~210
  인공 일반 지능(AGI) 177~181
  자기 복제 242~243, 341
  지능 기계를 만드는 길 177~181
  지능 기계를 통한 지식의 보존 338~342
  지능 기계의 미래 211~231, 338, 341
  지능 기계의 용량 226~228
  지능 기계의 지식 습득 342
  지능 기계의 탐구 342
  지능 기계의 피질 기둥 214, 226
  지능의 모형으로서의 뇌 182~184
  지능의 속성 189~193
  초인적 지능 기계 237
  클로닝 229
지능 기계의 설계
  내장된 행동 220~221
  목표와 동기 221~222
  신피질 등가물 223
  안전성 220~221
  오래된 뇌의 등가물 218~223
  체화 214~218
지능 단백질 기계 217~218
지능 무기 233
지능 생명체
  우리의 존재를 알려야 할 지능 생명체 305~321

지식을 공유할 지능 생명체 340
지능에 관한 천 개의 뇌 이론 26, 138~166, 328, 350
기계 지능의 미래와 천 개의 뇌 이론 170
지능 폭발의 위험 234, 235~239, 244, 289, 300
지도 → *기준틀*
개념의 지도 136
뇌 속의 지도 95~110, 182
물리적 대상의 지도 135
새로운 뇌의 지도 작성 메커니즘 101~103
신체 지도 120, 135~136
신피질의 지도 작성 메커니즘 102
오래된 뇌의 지도 작성 메커니즘 98~101
장소법 125
종이 지도 비유 25, 97, 99, 103, 105~107, 116, 150, 182
피질 기둥의 지도 106~108
지식
기준틀에 저장된 지식 114~116, 123, 192~193
생명을 위한 방향성과 목표 344~346
언어를 통한 지식의 확산 265~268
우주에서의 지식 보존 339~342
유전자 대 지식 343~346
인공 신경망의 지식 결여 180
인공위성을 기반으로 한 기록 보관소 319, 339~340
지식으로 정의되는 사람 28
피질 기둥들 사이에 분산된 지식 146~149
지식의 보존 318~321, 346, 354
두 행성에서 살아가는 종 되기 326
우리의 유전자 변형 334~338
우주여행 343
지능 기계를 사용한 지식의 보존 338~342
지식 표현 180~184
진화
뇌의 진화 34~35, 48~49, 54
밈의 진화 264~265, 267
유전자 편집과 진화 334~338
인류의 멸종 353
죽음과 진화 290
지능의 진화 322, 331
진화의 경로 변화시키기 333

ㅊ

차머스, 데이비드 198
척수 34, 36, 45, 58, 68, 293, 298
청각 23, 37, 45, 54, 65, 88, 111, 118, 131, 140~141, 151, 153, 202, 215~216
체스판(기준틀 역할을 하는) 193~194
체스판 착각 257~258
체화 214~218
촉각 87~88
감지기 215
움직임의 역할 141
지각의 안정성 155
촉각 피질 기둥 145, 152

축삭 43, 68~69, 79~80, 94, 153~154, 227

ㅋ

카할, 산티아고 라몬 이 40~43
캡슐 195
컴퓨터
뇌를 컴퓨터에 업로드하기 288, 292~298
뇌와 컴퓨터의 결합 288~289, 298~301
범용 컴퓨터 185~189
아날로그 컴퓨터 185
인간 컴퓨터 185
초기 형태의 컴퓨터 185
클라우드 컴퓨터 338
핸드헬드 컴퓨터 170~ 173
콘스탄티네스쿠, 알렉산드라 124
쿤, 토머스 169
크릭, 프랜시스 6, 22~23, 28, 89, 166

ㅌ

탐구
지능 기계를 이용한 탐구 342
통 속의 뇌 가설 252, 255
통증 9~10, 24, 202, 205, 256~257, 293
투표(피질 기둥들 사이에서 일어나는) 150~160, 163, 192
튜링, 앨런 185~186, 195
튜링 테스트 230
특수 상대성 이론 136
특질 탐지기 139, 140~144, 149, 160
틀린 신념 27, 252~268, 270, 346, 352
기후 변화 282~283
백신 281~282
사후 세계 283~285
실존적 위험 279~285, 324, 32, 350~351
언어와 틀린 신념의 확산 265~267, 285~286
틀린 바이러스성 신념 281~283, 324, 337
틀린 신념에 빠지기 쉬운 경향 352
편평한 지구 259~261, 267

ㅍ

파이어니어호 308~309
파충류 뇌 8~9
팜컴퓨팅 30, 170
펠먼, 대니얼 38
편도체 37, 214
포유류
의식 207
지능 195
항행 98
플로차트와 신피질의 위계 39, 45, 139, 143
피질 기둥
감각-운동 시스템 94, 138, 149, 191
격자세포와 장소세포 100~101
공통의 알고리듬 137

기준틀과 피질 기둥 84~94, 112, 193
대상 모형 배우기 109, 112, 139, 144~146, 192
마운트캐슬 52~56
무엇 기둥과 어디 기둥 118~119
예측과 피질 기둥 192
정위세포 109~110
정의 52
중첩 구조와 재귀 구조 134
지능 기계와 피질 기둥 214, 218, 226
지능의 기본 단위 52
지식의 분산 저장 146~149
층 106~107
투표 149~159, 163, 192
피질 기둥들 사이의 유사점과 차이점 111~112
피질 기둥의 수 8, 52~53, 110, 137, 218, 226
피질 기둥의 지도 106~108
해부학적 구조와 조직 52~53

ㅎ

학습 24
감각-운동 학습 65~67, 191~192, 214~215
개념적 지식 126
끊임없는 학습 190~191
딥 러닝 175~177, 180~181, 187, 195, 215
범용 학습 방법 54
세계 모형 24, 33, 61~67, 71, 94, 213, 275, 322, 350
신피질이 배우는 예측 모형 74~75
움직임을 통한 학습 65~67, 107~108, 191~192, 214~215
위계적 학습 161
입력 변화를 통한 학습 65~66, 191~192
지능 기계의 세계 모형 201, 213, 217, 236, 238
학습 대 클로닝 229
헤브의 학습 규칙 70
해마 98~99, 101~102, 293
핵무기(실존적 위험) 250, 269~270, 286, 304
핸드헬드 컴퓨터에 관한 인텔 강연 170~ 173
햇살 차단 시스템 14, 317
행동의 기본 요소 219
행성
궤도 72~73, 309, 317
발견 317
운동 72~73
헉슬리, 앤드루 필딩 6~7
헉슬리, 올더스 레너드 6
헉슬리, 줄리언 소렐 6
헉슬리, 토머스 헨리 6, 13~14
헤브, 도널드 70
헤브의 학습 규칙 70
현재 감각 200
호기심 343
호킨스, 제프

리처드 도킨스의 서문 5~15
《생각하는 뇌, 생각하는 기계》 61
인텔 강연(1992) 170~173
화성 188, 221, 224, 229, 283, 326~330, 335~336
환상 사지 256~259, 262, 293
활동 전위 68, 81
후각 216
힌턴, 제프리 194~195

천 개의 —— 뇌

뇌의 새로운 이해 그리고 인류와 기계 지능의 미래

초판 1쇄 발행 | 2022년 5월 2일
초판 6쇄 발행 | 2022년 12월 30일

지은이 | 제프 호킨스
옮긴이 | 이충호

펴낸이 | 한성근
펴낸곳 | 이데아
출판등록 | 2014년 10월 15일 제2015-000133호
주　　소 | 서울 마포구 월드컵로28길 6, 3층 (성산동)
전자우편 | idea_book@naver.com
페이스북 | facebook.com/idea.libri
전화번호 | 070-4208-7212
팩　　스 | 050-5320-7212

ISBN 979-11-89143-28-2 (03400)